高等职业教育土木建筑类专业新形态教材

U0183514

建筑工程计量与计价

（第3版）

主 编　蔡红新　宋丽伟

副主编　鲁绍宁　曹红梅　李琦玮

　　　　卞连伟　高　卿

北京理工大学出版社
BEIJING INSTITUTE OF TECHNOLOGY PRESS

内 容 提 要

　　本书共分为八章，主要内容包括建设工程计价概述、建筑工程消耗量定额、建筑工程费用组成与计算、建筑面积计算、房屋建筑工程工程量计算、装饰工程工程量计算、建筑工程费用计算、工程结算等。

　　本书可作为高等院校工程造价等相关专业的教材，也可供建筑工程管理、建筑工程造价等相关从业人员及建筑工程施工技术人员工作时参考使用。

图书在版编目（CIP）数据

　　建筑工程计量与计价 / 蔡红新，宋丽伟主编.—3版.—北京：北京理工大学出版社，2020.11（2020.12重印）
　　ISBN 978-7-5682-9211-5

　　Ⅰ.①建…　Ⅱ.①蔡…②宋…　Ⅲ.①建筑工程－计量②建筑造价　Ⅳ.①TU723.3

　　中国版本图书馆CIP数据核字（2020）第213426号

出版发行 /	北京理工大学出版社有限责任公司	
社　　址 /	北京市海淀区中关村南大街5号	
邮　　编 /	100081	
电　　话 /	（010）68914775（总编室）	
	（010）82562903（教材售后服务热线）	
	（010）68948351（其他图书服务热线）	
网　　址 /	http://www.bitpress.com.cn	
经　　销 /	全国各地新华书店	
印　　刷 /	北京紫瑞利印刷有限公司	
开　　本 /	787毫米×1092毫米　1/16	
印　　张 /	17	责任编辑 / 申玉琴
字　　数 /	443千字	文案编辑 / 申玉琴
版　　次 /	2020年11月第3版　2020年12月第2次印刷	责任校对 / 周瑞红
定　　价 /	48.00元	责任印制 / 边心超

　　工程造价是在工程建设过程中，工程造价计价人员根据不同阶段的计价目的和要求，遵循计价原则，按照计价程序，选用计价方法，对计价对象的工程造价进行科学的推测与判断，来计算和确定建设工程的工程造价。

　　"建筑工程计量与计价"课程是高等院校工程造价等专业的一门核心专业课程，具有很强的政策性、地区性和时效性。课程以建筑识图、建筑构造、建筑材料、建筑施工等知识为基础，要求学生掌握建筑工程计量与计价的原理和方法，能准确计算工程量，具备熟练进行单位工程投标报价、工程竣工结算的能力。

　　为使本书内容能更好地符合当前建筑工程造价编制与管理工作实际，更好地满足高等院校教学工作的需要，编者根据各高等院校使用者的建议，结合近年来高等教育教学改革的动态，依据《建筑工程建筑面积计算规范》（GB 50353—2013）、《建设工程工程量清单计价规范》（GB 50500–2013）、《房屋建筑与装饰工程工程量计算规范》（GB 50854–2013）、《房屋建筑与装饰工程消耗量定额》（TY01-31-2015）等标准及定额，对本书进行了修订。

　　本次修订对传统的章节划分及编写体例进行了调整，并对原有章节的相关内容进行补充和删减，具体体现了以下特点：

　　（1）重点突出了对建筑工程计量与计价基本实践技能的讲解，理论与实践相结合，重点突出，语言简练，概念清楚，内容通俗易懂。

　　（2）对每章后思考与练习的题量进行了适当扩充与修改，从而有利于学生课后复习参考、检验测评学习效果，强化建筑工程计量与计价的实操能力。

　　（3）以建筑工程造价文件编制的工作过程为主线设置编写体例，把知识点融入实践教学各环节，从而使书中的知识内容更加全面，主线明确，层次分明，重点突出，结构合理。

　　本书由山西工程职业技术学院蔡红新、吉林电子信息职业技术学院宋丽伟担任主编，由山东工程职业技术大学鲁绍宁、太原城市职业技术学院曹红梅、江西环境工程职业学院李琦玮、中闽建设集团有限公司卞连伟、河北轨道运输职业技术学院高卿担任副主编。本书修订过程中，参阅了国内同行的多部著作，部分高等院校的老师也提出了很多宝贵的意见供我们参考，在此表示衷心感谢！

　　本书虽经反复讨论修改，但限于编者的学识及专业水平和实践经验，书中仍难免有疏漏和不妥之处，恳请广大读者指正。

编　者

第2版前言

"建筑工程计量与计价"课程是高等院校工程造价专业的一门核心专业课程，具有很强的政策性、地区性和时间性。课程以建筑识图、建筑构造、建筑材料、建筑施工等知识为基础，要求学生掌握建筑工程计量与计价的原理和方法，能准确计算工程量，具备熟练进行单位工程投标报价、工程竣工结算的能力。

随着住房和城乡建设部《建设工程工程量清单计价规范》（GB 50500—2013）及《房屋建筑与装饰工程工程量计算规范》（GB 50854—2013）等9本工程量计算规范的发布，加之建标〔2013〕44号文件的颁布实施，本教材第1版的内容已不符合当前建筑工程造价编制与管理工作实际，已不能满足高等院校教学工作的需要，为此，我们根据各高等院校使用者的建议，结合近年来高等教育教学改革的动态，根据2013版清单计价规范及工程量计算规范的相关内容，对本教材进行了修订。

2013版清单计价规范进一步确立了工程计价标准体系的形成，较以前的版本，2013版清单计价规范扩大了计价计量规范的适用范围，深化了工程造价运行机制的改革，强化了工程计价计量的强制性规定，注重与施工合同的衔接，明确了工程计价风险分担的范围，完善了招标控制价制度，规范了不同合同形式的计量与价款支付，统一了合同价款调整的分类内容，确立了施工全过程计价控制与工程结算的原则，提供了合同价款争议解决的方法，增加了工程造价鉴定的专门规定，细化了措施项目计价的规定，增强了规范的可操作性和保持了规范的先进性。本次修订严格依据2013版清单计价规范及建标〔2013〕44号文件进行，使教材能充分反映2013版清单计价规范及建标〔2013〕44号文件的内容，更好地满足高等院校教学工作的需要。本次修订主要进行了以下工作：

（1）根据建标〔2013〕44号文件的精神，对建筑工程费用组成及参考计算方法的相关内容进行了修订。

（2）为方便教学，将本教材第1版建筑工程工程量计算的内容分拆为两章进行阐述，即房屋建筑工程工程量计算和装饰工程工程量计算，并对《房屋建筑与装饰工程工程量计算规范》（GB 50854—2013）中已进行变动的房屋建筑工程和装饰工程清单项目，重新组织相关内容对项目编码、工程量计算规则、计量单位及工程计量注意事项等进行了细致阐述。

（3）为方便"老师的教"和"学生的学"，增强教材的实用性，本次修订对每章之后思考与练习的题量进行了适当扩充，从而有利于学生课后复习参考、检验测评学习效果，强化建筑工程计量与计价的实操能力。

本教材在修订过程中参阅了国内同行多部著作，部分高等院校老师提出了很多宝贵意见，在此表示衷心的感谢。对于参与本教材第1版编写但不再参加本次修订的老师、专家和学者，本版教材所有编写人员向你表示敬意，感谢你们对高等教育改革所做出的不懈努力，希望你们对本教材保持持续关注并，多提宝贵意见。

限于编者的学识及专业水平和实践经验，修订后的教材仍难免有疏漏或不妥之处，恳请广大读者批评指正。

编 者

工程造价是工程建设的核心，也是建设市场运行的核心内容。20世纪90年代，我国提出了"控制量、指导价、竞争费"的改革措施，将定额中的人工、材料、机械台班消耗量与相应的量价分离，迈出了工程造价管理向传统定额预算化改革的第一步，但是无法彻底改变定额计价中国家指令内容多的状况，不能满足招标投标的市场竞争定价及合理低价中标的要求。随着国家标准《建设工程工程量清单计价规范》的出台，建设工程造价计价方式发生了重大变化，从单一的定额计价模式转变为工程量清单计价、定额计价两种模式并存的格局。工程量清单计价的思路是"统一计算规则，有效控制总量，彻底放开价格，正确引导企业自主报价，市场有序竞争形成价格"，建立一种全新的计价模式。

工程量清单计价是市场形成工程造价的主要形式。工程量清单计价有利于发挥企业自主报价的能力，实现从政府定价到市场定价的转变，有利于规范业主在招标中的行为，有效抑制招标单位在招标中盲目压价的行为，从而真正体现公开、公正、公平的原则，反映市场经济规律。此外，随着我国加入WTO，工程计价模式也要逐步与国际惯例接轨，建筑工程的市场化、国际化也使得工程量清单计价模式的推广势在必行。

"建筑工程计量与计价"是高等教育土建类建筑工程技术专业一门理论与实践紧密结合的必修课程。2008年7月9日，住房和城乡建设部发布了修订后的《建设工程工程量清单计价规范》（GB 50500—2008）。根据该规范要求，结合高等院校教学改革的需要，组织编写了本教材。本教材主要介绍了建筑工程消耗量定额，建筑工程人工、材料、机械台班单价，建筑工程工程量计算，建筑工程费用，建筑工程费用计算，工程结算等内容。全书按照"必需、够用"的要求编写，概念准确，语言简练，通俗易懂。

为方便教学，各章前设置【学习重点】和【培养目标】，为学生学习和教师教学作了引导；各章后设置【本章小结】和【思考与练习】，从更深层次给学生以思考、复习的提示，由此构建了"引导—学习—总结—练习"的教学模式。

本教材可作为高等院校土建类建筑工程技术专业教材，也可作为建筑经济和建筑工程管理等专业人员学习、培训的参考用书。本教材编写过程中，参阅了国内同行多部著作，部分高等院校教师也提出了很多宝贵意见，在此，对他们表示衷心的感谢！

本教材的编写虽经推敲核证，但限于编者的专业水平和实践经验，仍难免有疏漏或不妥之处，恳请广大读者批评指正。

编　者

Contents
目 录

第一章　建设工程计价概述

第一节　建设工程造价基础

一、建设工程造价相关知识点

建设工程造价是指工程造价计价人员在工程建设的过程中，根据不同阶段的计价目的和要求，遵循计价原则，按照计价程序，选用计价方法，对计价对象的工程造价进行科学的推测与判断，来计算和确定建设工程的工程造价。只有正确地理解工程造价的含义和计价特点，才能准确地计算和确定工程造价。

1. 建设工程造价的两层含义

(1)建设工程造价就是建设一项工程预期开支或实际开支的全部固定资产投资费用，也就是工程投资费用。这些费用包括建筑安装工程费、设备及工器具购置费、工程建设其他费用、预备费、建设期贷款利息。

这个含义是从投资者或业主方的角度来定义的，对应的工程造价管理实质就是具体工程项目的投资管理。管理的环节包括：优选建设方案→控制建设标准→优化设计→合理确定工程投资估算→确定设计概算→确定施工图预算→招标投标→确定发承包价格。

(2)建设工程造价是建设一项工程预期在土地、设备、劳务市场、承包市场等交易活动中所形成的建筑安装工程造价和建设工程总造价。

这个含义是针对发、承包双方而言的，即业主方与承建方；此时，建设工程造价管理属于价格管理的范畴。可采取各种有效措施保证实现价格的公平合理，实现企业自主报价和市场形成价格的机制是管理的基本目标。

（3）这两个含义的区别与联系。工程投资费用的外延是工程建设所需的全部费用；而工程价格涵盖的范围随着工程发、承包范围的不同具有一定的差异性。在实际操作过程中，工程发、承包范围可以涵盖一个建设项目，可以是一个单项工程或单位工程，也可以是建设项目当中的某个阶段。另外，工程价格的范围也不是全面涉及的，如建设单位的贷款利息、建设单位的管理费等不计入工程发承包中。所以，可以得到这样一个结论，在工程造价的总体数额和组成方面，其工程总投资费用大于工程价格总和。

2. 建筑安装工程造价的含义

建筑安装工程造价是工程总造价的重要组成部分。从建设工程造价的第一个含义来看，建筑安装工程造价是建设项目投资中建筑与安装两部分的投资；从建设工程造价的第二个含义来看，建筑安装工程造价是业主和建筑安装施工企业在市场交易活动中形成的建筑安装产品的价格。

建筑安装工程造价占工程建设造价的大部分份额，为 $50\%\sim60\%$，它是工程建设中最活跃的部分，也是比较典型的生产领域价格。在建筑市场上，建筑安装施工企业所生产的建筑产品作为商品，具有使用价值和价值，与一般的商品一样，它的价值依然遵循价值规律 $V=F/C$，且建筑安装产品的生产与管理有其独有的特点。例如，一次投资量大、生产周期长、露天作业易受自然地理气候条件的影响，重视过程管理、参与的管理方多和协商工作量大等特点，使其在交易方式、计价方式、价格构成及付款方式上都存在着许多特点。因此，我们主要研究的是建筑安装工程的计量及计价，这是本书的核心。

二、基本建设概述

1. 建设项目的含义及内容

建设项目是指进行新增固定资产的投资活动。因此，基本建设就是把一定的建筑材料和设备通过购置、建造、安装等活动转化为固定资产的过程。所以，固定资产属于扩大再生产，其通过新建、扩建、改建等形式来完成。

建设项目按性质划分，可以分为新建、改建、扩建、迁建和重建。在我国，新建和改建是最主要的形式。按建设规模（设计规模或投资规模）划分，可分为大型、中型和小型项目；按建设阶段划分，可分为预备项目、筹建项目、施工项目、投产项目、收尾项目；按在国民经济中的用途划分，可分为生产性项目和非生产性项目。

建筑工程项目活动主要包括以下几项：

（1）建筑安装工程。建筑安装工程包括各种土木建筑，矿井开凿，水利工程建筑，生产、动力、运输、试验等各种需要安装的机械设备的装配，以及与设备相连的工作台等装设工程。

（2）设备、工器具的购置。设备、工器具的购置是指按照设计文件的规定，对用于生产或服务于生产而又达到固定资产标准的设备、工器具的加工、订购和采购。按我国财政部有关文件规定，固定资产的标准为使用年限在 1 年以上，单位价值在 1 000 元、1 500 元和 2 000 元（指小型、中型、大型企业）以上的设备、工器具，均构成固定资产；但新建和扩建项目所购置或自制的全部设备、工具、器具，无论是否达到固定资产标准，均计入设备、工器具购置投资中。

（3）其他基本建设工作。其他基本建设工作是指勘察、设计、科学研究试验、征地、拆迁、试运转、生产职工培训和建设单位管理工作等。

2. 基本建设的含义

基本建设是指固定资产扩大再生产的新建、扩建、改建、恢复工程及与之相关的其他工作。基本建设是形成新的固定资产的经济活动过程，是把一定的物质资料(如建筑材料、机器设备等)通过购置、建造和安装等活动转化为固定资产，形成新的生产能力或使用效益的过程。与此相关的其他工作，如征用土地、勘察设计、筹建机构和职工培训等，也属于基本建设的一部分。而基本建设程序是指基本建设全过程中各项工作必须遵循的先后顺序。

3. 建设项目的构成及划分

建设项目是指某些独立的基本建设构成，它有独立的计划任务书、总体设计文件、经济核算和组织形式。如工厂、学校、医院、一个住宅小区等都可以视为一个建设项目。一个建设项目可以是独立工程，也可以包括几个或更多个单项工程。建设项目还可以划分为单项工程、单位工程、分部工程、分项工程，如图 1-1 所示。

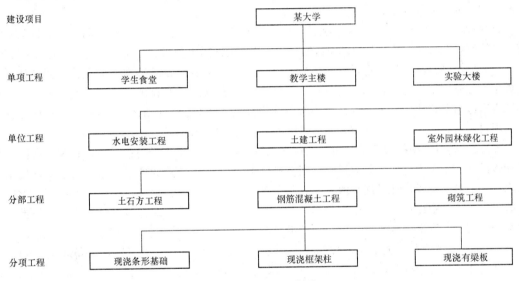

图 1-1　建设项目划分

(1)单项工程。单项工程是指具有独立的设计文件，竣工后可以独立发挥作用和经济价值的工程项目。单项工程又称为工程项目，它是建设项目的组成部分。例如，一所大学校园的学生公寓、教学主楼、实验中心，一个住宅小区的某号公寓。

(2)单位工程。单位工程是单项工程的组成部分。单位工程是指具有独立设计文件，能单独施工，但建成后不能独立发挥生产能力或使用效益的工程。如一个生产车间的土建工程、电气照明工程、给水排水工程、机械设备安装工程、电气设备安装工程，都是生产车间这个单项工程的组成部分。

(3)分部工程。分部工程是单位工程的组成部分。分部工程可按工种和使用的材料不同划分。例如，土建单位工程可划分为土石方工程、砌筑工程、混凝土工程、钢筋工程、脚手架工程、木结构工程、金属结构工程等。分部工程也可按单位工程的构成划分，如基础工程、墙体工程、梁柱工程、楼地面工程、门窗工程、屋面工程等。建筑工程定额综合了上述两种方法来划分分部工程。

(4)分项工程。分项工程是分部工程的组成部分，按照分部工程划分的方法，可再将分部工程分为若干个分项工程。例如，基础工程可划分为挖基槽、基础垫层、基础砌筑、基础防潮层、基槽土方回填等分项工程。分项工程是建筑工程的基本要素。

综上所述，一个建设项目由一个或几个单项工程组成，一个单项工程又由几个单位工程组成，一个单位工程又可划分为若干个分部工程，分部工程还可以细分为若干个分项工程。建设工程计价文件的编制就是以分项工程开始的。正确地划分计价文件编制对象的分项，是正确编制工程计价文件过程中一项十分重要的工作。建设项目的这种划分，不仅有利于编制建设工程计价文件，而且有利于项目的组织管理。

4. 工程项目建设程序及计价程序

工程项目建设程序，是指一个建设项目从立项、决策、设计、施工到竣工验收并交付使用的整个过程。其中的各项工作必须遵循先后工作次序。按照建设项目发展的内在联系和客观规律，建设程序又可分为若干个阶段，这些阶段有着严格的次序要求，可以交叉，但是不能任意颠倒。按照基本建设的技术经济特点及其规律性，规定基本建设程序主要包括以下几个步骤，这些步骤的先后顺序如下：

(1)编制项目建议书阶段。编制项目建议书阶段是指项目法人对国家提出的要求建设某一工程项目的建议性文件。其是对建设项目的必要性和可建性提出初步的建议和拟建项目的轮廓设想。

(2)可行性研究阶段。可行性研究阶段是指在建设项目投资决策前对有关建设方案、技术方案或生产经营方案进行的技术经济论证。具体论证和评价项目在技术和经济上是否可行，并对不同方案进行分析比较；可行性研究报告作为设计任务书(也称计划任务书)的附件。设计任务书对项目的可行性、采取何种方案、选择哪处建设地点做出决策。

(3)设计阶段。根据拟建项目设计的内容和深度，将设计工作分阶段进行。目前，我国一般按初步设计和施工设计两个阶段进行，对于技术复杂又缺乏经营的项目，需在初步设计后增加技术设计。各个阶段设计是逐步深入和具体化的过程，前一设计阶段完成并经上级部门批准后才能进行下一阶段设计。大、中型项目一般采用两个阶段设计，即初步设计与施工图设计。技术复杂的项目，可增加技术设计阶段，即按三个阶段进行。

(4)施工准备阶段。施工准备包括技术准备、劳动组织准备、施工现场准备和施工场外准备。其具体包括征地拆迁，搞好"三通一平"(通水、通电、通道路、平整土地)，落实施工力量，组织物资订货和供应，以及其他各项准备工作。

(5)施工阶段。准备工作就绪后，提出开工报告，经过批准后，即可开工兴建，遵循施工程序，按照设计要求和施工技术验收规范，进行施工安装。施工阶段是一个技术复杂且耗时较长的生产过程，需要施工企业充分发挥主观能动性，创造性地应用材料、结构、工艺等理论解决施工中不断出现的技术难题，以确保工程质量和施工安全。

(6)竣工验收阶段。当工程项目全部完成，并符合设计要求并具备竣工图表、竣工决算、工程总结等必要文件资料时，由项目主管部门或建设单位向负责验收的单位提出竣工验收申请报告(见基本建设工程竣工验收)。竣工验收合格后方可投入使用。编制竣工验收报告和竣工决算(见基本建设工程竣工决算)，并办理固定资产交付生产使用的手续。小型建设项目的建设程序可以简化。

(7)项目后评价阶段。项目后评价阶段是在项目已经完成并运行一段时间后，对项目的目的、执行过程、效益、作用和影响进行系统的、客观的分析和总结的一种技术经济活动。通过对投资活动实践的检查总结，确定投资预测的目标是否达到，项目或规划是否合理有效，项目的主要效益指标是否实现，通过分析、评价找出成败的原因，总结经验教训；并通过及时有效的信息反馈，为未来项目决策和提高、完善投资决策管理水平提出建议。

图 1-2 所示为项目的基本建设程序图。

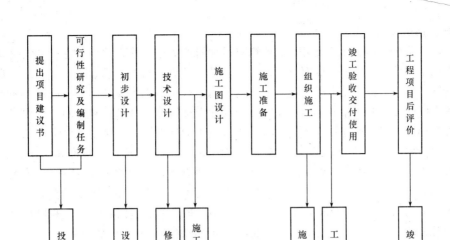

图 1-2　基本建设程序

三、建设工程计价文件分类及相关知识点

基本建设计价文件是指建筑工程概、预算按项目所处的建设阶段划分的确定工程造价的文件，主要是投资估算、设计概算和施工图预算等（表 1-1）。

表 1-1　计价文件分类

类别	编制阶段	编制单位	编制依据	用途
投资估算	可行性研究	工程咨询机构	投资估算指标	投资决策
设计概算	初步设计或 扩大初步设计	设计单位	概算定额	控制投资及造价
施工图预算	工程发、承包	建设单位委托的工程 咨询机构和施工单位	预算定额	编制标底、投标报价， 确定工程合同价
施工预算	施工阶段	施工单位	施工定额	企业内部成本、 施工进度控制
工程结算	竣工验收前	施工单位	预算定额、设计及 施工变更资料	确定工程项目建造价格
竣工决算	竣工验收后	建设单位	预算定额、工程建设其他 费用定额、竣工结算资料	确定工程项目实际投资

1. 投资估算

投资估算是指在可行性研究阶段对建设工程预期造价所进行的优化、计算、核定及相应文件的编制。一般可按规定的投资估算指标、类似工程的造价资料、现行的设备材料价格并结合工程实际情况进行投资估算。投资估算是判断项目可行性和进行项目决策的重要依据之一，并可作为工程造价的目标限额，为以后编制概、预算做好准备。

2. 概算造价

设计概算是在初步设计阶段概略地计算建设项目所需全部建设费用的文件。它是初步设计和技术设计阶段设计文件的组成部分。设计概算包括建设项目总概算、单项工程综合概算、单位工程概算、其他工程和费用概算等。这些概算由设计单位根据设计图纸、设计说明和概算定额、概算指标、各项费用标准等进行编制。批准的设计概算，是确定和控制建设项目造价，编制固定资产投资计划，签订总包合同，实行投资包干的依据；是控制基本建设拨款、贷款和施工图预算的依据(在执行中一般不得突破)；也是考核设计方案的经济合理性和建设成本的依据。在建设过程中，如果发生一个单位工程或单项工程概算不足，影响工程进行时，建设单位一般可以支用其他工程多余的投资调剂解决。如果调剂有困难，在取得上级主管部门批准后，可以动用总概算中的预备费。当预备费不足，确需突破总概算时，可由建设单位和原设计单位共同提出追加概算的申请，报经原初步设计批准机关审核同意后，即可增加概算。

3. 预算造价

施工图预算文件包括预算编制说明、总预算书、单项工程综合预算书、单位工程预算书、主要材料表及补充单位估价表。它是根据施工图、预算定额、各项取费标准、建设地区的自然及技术经济条件等资料编制的建筑安装工程预算造价文件。施工图预算是建筑企业和建设单位签订承包合同、实行工程预算包干、拨付工程款和办理工程结算的依据；也是建筑企业控制施工成本、实行经济核算和考核经营成果的依据。在实行招标承包制的情况下，施工图预算是建设单位确定招标控制价和建筑企业投标报价的依据。

4. 招标控制价

招标控制价也称为拦标价，由招标人根据国家或省级、行业建设主管部门分发的有关计价依据和办法，按设计施工图计算的，对招标工程限定的最高工程造价。招标控制价的作用是最大限度地保护招标人的利益，为招标人节约资金提供最基本的保障；增强招标投标活动的透明度，保证中标价的可控性和公平性；最大限度地杜绝围标、串标、哄抬中标价等违规行为。招标控制价的作用决定了招标控制价不同于标底，无须保密。为体现招标的公平、公正，防止招标人有意抬高或压低工程造价，招标人应在招标文件中如实公布招标控制价，不得对所编制的招标控制价进行上浮或下调。招标人在招标文件中公布招标控制价时，应公布招标控制价各组成部分的详细内容，不得只公布招标控制价总价。同时，招标人应将招标控制价报工程所在地的工程造价管理机构备查。

5. 投标报价

投标报价是指在工程采用招标发包的过程中，由投标人按照招标文件的要求，根据工程特点，并结合自身的施工技术、装备和管理水平，依据有关计价规定，自主确定的工程造价。由于其是投标人希望达成工程承包交易的期望价格，故原则上不能高于招标人设定的招标控制价。

投标报价的编制原则如下：

(1)投标报价由投标人自己确定，但是必须执行《建设工程工程量清单计价规范》(GB 50500—2013)(以下简称"13 计价规范")的强制性规定。

(2)投标人的投标报价不得低于工程成本。

(3)投标人必须按工程量清单填报价格。

(4)投标报价要以招标文件中设定的发包、承包双方责任划分，作为设定投标报价费用项目和费用计算的基础。

(5)应该以施工方案、技术措施等作为投标报价计算的基本条件。

(6)报价方法要科学严谨，简明适用。

6. 合同价

合同价是指在工程招标投标阶段通过签订总承包合同、建筑安装工程承包合同、设备材料采购合同，以及技术和咨询服务合同确定的价格。合同价属于市场价格的性质，它是由发包、承包双方，即商品和劳务买卖双方根据市场行情共同议定和认可的成交价格，但它并不等同于最终决算的实际工程造价。按计价方法的不同，建设工程合同可分为多种类型，不同类型合同的合同价内涵也有所不同。

合同价属于市场价格的范畴，不同于工程的实际造价。按照投资规模的不同，其可分为建设项目总价承包合同价、建筑安装工程承包合同价、材料设备采购合同价和技术及咨询服务合同价；按计价方法的不同，其可分为固定合同价、可调合同价和工程成本加酬金合同价。

7. 结算价

结算价是指在承包人完成合同约定的全部工程承包内容，发包人依法组织竣工验收，并经验收合格后，由发包、承包人根据国家有关法律、法规和"13计价规范"的规定，按照合同约定的工程造价确定条款，即合同价、合同价款调整内容及索赔和现场签证等事项确定的最终工程造价。

四、建设工程计价的特点

建设工程计价的构成具有一般商品价格的共性，即由工程成本费用、利润和税金组成，但其本身价格及其建设过程与一般的商品又有一定的区别，具有独特的技术经济特点，且它区别于一般工农业生产，具有下列特点：周期长、物耗大；涉及面广和协作性强；建设地点固定、水文地质条件各异；生产过程单一性强，不能批量生产等。

1. 单件性计价

每个建设工程项目都有特定的目的和用途，因而会有不同的结构、造型和装饰，产生不同的建筑面积和体积，施工时还可采用不同的工艺设备、建筑材料和施工工艺方案。因此，每个建设项目一般只能单独设计、单独建设。即使是相同用途和相同规模的同类建设项目，由于技术水平、建筑等级和建筑标准的差别，以及地区条件和自然环境与风俗习惯的不同也会有很大区别，最终导致工程造价的千差万别。因此，对于建设工程既不能像工业产品那样按品种、规格和质量成批定价，只能是单件计价；也不能由国家、地方、企业规定统一的造价，只能按各个项目规定的建设程序计算工程造价。建筑产品的个体差别性决定了每项工程都必须单独计算造价。

2. 多次性计价

任何一个过程从项目策划、前期研究、决策、设计、施工到竣工交付使用都需要经历一个较长的过程。影响工程造价的因素很多，在决策阶段确定工程投资的规模后，工程价格随着工程的实施不断变化，直至竣工验收工程决算后才能最终确定工程造价。建设工程的生产过程是一个周期长、规模大、造价高、物耗多的投资生产活动，只有按照规定的建设程序分阶段进行建设，才能按时、保质、有效地完成建设项目。为了适应项目管理的要求，适应工程造价控制和管理的要求，需要按照建设程序中各个规划设计和建设阶段多次性进行计价。从投资估算、设计概算、施工图预算等预期造价到承包合同价、结算价和最后的竣工决算价等实际造价，是一个由粗到细，由浅入深，最后确定建设工程实际造价的整个计价过程。这是一个逐步深化、逐步细化和逐步接近实际造价的过程。

3. 按工程构成的分部组合计价

工程造价的计算是按工程构成分部计价组合而成的，这一特征和建设项目的组合性有关。

按照国家规定，工程建设项目根据投资规模大小可划分为大、中、小型项目，而每一个建设项目又可按其生产能力和工程效益的发挥及设计施工范围逐级大小分解为单项工程、单位工程、分部工程和分项工程。建设项目的组合性决定了工程造价计价的过程是一个逐步组合的过程。在确定工程建设项目的设计概算和施工图预算时，则需按工程构成的分部组合由下而上地进行计价。要先计算各单位工程的概、预算，再计算各单项工程的综合概、预算，再汇总成建设项目的总概、预算。而且单位工程的工程量和施工图预算一般是按分部工程、分项工程采用相应的定额单价、费用标准进行计算。这就是对工程建设项目由大到小进行逐级分解，再按其构成的分部由小到大逐步组合计算出总的项目工程造价。其计算过程和计算顺序是：分部分项工程单价→单位工程造价→单项工程造价→建设项目总造价。

五、影响工程造价的因素

影响工程造价的主要因素有两个，即基本构造要素的单位价格和基本构造要素的实物工程量，可用以下基本计算式表达：

$$工程造价 = \sum (实物工程量 \times 单位价格) \tag{1-1}$$

基本子项的单位价格高，工程造价就高；基本子项的实物工程量越大，工程造价也越高。在进行工程造价计价时，实物工程量的计量单位是由单位价格的计量单位决定的。如果单位价格计量单位的对象取得较大，得到的工程估算就较粗；反之，则工程估算就会较细、较准确。基本子项的实物工程量可以通过工程量计算规则和设计图纸计算而得，它可以直接反映工程项目的规模和内容。

六、工程造价计价方法

由于建筑产品价格的特殊性，与一般工业产品价格的计价方法相比，其采取特殊的计价方法，即定额计价法和工程量清单计价法。

1. 定额计价法

定额计价法又称施工图预算法，是在我国计划经济时期及计划经济向市场经济转型时期所采用的行之有效的计价方法。

定额计价法中的直接费单价只包括人工费、材料费、机械台班使用费，它是分部分项工程的不完全价格。我国现行的定额计价法有以下两种：

(1)单位估价法。单位估价法是根据国家或地方颁布的统一预算定额规定的消耗量及其单价，以及配套的取费标准和材料预算价格，根据施工图纸计算出相应的工程数量，套用相应的定额单价计算出定额直接费，再在直接费的基础上计算各种相关费用及利润和税金，最后汇总形成建筑产品的造价。其用公式表示为

$$建筑工程造价 = \left[\sum (工程量 \times 定额单价) \times (1 + 各种费用的费率 + 利润率)\right] \times$$
$$(1 + 税金率) \tag{1-2}$$

$$装饰安装工程造价 = \left[\sum (工程量 \times 定额单价) + \sum (工程量 \times 定额人工费单价) \times\right.$$
$$\left.(1 + 各种费用的费率 + 利润率)\right] \times (1 + 税金率) \tag{1-3}$$

(2)实物估价法。实物估价法是先根据施工图纸计算工程量，然后套基础定额，计算人工、材料和机械台班消耗量，将所有的分部分项工程资源消耗量进行归类汇总，再根据当时、当地的人工、材料、机械单价，计算并汇总人工费、材料费、机械台班使用费，得出分部分项工程的直接费。在此基础上再计算其他直接费、间接费、利润和税金，将直接费与上述费用相加，

即可得到单位工程造价(价格)。

预算定额由国家或地方统一颁布,视为地方经济法规,必须严格遵照执行。从一般概念上讲,由于计算依据相同,只要不出现计算错误,其计算结果就是相同的。按定额计价法确定建筑工程造价,由于有预算定额规范消耗量,有各种文件规定人工、材料、机械单价及各种取费标准,虽然在一定程度上防止了高估冒算和压级压价,体现了工程造价的规范性、统一性和合理性,但其对市场竞争起到了抑制作用,不利于促进施工企业改进技术、加强管理、提高劳动效率和市场竞争力。

2. 工程量清单计价法

工程量清单计价法是我国在 2003 年提出的一种与市场经济相适应的投标报价方法,这种计价法是国家统一项目编码、项目名称、计量单位和工程量计算规则(即"四统一"),由各施工企业在投标报价时根据企业自身的技术装备、施工经验、企业成本、企业定额、管理水平、企业竞争目的及竞争对手情况自主填报单价而进行报价的。

工程量清单计价法的实施,实质上是建立了一种强有力的、行之有效的竞争机制,由于施工企业在投标竞争中必须报出合理低价才能中标,所以,对促进施工企业改进技术、加强管理、提高劳动效率和市场竞争力会起到积极的推动作用。

工程量清单计价法的造价计算方法是综合单价法,即招标方给出工程量清单,投标方根据工程量清单组合分部分项工程的综合单价,并计算出分部分项工程的费用,再计算出税金,最后汇总成总造价。建筑工程造价的计算公式为

$$
\begin{aligned}
\text{建筑工程造价} = &\left[\sum(\text{工程量}\times\text{综合单价}) + \text{措施项目费} + \text{其他项目费} + \text{规费}\right]\times \\
&(1 + \text{税金率})
\end{aligned}
\tag{1-4}
$$

第二节 建设工程工程量清单计价

一、工程量清单计价的特点

工程量清单计价真实地反映了工程实际。在工程招标投标过程中,投标企业在投标报价时必须考虑工程本身的内容、范围、技术特点要求,以及招标文件的有关规定、工程现场情况等因素;同时,还必须充分考虑到许多其他方面的因素,如投标单位自己制订的工程总进度计划、施工方案、分包计划、资源安排计划等。这些因素对投标报价有着直接而重大的影响,而且对每一项招标工程来讲都具有其特殊性的一面,所以应该允许投标单位针对这些方面灵活机动地调整报价,以使报价能够比较准确地与工程实际相吻合。而只有这样才能将投标定价自主权真正交给招标和投标单位,投标单位才会对自己的报价承担相应的风险与责任,从而建立起真正的风险制约和竞争机制,避免合同实施过程中推诿和扯皮现象的发生,为工程管理提供方便。

工程量清单计价的特点具体体现在以下几个方面:

(1)统一计价规则。通过制定统一的建设工程工程量清单计价方法、统一的工程量计量规则、统一的工程量清单项目设置规则,达到规范计价行为的目的。这些规则和方法是强制性的,因此,建设各方面都应该遵守,这是工程造价管理部门首次在文件中明确政府应管什么,不应管什么。

（2）有效控制消耗量。通过由政府发布统一的社会平均消耗量指导标准，为企业提供一个社会平均尺度，避免企业盲目或随意大幅度减少或扩大消耗量，从而达到保证工程质量的目的。

（3）彻底放开价格。将工程消耗量定额中的人工、材料、机械价格和利润、管理费全面放开，由市场的供求关系自行确定价格。

（4）企业自主报价。投标企业根据自身的技术专长、材料采购渠道和管理水平等，制定企业自己的报价定额，自主报价。企业尚无报价定额的，可参考使用造价管理部门颁布的《建设工程消耗量定额》。

（5）市场有序竞争形成价格。通过建立与国际惯例接轨的工程量清单计价模式，引入充分竞争形成价格的机制，制定衡量投标报价合理性的基础标准。在投标过程中，有效引入竞争机制，淡化标底（投标控制价）的作用，在保证质量、工期的前提下，按《中华人民共和国招标投标法》（以下简称《招标投标法》）及有关条款规定，最终以"不低于成本"的合理低价者中标。

二、工程量清单计价规范的发布与适用范围

2012 年 12 月 25 日，住房和城乡建设部发布了《建设工程工程量清单计价规范》（GB 50500—2013）和《房屋建筑与装饰工程工程量计算规范》（GB 50854—2013）（以下简称"13 计算规范"），于 2013 年 7 月 1 日起实施。

《建设工程工程量
清单计价规范》

"13 计价规范"及"13 计算规范"是在《建设工程工程量清单计价规范》（GB 50500—2008）（以下简称"08 计价规范"）基础上，以原建设部发布的工程基础定额、消耗量定额、预算定额及各省、自治区、直辖市或行业建设主管部门发布的工程计价定额为参考，以工程计价相关的国家或行业的技术标准、规范、规程为依据，收集近年来新的施工技术、工艺和新材料的项目资料，经过整理，在全国广泛征求意见后编制而成。

"13 计价规范"适用于建设工程发承包及实施阶段的招标工程量清单、招标控制价、投标报价的编制，工程合同价款的约定，竣工结算的办理，以及施工过程中的工程计量、合同价款支付、施工索赔与现场签证、合同价款调整和合同价款争议的解决等计价活动。相对于"08 计价规范"，"13 计价规范"将"建设工程工程量清单计价活动"修改为"建设工程发承包及实施阶段的计价活动"，从而对清单计价规范的适用范围进一步进行了明确，表明了无论采用何种计价方式，建设工程发承包及实施阶段的计价活动必须执行"13 计价规范"。之所以规定"建设工程发承包及实施阶段的计价活动"，主要是因为工程建设具有周期长、金额大、不确定因素多的特点，从而决定了建设工程计价具有分阶段计价的特点。建设工程决策阶段、设计阶段的计价要求与发承包及实施阶段的计价要求是有区别的，这就避免了因理解上的歧义而发生纠纷。

"13 计价规范"规定："建设工程发承包及实施阶段的工程造价应由分部分项工程费、措施项目费、其他项目费、规费和税金组成。"这说明了无论采用什么计价方式，建设工程发承包及实施阶段的工程造价均由这五部分组成，这五部分也称为建筑安装工程费。

根据原人事部、原建设部《关于印发〈造价工程师执业资格制度暂行规定〉的通知》（人发〔1996〕77 号）（现已失效）、《注册造价工程师管理办法》（建设部第 150 号令）及《全国建设工程造价员管理办法》（中价协〔2011〕021 号）的有关规定，"13 计价规范"规定："招标工程量清单、招标控制价、投标报价、工程计量、合同价款调整、合同价款结算与支付以及工程造价鉴定等工程造价文件的编制与核对，应由具有专业资格的工程造价人员承担。""承担工程造价文件的编制与核对的工程造价人员及其所在单位，应对工程造价文件的质量负责。"

另外，由于建设工程造价计价活动不仅要客观反映工程建设的投资，更应体现工程建设交

易活动的公正、公平的原则，因此，"13计价规范"规定，工程建设双方，包括受其委托的工程造价咨询方，在建设工程发承包及实施阶段从事计价活动均应遵循客观、公正、公平的原则。

三、工程量清单编制

(一)招标工程量清单的编制依据

招标工程量清单是工程量清单计价的基础，应作为编制招标控制价和投标报价、计算或调整工程量、索赔等的依据之一，编制招标工程量清单应根据以下依据进行：

(1)"13计算规范"和"13计价规范"。

(2)国家或省级、行业建设主管部门颁发的计价定额和办法。

(3)建设工程设计文件及相关资料。

(4)与建设工程项目有关的标准、规范、技术资料。

(5)拟定的招标文件。

(6)施工现场情况、地勘水文资料、工程特点及常规施工方案。

(7)其他相关资料。

(二)工程量清单编制的内容

1. 分部分项工程项目编制的相关内容

(1)分部分项工程量清单应包括项目编码、项目名称、项目特征、计量单位和工程量。这是构成分部分项工程量清单的5个要件，在分部分项工程量清单的组成中缺一不可。

(2)分部分项工程量清单应根据"13计算规范"中附录规定的项目编码、项目名称、项目特征、计量单位和工程量计算规则进行编制。

(3)分部分项工程量清单项目编码栏应根据相关国家工程量计算规范项目编码栏内规定的9位数字另加3位顺序码共12位阿拉伯数字填写。各位数字的含义为：一、二位为专业工程代码，房屋建筑与装饰工程为01，仿古建筑为02，通用安装工程为03，市政工程为04，园林绿化工程为05，矿山工程为06，构筑物工程为07，城市轨道交通工程为08，爆破工程为09；三、四位为专业工程附录分类顺序码；五、六位为分部工程顺序码；七、八、九位为分项工程项目名称顺序码；十至十二位为清单项目名称顺序码。

在编制工程量清单时应注意对项目编码的设置，不得重码，特别是当同一标段(或合同段)的一份工程量清单中含有多个单项或单位工程且工程量清单是以单项或单位工程为编制对象时，应注意项目编码中的十至十二位的设置不得重码。例如，一个标段(或合同段)的工程量清单中含有三个单项或单位工程，每一单项或单位工程中都有项目特征相同的现浇混凝土矩形梁，在工程量清单中又需反映三个不同单项或单位工程的现浇混凝土矩形梁工程量。此时，工程量清单应以单项或单位工程为编制对象，第一个单项或单位工程的现浇混凝土矩形梁的项目编码为010503002001，第二个单项或单位工程的现浇混凝土矩形梁的项目编码为010503002002，第三个单项或单位工程的现浇混凝土矩形梁的项目编码为010503002003，并分别列出各单项或单位工程现浇混凝土矩形梁的工程量。

(4)分部分项工程量清单项目名称栏应按相关工程国家工程量计算规范的规定，根据拟建工程实际填写。在实际填写过程中，"项目名称"有两种填写方法：一是完全保持相关工程国家工程量计算规范的项目名称不变；二是根据工程实际在工程量计算规范项目名称下另行确定详细名称。

(5)分部分项工程量清单项目特征栏应按相关工程国家工程量计算规范的规定，根据拟建工程实际进行描述。在对分部分项工程项目清单的项目特征进行描述时，可按下列要点进行：

1)必须描述的内容：

①涉及正确计量的内容必须描述。如对于门窗若采用"樘"计量，则1樘门或窗有多大，直接关系到门窗的价格，对于门窗洞口或框外围尺寸进行描述是十分必要的。

②涉及结构要求的内容必须描述。如混凝土构件的混凝土强度等级，因混凝土强度等级不同，其价格也不同，必须描述。

③涉及材质要求的内容必须描述。如油漆的品种，是调和漆还是硝基清漆等；管材的材质，是钢管还是塑料管等；还需要对管材的规格、型号进行描述。

④涉及安装方式的内容必须描述。如管道工程中，管道的连接方式就必须描述。

2)可不描述的内容：

①对计量计价没有实质影响的内容可以不描述。如对现浇混凝土柱的高度、断面大小等的特征规定可以不描述，因为混凝土构件是按"m³"计量，对它的描述实质意义不大。

②应由投标人根据施工方案确定的可以不描述。

③应由投标人根据当地材料和施工要求确定的可以不描述。如对混凝土构件中的混凝土拌合料使用的石子种类及粒径、砂的种类的特征规定可以不描述。因为混凝土拌合料使用砾石还是碎石，使用粗砂还是中砂、细砂或特细砂，除构件本身有特殊要求需要指定外，主要取决于工程所在地砂、石子材料的供应情况。至于石子的粒径大小，主要取决于钢筋配筋的密度。

④应由施工措施解决的可以不描述。如对现浇混凝土板、梁的标高的特征规定可以不描述。因为同样的板或梁，都可以将其归并在同一个清单项目中，但由于标高的不同，将会导致因楼层的变化对同一项目提出多个清单项目，不同的楼层其工效是不一样的，但这样的差异可以由投标人在报价中考虑，或在施工措施中解决。

3)可不详细描述的内容：

①无法准确描述的内容可不详细描述。如土壤类别，由于我国幅员辽阔，南北东西差异较大，特别是对于南方来说，在同一地点，由于表层土与表层土以下的土壤类别是不相同的，要求清单编制人准确判定某类土壤的所占比例是困难的，在这种情况下，可考虑将土壤类别描述为合格，注明由投标人根据地勘资料自行确定土壤类别，决定报价。

②施工图纸、标准图集标注明确的，可不再详细描述。对这些项目可采取详见××图集或××图号的方式，对不能满足项目特征描述要求的部分，仍应用文字描述。由于施工图纸、标准图集是发承包双方都应遵守的技术文件，这样描述可以有效减少在施工过程中对项目理解的不一致。

③有一些项目可不详细描述，但清单编制人在项目特征描述中应注明由投标人自定。如土方工程中的"取土运距""弃土运距"等。首先，要求清单编制人决定在多远取土或取、弃土运往多远是困难的；其次，由投标人根据在建工程施工情况统筹安排，自主决定取、弃土方的运距可以充分体现竞争的要求。

④如清单项目的项目特征与现行定额中某些项目的规定是一致的，也可采用见××定额项目的方式进行描述。

4)项目特征的描述方式。描述清单项目特征的方式大致可分为"问答式"和"简化式"两种。其中"问答式"是指清单编写人按照工程计价软件上提供的规范，在要求描述的项目特征上采用答题的方式进行描述。如描述砖基础清单项目特征时，可采用"1.砖品种、规格、强度等级：页岩标准砖 MU15 240 mm×115 mm×53 mm。2.砂浆强度等级：M10 水泥砂浆。3.防潮层种类及厚度：20 mm 厚 1∶2 水泥砂浆(防水粉 5%)"。"简化式"是对需要描述的项目特征内容根据当地的用语习惯，采用口语化的方式直接表述，省略了规范上的描述要求。如同样在描述砖基础清单项目特征时，可采用"M10 水泥砂浆、MU15 页岩标准砖砌条形基础，20 mm 厚 1：2 水泥砂浆(防水粉 5％)防潮层"。

(6)分部分项工程量清单的计量单位应按相关工程国家工程量计算规范规定的计量单位填写。有些项目工程量计算规范中有两个或两个以上计量单位，应根据拟建工程项目的实际，选择最适宜表现该项目特征并方便计量的单位。如泥浆护壁成孔灌注桩项目，工程量计算规范以"m³""m""根"三个计量单位表示，此时就应根据工程项目的特点，选择其中一个即可。

(7)"工程量"应按相关工程国家工程量计算规范规定的工程量计算规则计算填写。工程量的有效位数应遵守下列规定：

1)以"t"为单位，应保留小数点后三位小数，第四位小数四舍五入。

2)以"m""m²""m³""kg"为单位，应保留小数点后两位小数，第三位小数四舍五入。

3)以"个""件""根""组""系统"为单位，应取整数。

(8)分部分项工程量清单编制应注意的问题：

1)不能随意设置项目名称，清单项目名称一定要按"13 计算规范"附录的规定设置。

2)正确对项目进行描述，一定要将完成该项目的全部内容完整地体现在清单上，不能有遗漏，以便投标人报价。

2. 措施项目编制的相关内容

措施项目清单是指为完成工程项目施工，发生于该工程施工准备和施工过程中的技术、生活、安全、环境保护等方面的项目。"13 计算规范"中有关措施项目的规定和具体条文比较少，投标人可根据施工组织设计中采取的措施增加项目。

措施项目清单的设置，首先要参考拟建工程的施工组织设计，以确定安全文明施工、材料的二次搬运等项目。其次参阅施工技术方案，以确定夜间施工增加费、大型机械进出场及安拆费、脚手架工程费等项目。参阅相关的工程施工规范及工程验收规范，可以确定施工技术方案没有表达的，但是为了实现施工规范及工程验收规范要求而必须发生的技术措施。

(1)措施项目清单应根据拟建工程的实际情况列项。

(2)措施项目中可以计算工程量的项目清单宜采用分部分项工程量清单的方式编制，列出项目编码、项目名称、项目特征、计量单位和工程量计算规则；不能计算工程量的项目清单，以"项"为计量单位。

(3)"13 计算规范"将实体性项目划分为分部分项工程，非实体性项目划分为措施项目。所谓非实体性项目，一般来说，其费用的发生和金额的大小与使用时间、施工方法或者两个以上工序相关，与实际完成的实体工程量的多少关系不大，典型的是大、中型施工机械，文明施工和安全防护，临时设施等。但有的非实体性项目，则是可以计算工程量的项目，典型的是混凝土浇筑的模板工程，用分部分项工程量清单的方式采用综合单价，更有利于措施费的确定和调整，更有利于合同管理。

3. 其他项目编制的相关内容

其他项目清单应按照下列内容列项：

(1)暂列金额。

(2)暂估价，包括材料暂估价、工程设备暂估单价、专业工程暂估价。

(3)计日工。

(4)总承包服务费。

4. 规费编制的相关内容

规费项目清单应按下列内容列项：

(1)社会保险费，包括养老保险费、失业保险费、医疗保险费、工伤保险费、生育保险费。

(2)住房公积金。

(3)工程排污费。

5. 税金编制的相关内容

税金项目清单应包括下列内容：

(1)增值税。

(2)城市维护建设费。

(3)教育费附加。

(4)地方教育附加。

四、工程量清单计价程序

(1)熟悉施工图纸及相关资料，了解现场情况。在编制工程量清单之前，应首先熟悉施工图纸及图纸答疑、地质勘探报告等相关资料，然后到工地建设地点了解现场实际情况，以便正确编制工程量清单。其中，熟悉施工图纸及相关资料便于列出分部分项工程项目名称，便于列出施工措施、项目名称。

(2)编制工程量清单。工程量清单包括封面、总说明、填表须知、分部分项工程量清单、措施项目清单、其他项目清单、零星工作项目清单七部分。其是由招标人或其委托人，根据施工图纸、招标文件、计价规范以及现场实际情况，经过精心计算编制而成的。

(3)计算综合单价。综合单价是标底编制人(指招标人或其委托人)或标价编制人(指投标人)，根据工程量清单、招标文件、建筑工程定额、施工组织设计、施工图纸、材料预算价格等资料，计算的分项工程的单价。

(4)计算分部分项工程费。在综合单价计算完成之后，根据工程量清单及综合单价，计算分部分项工程费用。

(5)计算措施费。措施费包括安全文明施工费(含环境保护、文明施工、安全施工、临时设施)，夜间施工费，二次搬运费，冬、雨期施工费，大型机械进出场及安拆费，施工排水费，施工降水费，已完工程及设备保护费等内容。

(6)计算其他项目费。其他项目费包括暂列金额、暂估价、计日工、总承包服务费四部分内容，其中，暂估价包括材料暂估单价和专业工程暂估价。

(7)计算单位工程费。前面各项内容计算完成之后，将整个单位工程费包括的内容汇总起来，形成整个单位工程费。在汇总单位工程费之前，需计算各种规费及该单位工程的税金。单位工程费内容包括分部分项工程费、措施项目费、其他项目费、规费和税金五部分，这五部分之和即为单位工程费。

(8)计算单项工程费。在各单位工程费计算完成之后，将属同一单项工程的各单位工程费汇总，形成该单项工程的总费用。

(9)计算工程项目总价。各单项工程费计算完成之后，将各单项工程费汇总，形成整个项目的总价。

五、工程量清单计价表格

(1)封面。

1)招标工程量清单：封-1，见表1-2。

2)招标控制价：封-2，见表1-3。

3)投标总价：封-3，见表1-4。

4)竣工结算书：封-4，见表1-5。

(2)扉页。

1)招标工程量清单：扉-1，见表1-6。

2)招标控制价：扉-2，见表1-7。

3)投标总价：扉-3，见表1-8。

4)竣工结算总价：扉-4，见表1-9。

(3)总说明：表-01，见表1-10。

(4)工程计价汇总表。

1)工程项目招标控制价(投标报价)汇总表：表-02，见表1-11。

2)单项工程招标控制价(投标报价)汇总表：表-03，见表1-12。

3)单位工程招标控制价(投标报价)汇总表：表-04，见表1-13。

4)建设项目竣工结算汇总表：表-05，见表1-14。

5)单项工程竣工结算汇总表：表-06，见表1-15。

6)单位工程竣工结算汇总表：表-07，见表1-16。

(5)分部分项工程和措施项目计价表。

1)分部分项工程和单价措施项目清单与计价表：表-08，见表1-17。

2)综合单价分析表：表-09，见表1-18。

3)综合单价调整表：表-10，见表1-19。

4)总价措施项目清单与计价表：表-11，见表1-20。

(6)其他项目计价表。

1)其他项目清单与计价汇总表：表-12，见表1-21。

2)暂列金额明细表：表-12-1，见表1-22。

3)材料(工程设备)暂估价及结算价表：表-12-2，见表1-23。

4)专业工程暂估价及结算价表：表-12-3，见表1-24。

5)计日工表：表-12-4，见表1-25。

6)总承包服务费计价表：表-12-5，见表1-26。

7)索赔与现场签证计价汇总表：表-12-6，见表1-27。

8)费用索赔申请(核准)表：表-12-7，见表1-28。

9)现场签证表：表-12-8，见表1-29。

(7)规费、税金项目计价表：表-13，见表1-30。

(8)工程计量申请(核准)表：表-14，见表1-31。

(9)合同价款支付申请(核准)表。

1)预付款支付申请(核准)表：表-15，见表1-32。

2)总价项目进度款支付分解表：表-16，见表1-33。

3)进度款支付申请(核准)表：表-17，见表1-34。

4)竣工结算款支付申请(核准)表：表-18，见表1-35。

5)最终结清支付申请(核准)表：表-19，见表1-36。

(10)主要材料、工程设备一览表。

1)发包人提供材料和工程设备一览表：表-20，见表1-37。

2)承包人提供主要材料和工程设备一览表(适用于造价信息差额调整法)：表-21，见表1-38。

3)承包人提供主要材料和工程设备一览表(适用于价格指数差额调整法):表-22,见表1-39。

计价表格使用应符合如下规定。

(1)工程量清单与计价宜采用统一格式。各省、自治区、直辖市住房和城乡建设行政主管部门和行业建设主管部门可根据本地区、本行业的实际情况,在"13计价规范"附录B至附录L计价表格的基础上补充完善。

(2)工程量清单的编制应符合下列规定:

1)工程量清单编制使用的表格包括:封-1、扉-1、表-01、表-08、表-11、表-12(不含表-12-6~表-12-8)、表-13、表-20、表-21或表-22。

2)扉页应按规定的内容填写、签字、盖章,由造价员编制的工程量清单应有负责审核的造价工程师签字、盖章。受委托编制的工程量清单,应有造价工程师签字、盖章及工程造价咨询人盖章。

3)总说明应按下列内容填写:

①工程概况:建设规模、工程特征、计划工期、施工现场实际情况、自然地理条件、环境保护要求等。

②工程招标和专业工程发包范围。

③工程量清单编制依据。

④工程质量、材料、施工等的特殊要求。

⑤其他需要说明的问题。

(3)招标控制价、投标报价、竣工结算的编制应符合下列规定:

1)使用表格。

①招标控制价使用的表格包括:封-2、扉-2、表-01、表-02、表-03、表-04、表-08、表-09、表-11、表-12(不含表-12-6~表-12-8)、表-13、表-20、表-21或表-22。

②投标报价使用的表格包括:封-3、扉-3、表-01、表-02、表-03、表-04、表-08、表-09、表-11、表-12(不含表-12-6~表-12-8)、表-13、表-16,招标文件提供的表-20、表-21或表-22。

③竣工结算使用的表格包括:封-4、扉-4、表-01、表-05、表-06、表-07、表-08、表-09、表-10、表-11、表-12、表-13、表-14、表-15、表-16、表-17、表-18、表-19、表-20、表-21或表-22。

2)扉页应按规定的内容填写、签字、盖章,除承包人自行编制的投标报价和竣工结算外,受委托编制的招标控制价、投标报价、竣工结算,由造价员编制的应有负责审核的造价工程师签字、盖章及工程造价咨询人盖章。

(4)投标人应按照招标文件的要求,附工程量清单综合单价分析表。

(5)工程量清单与计价表中列明的所有需要填写的单价和合价,投标人均应填写,未填写单价和合价的,视为此项费用已包含在工程量清单的其他单价和合价中。

部分计价表格格式见表1-2~表1-39。

表 1-2　招标工程量清单封面

_____工程

招标工程量清单

招　标　人：_____

（单位盖章）

造价咨询人：_____

（单位盖章）

年　　月　　日

封-1

表 1-3　招标控制价封面

_____工程

招标控制价

招　标　人：_____

（单位盖章）

造价咨询人：_____

（单位盖章）

年　　月　　日

表 1-4 投标总价封面

_____工程

投标总价

投 标 人：_____

（单位盖章）

年　　月　　日

表 1-5　竣工结算书封面

_____工程

竣工结算书

发　包　人：_____

（单位盖章）

承　包　人：_____

（单位盖章）

造价咨询人：_____

（单位盖章）

年　　月　　日

表 1-6　招标工程量清单扉页

_____工程

招标工程量清单

招 标 人：_____
（单位盖章）

造价咨询人：_____
（单位资质专用章）

法定代表人
或其授权人：_____
（签字或盖章）

法定代表人
或其授权人：_____
（签字或盖章）

编 制 人：_____
（造价人员签字盖专用章）

复 核 人：_____
（造价工程师签字盖专用章）

编制时间：　年　月　日

复核时间：　年　月　日

表 1-7 招标控制价扉页

_____工程

招标控制价

招标控制价(小写)：_____

（大写）：_____

招 标 人：_____   造价咨询人：_____
　　　　　　（单位盖章）　　　　　　　　　　　　　　　（单位资质专用章）

法定代表人　　　　　　　　　　　　法定代表人
或其授权人：_____   或其授权人：_____
　　　　　　（签字或盖章）　　　　　　　　　　　　（签字或盖章）

编 制 人：_____   复 核 人：_____
　　　　　　（造价人员签字盖专用章）　　　　　　（造价工程师签字盖专用章）

编制时间：　年　月　日　　　　　　复核时间：　年　月　日

表 1-8　投标总价扉页

投 标 总 价

招 标 人：＿＿＿＿＿＿＿＿＿＿＿＿＿＿＿＿＿＿＿＿＿＿＿＿＿＿＿

工程名称：＿＿＿＿＿＿＿＿＿＿＿＿＿＿＿＿＿＿＿＿＿＿＿＿＿＿＿

投标总价(小写)：＿＿＿＿＿＿＿＿＿＿＿＿＿＿＿＿＿＿＿＿＿＿＿
　　　　(大写)：＿＿＿＿＿＿＿＿＿＿＿＿＿＿＿＿＿＿＿＿＿＿

投 标 人：＿＿＿＿＿＿＿＿＿＿＿＿＿＿＿＿＿＿＿＿＿＿＿＿＿
　　　　　　　　　　　　(单位盖章)

法定代表人
或其授权人：＿＿＿＿＿＿＿＿＿＿＿＿＿＿＿＿＿＿＿＿＿＿＿
　　　　　　　　　　　　(签字或盖章)

编 制 人：＿＿＿＿＿＿＿＿＿＿＿＿＿＿＿＿＿＿＿＿＿＿＿
　　　　　　　　　(造价人员签字盖专用章)

时　　间：　　年　月　日

表 1-9　竣工结算总价扉页

_____工程

竣工结算总价

签约合同价(小写)：_____　　　　(大写)：_____

竣工结算价(小写)：_____　　　　(大写)：_____

发　包　人：_____　　承　包　人：_____　　造价咨询人：_____

　　　　　　(单位盖章)　　　　　　　　(单位盖章)　　　　　　　　(单位资质专用章)

法定代表人　　　　　　　法定代表人　　　　　　　法定代表人

或其授权人：_____　或其授权人：_____　或其授权人：_____

　　　　　　(签字或盖章)　　　　　　(签字或盖章)　　　　　　　(签字或盖章)

编　制　人：_____　　　　核　对　人：_____

　　　　(造价人员签字盖专用章)　　　　　　　(造价工程师签字盖专用章)

　　　编制时间：　年　月　日　　　　　核对时间：　年　月　日

表 1-10　总说明

工程名称： 第　页共　页

（空白表格）

表-01

表 1-11　工程项目招标控制价(投标报价)汇总表

工程名称： 第　页共　页

序号	单项工程名称	金额/元	其中：/元		
			暂估价	安全文明施工费	规费
	合计				
注：本表适用于建设项目招标控制价或投标报价的汇总。					

表-02

表 1-12 单项工程招标控制价(投标报价)汇总表

工程名称： 第 页 共 页

序号	单位工程名称	金额/元	其中：/元		
			暂估价	安全文明施工费	规费
	合　计				

注：本表适用于单项工程招标控制价或投标报价的汇总。暂估价包括分部分项工程中的暂估价和专业工程暂估价。

表-03

表 1-13 单位工程招标控制价(投标报价)汇总表

工程名称： 标段： 第 页 共 页

序号	汇总内容	金额/元	其中：暂估价/元
1	分部分项工程		
1.1			
1.2			
1.3			
1.4			
1.5			
2	措施项目		
2.1	其中：安全文明施工费		
3	其他项目		
3.1	其中：暂列金额		
3.2	其中：专业工程暂估价		
3.3	其中：计日工		
3.4	其中：总承包服务费		
4	规费		
5	税金		
招标控制价合计＝1＋2＋3＋4＋5			

注：本表适用于单位工程招标控制价或投标报价的汇总，如无单位工程划分，单项工程也使用本表汇总。

表-04

表 1-14　建设项目竣工结算汇总表

工程名称：　　　　　　　　　　　　　　　　　　　　　　　　　　　　　第　页　共　页

序号	单项工程名称	金额/元	其　中：/元	
			安全文明施工费	规费
	合　计			

表-05

表 1-15　单项工程竣工结算汇总表

工程名称：　　　　　　　　　　　　　　　　　　　　　　　　　　　　　第　页　共　页

序号	单位工程名称	金额/元	其　中：/元	
			安全文明施工费	规费
	合　计			

表-06

表 1-16 单位工程竣工结算汇总表

工程名称：　　　　　　　　　　标段：　　　　　　　　　　第　页共　页

序号	汇总内容	金额/元
1	分部分项工程	
1.1		
1.2		
1.3		
1.4		
1.5		
2	措施项目	
2.1	其中：安全文明施工费	
3	其他项目	
3.1	其中：专业工程结算价	
3.2	其中：计日工	
3.3	其中：总承包服务费	
3.4	其中：索赔与现场签证	
4	规费	
5	税金	
竣工结算总价合计＝1＋2＋3＋4＋5		
注：如无单位工程划分，单项工程也使用本表汇总。		

表-07

表 1-17 分部分项工程和单价措施项目清单与计价表

工程名称：　　　　　　　　　　标段：　　　　　　　　　　第　页共　页

序号	项目编码	项目名称	项目特征描述	计量单位	工程量	金额/元		
						综合单价	合价	其中 暂估价
			本页小计					
			合　计					
注：为计取规费等的使用，可在表中增设"其中：定额人工费"。								

表-08

表 1-18　综合单价分析表

工程名称：　　　　　　　　　　　　　　标段：　　　　　　　　　　第　页　共　页

项目编码		项目名称		计量单位		工程量		

清单综合单价组成明细

定额编号	定额项目名称	定额单位	数量	单价/元				合价/元			
				人工费	材料费	机械费	管理费和利润	人工费	材料费	机械费	管理费和利润

人工单价		小　计									
元/工日		未计价材料费									
清单项目综合单价											

材料费明细	主要材料名称、规格、型号	单位	数量	单价/元	合价/元	暂估单价/元	暂估合价/元
	其他材料费			—		—	
	材料费小计			—		—	

注：1. 如不使用省级或行业建设主管部门发布的计价依据，可不填定额编号、名称等。
　　2. 招标文件提供了暂估单价的材料，按暂估的单价填入表内"暂估单价"栏及"暂估合价"栏。

表-09

表 1-19　综合单价调整表

工程名称：　　　　　　　　　　　　　　标段：　　　　　　　　　　第　页　共　页

序号	项目编码	项目名称	已标价清单综合单价/元					调整后综合单价/元				
			综合单价	其中				综合单价	其中			
				人工费	材料费	机械费	管理费和利润		人工费	材料费	机械费	管理费和利润

造价工程师(签章)：　　　发包人代表(签章)：	造价人员(签章)：　　　承包人代表(签章)：
日期：	日期：

注：综合单价调整应附调整依据。

表-10

29

表 1-20 总价措施项目清单与计价表

工程名称：　　　　　　　　　　　标段：　　　　　　　　　第 页 共 页

序号	项目编码	项目名称	计算基础	费率/%	金额/元	调整费率/%	调整后金额/元	备注
		安全文明施工费						
		夜间施工增加费						
		二次搬运费						
		冬、雨期施工增加费						
		已完工程及设备保护费						
		合　　计						

编制人(造价人员)：　　　　　　　　　复核人(造价工程师)：

注：1. "计算基础"栏中安全文明施工费可为定额基价、定额人工费或定额人工费＋定额机械费，其他项目可为定额人工费或定额人工费＋定额机械费。
2. 按施工方案计算的措施费，若无"计算基础"和"费率"栏的数值，也可只填"金额"栏数值，但应在备注栏说明施工方案出处或计算方法。

表-11

表 1-21 其他项目清单与计价汇总表

工程名称：　　　　　　　　　　　标段：　　　　　　　　　第 页 共 页

序号	项目名称	金额/元	结算金额/元	备注
1	暂列金额			明细详见表-12-1
2	暂估价			
2.1	材料(工程设备)暂估价/结算价	—		明细详见表-12-2
2.2	专业工程暂估价/结算价			明细详见表-12-3
3	计日工			明细详见表-12-4
4	总承包服务费			明细详见表-12-5
5	索赔与现场签证	—		明细详见表-12-6
	合　　计		—	

注：材料(工程设备)暂估单价计入清单项目综合单价，此处不汇总。

表-12

表 1-22　暂列金额明细表

工程名称：　　　　　　　　　　　　　标段：　　　　　　　　　　　　　第　页共　页

序号	项目名称	计量单位	暂定金额/元	备注
1				
2				
3				
4				
5				
6				
7				
8				
9				
10				
11				
合　计				—

注：此表由招标人填写，如不能详列，也可只列暂定金额总额，投标人应将上述暂列金额计入投标总价中。

表-12-1

表 1-23　材料(工程设备)暂估价及结算价表

工程名称：　　　　　　　　　　　　　标段：　　　　　　　　　　　　　第　页共　页

序号	材料(工程设备)名称、规格、型号	计量单位	数量		暂估/元		确认/元		差额±/元		备注
			暂估	确认	单价	合价	单价	合价	单价	合价	
合　计											

注：此表由招标人填写"暂估单价"栏，并在备注栏说明暂估单价的材料、工程设备拟用在哪些清单项目上，投标人应将上述材料、工程设备暂估单价计入工程量清单综合单价报价中。

表-12-2

表 1-24　专业工程暂估价及结算价表

工程名称：　　　　　　　　　　　　标段：　　　　　　　　　　　第　页共　页

序号	工程名称	工程内容	暂估金额/元	结算金额/元	差额±/元	备注
		合　计				

注：此表"暂估金额"由招标人填写，投标人应将"暂估金额"计入投标总价中。结算时按合同约定结算金额填写。

表-12-3

表 1-25　计日工表

工程名称：　　　　　　　　　　　　标段：　　　　　　　　　　　第　页共　页

编号	项目名称	单位	暂定数量	实际数量	综合单价/元	合价/元	
						暂定	实际
一	人工						
1							
2							
3							
4							
	人工小计						
二	材料						
1							
2							
3							
4							
5							
	材料小计						
三	施工机械						
1							
2							
3							
4							
	施工机械小计						
四、企业管理费和利润							
	总　计						

注：此表"项目名称""暂定数量"栏由招标人填写，编制招标控制价时，单价由招标人按有关计价规定确定；投标时，单价由投标人自主报价，按暂定数量计算合价计入投标总价中；结算时，按发承包双方确定的实际数量计算合价。

表-12-4

表 1-26 总承包服务费计价表

工程名称：　　　　　　　　　　　　　　　　标段：　　　　　　　　　　　　第　页 共　页

序号	项目名称	项目价值/元	服务内容	计算基础	费率/%	金额/元
1	发包人发包专业工程					
2	发包人提供材料					
	合 计		—	—	—	

注：此表"项目名称""服务内容"栏由招标人填写，编制招标控制价时，费率及金额由招标人按有关计价规定确定；
　　投标时，费率及金额由投标人自主报价，计入投标总价中。

表-12-5

表 1-27 索赔与现场签证计价汇总表

工程名称：　　　　　　　　　　　　　　　　标段：　　　　　　　　　　　　第　页 共　页

序号	签证及索赔项目名称	计量单位	数量	单价/元	合价/元	签证及索赔依据
—	本页小计	—	—	—		—
—	合 计	—	—	—		—

注：签证及索赔依据是指经双方认可的签证单和索赔依据的编号。

表-12-6

表 1-28 费用索赔申请(核准)表

工程名称：   标段：   编号：

致：_____
                                                              （发包人全称）
　　根据施工合同条款____条的约定，由于_____原因，我方要求索赔金额（大写）_____
（小写_____），请予核准。

附：1. 费用索赔的详细理由和依据：
　　2. 索赔金额的计算：
　　3. 证明材料：

承包人（章）

造价人员_____　　　　　承包人代表_____　　　　　日　　期_____

复核意见：	复核意见：
根据施工合同条款____条的约定，你方提出的费用索赔申请经复核： □不同意此项索赔，具体意见见附件。 □同意此项索赔，索赔金额的计算，由造价工程师复核。 监理工程师_____ 日　　期_____	根据施工合同条款____条的约定，你方提出的费用索赔申请经复核，索赔金额为（大写）_____ （小写_____）。 造价工程师_____ 日　　期_____

审核意见：
□不同意此项索赔。
□同意此项索赔，与本期进度款同期支付。

发包人（章）
发包人代表_____
日　　期_____

注：1. 在选择栏中的"□"内做标识"√"。
　　2. 本表一式四份，由承包人填报，发包人、监理人、造价咨询人、承包人各存一份。

表-12-7

34

表 1-29　现场签证表

工程名称：　　　　　　　　　　标段：　　　　　　　　　编号：

施工部位		日期	

致：＿＿＿＿＿＿＿＿＿＿＿＿＿＿＿＿＿＿＿＿＿＿＿＿＿＿＿＿＿＿（发包人全称）

　　根据＿＿＿＿＿＿＿（指令人姓名）　年　月　日的口头指令或你方＿＿＿＿＿＿（或监理人）　年　月　日的书面通知，我方要求完成此项工作应支付价款金额为（大写）＿＿＿＿＿＿＿＿＿（小写＿＿＿＿＿＿＿＿＿），请予核准。

附：1. 签证事由及原因：

　　2. 附图及计算式：

造价人员＿＿＿＿＿　　　　承包人代表＿＿＿＿＿　　承包人（章）

日　　期＿＿＿＿＿

复核意见： 　　你方提出的此项签证申请经复核： 　　□不同意此项签证，具体意见见附件。 　　□同意此项签证，签证金额的计算，由造价工程师复核。 　　　　　　　　监理工程师＿＿＿＿＿＿ 　　　　　　　　日　　期＿＿＿＿＿＿	复核意见： 　　□此项签证按承包人中标的计日工单价计算，金额为（大写）＿＿＿＿＿＿（小写＿＿＿＿＿＿＿＿）。 　　□此项签证因无计日工单价，金额为（大写）＿＿＿＿＿＿＿（小写＿＿＿＿＿＿＿＿）。 　　　　　　　　造价工程师＿＿＿＿＿＿ 　　　　　　　　日　　期＿＿＿＿＿＿

审核意见：

　　□不同意此项签证。

　　□同意此项签证，价款与本期进度款同期支付。

发包人（章）

发包人代表＿＿＿＿＿＿

日　　期＿＿＿＿＿＿

注：1. 在选择栏中的"□"内做标识"√"。

　　2. 本表一式四份，由承包人在收到发包人（监理人）的口头或书面通知后填写，发包人、监理人、造价咨询人、承包人各存一份。

表-12-8

35

表 1-30 规费、税金项目计价表

工程名称：   标段：   第 页 共 页

序号	项目名称	计算基础	计算基数	计算费率/%	金额/元
1	规费	定额人工费			
1.1	社会保险费	定额人工费			
(1)	养老保险费	定额人工费			
(2)	失业保险费	定额人工费			
(3)	医疗保险费	定额人工费			
(4)	工伤保险费	定额人工费			
(5)	生育保险费	定额人工费			
1.2	住房公积金	定额人工费			
1.3	工程排污费	按工程所在地环境保护部门收取标准，按实计入			
2	税金	分部分项工程费＋措施项目费＋其他项目费＋规费－按规定不计税的工程设备金额			
合计					

编制人(造价人员)：   复核人(造价工程师)：

表-13

表 1-31 工程计量申请(核准)表

工程名称：   标段：   第 页 共 页

序号	项目编码	项目名称	计量单位	承包人申请数量	发包人核实数量	发承包人确认数量	备注

承包人代表：	监理工程师：	造价工程师：	发包人代表：
日期：	日期：	日期：	日期：

表-14

表 1-32　预付款支付申请(核准)表

工程名称：　　　　　　　　　　　　标段：　　　　　　　　　　　　编号：

致：_____（发包人全称）

　　我方根据施工合同的约定，现申请支付工程预付款额为(大写)_____(小写_____)，

请予核准。

序号	名　　称	申请金额/元	复核金额/元	备　　注
1	已签约合同价款金额			
2	其中：安全文明施工费			
3	应支付的预付款			
4	应支付的安全文明施工费			
5	合计应支付的预付款			

承包人(章)

造价人员_____　　　　承包人代表_____　　　　日　期_____

复核意见： □与合同约定不相符，修改意见见附件。 □与合同约定相符，具体金额由造价工程师复核。 监理工程师_____ 日　期_____	复核意见： 　你方提出的支付申请经复核，应支付预付款金额为 (大写)_____(小写_____)。 造价工程师_____ 日　期_____

审核意见：

□不同意。

□同意，支付时间为本表签发后的 15 天内。

发包人(章)

发包人代表_____

日　期_____

注：1. 在选择栏上的"□"内做标识"√"。

　　2. 本表一式四份，由承包人填报，发包人、监理人、造价咨询人、承包人各存一份。

表-15

37

表 1-33 总价项目进度款支付分解表

工程名称：   标段：   单位：元

序号	项目名称	总价金额	首次支付	二次支付	三次支付	四次支付	五次支付
	安全文明施工费						
	夜间施工增加费						
	二次搬运费						
	社会保险费						
	住房公积金						
	合　计						

编制人(造价人员)：   复核人(造价工程师)：

注：1. 本表应由承包人在投标报价时根据发包人在招标文件中明确的进度款支付周期与报价填写，签订合同时，
　　　发承包双方可就支付分解协商调整后作为合同附件。
　　2. 单价合同使用本表，"支付"栏时间应与单价项目进度款支付周期相同。
　　3. 总价合同使用本表，"支付"栏时间应与约定的工程计量周期相同。

表-16

38

表 1-34 进度款支付申请(核准)表

工程名称：　　　　　　　　　　标段：　　　　　　　　　　编号：

致：＿＿＿＿＿＿＿＿＿＿＿＿＿＿＿＿＿＿＿＿＿＿＿＿＿＿＿＿＿＿＿＿＿（发包人全称）

我方于＿＿＿＿＿至＿＿＿＿＿期间已完成了＿＿＿＿＿＿＿＿＿工作，根据施工合同的约定，现申请支付本周期的合同款额为(大写)＿＿＿＿＿＿＿＿＿＿＿(小写＿＿＿＿)，请予核准。

序号	名　称	实际金额/元	申请金额/元	复核金额/元	备　注
1	累计已完成的合同价款		—		
2	累计已实际支付的合同价款		—		
3	本周期合计完成的合同价款				
3.1	本周期已完成单价项目的金额				
3.2	本周期应支付的总价项目的金额				
3.3	本周期已完成的计日工价款				
3.4	本周期应支付的安全文明施工费				
3.5	本周期应增加的合同价款				
4	本周期合计应扣减的金额				
4.1	本周期应抵扣的预付款				
4.2	本周期应扣减的金额				
5	本周期应支付的合同价款				

附：上述3、4详见附件清单。

承包人(章)

造价人员＿＿＿＿＿　　　　承包人代表＿＿＿＿＿　　　　日　期＿＿＿＿＿

复核意见：

□与实际施工情况不相符，修改意见见附件。

□与实际施工情况相符，具体金额由造价工程师复核。

监理工程师＿＿＿＿＿

日　期＿＿＿＿＿

复核意见：

你方提出的支付申请经复核，本周期已完成合同款额为(大写)＿＿＿＿＿＿＿(小写＿＿＿＿)，本周期应支付金额为(大写)＿＿＿＿＿＿＿(小写＿＿＿＿)。

造价工程师＿＿＿＿＿

日　期＿＿＿＿＿

审核意见：

□不同意。

□同意，支付时间为本表签发后的15天内。

发包人(章)

发包人代表＿＿＿＿＿

日　期＿＿＿＿＿

注：1. 在选择栏中的"□"内做标识"√"。

2. 本表一式四份，由承包人填报，发包人、监理人、造价咨询人、承包人各存一份。

表-17

39

表 1-35 竣工结算款支付申请(核准)表

工程名称：　　　　　　　　　　　标段：　　　　　　　　　　　编号：

致：_____（发包人全称）

　　我方于_____至_____期间已完成合同约定的工作，工程已经完工，根据施工合同的约定，现申请支付竣工结算合同款额为(大写)_____(小写_____)，请予核准。

序号	名　称	申请金额/元	复核金额/元	备　注
1	竣工结算合同价款总额			
2	累计已实际支付的合同价款			
3	应预留的质量保证金			
4	应支付的竣工结算款金额			

承包人(章)

造价人员_____　　　　承包人代表_____　　　　日　期_____

复核意见： □与实际施工情况不相符，修改意见见附件。 □与实际施工情况相符，具体金额由造价工程师复核。 监理工程师_____ 日　期_____	复核意见： 　　你方提出的竣工结算款支付申请经复核，竣工结算款总额为(大写)_____(小写_____)，扣除前期支付以及质量保证金后应支付金额为(大写)_____(小写_____)。 造价工程师_____ 日　期_____

审核意见：
□不同意。
□同意，支付时间为本表签发后的15天内。

发包人(章)
发包人代表_____
日　期_____

注：1. 在选择栏中的"□"内做标识"√"。
　　2. 本表一式四份，由承包人填报，发包人、监理人、造价咨询人、承包人各存一份。

表-18

表1-36 最终结清支付申请(核准)表

工程名称：　　　　　　　　　　标段：　　　　　　　　　　编号：

致：＿＿＿＿＿＿＿＿＿＿＿＿＿＿＿＿＿＿＿＿＿＿＿＿＿＿＿＿＿＿（发包人全称）

我方于＿＿＿＿至＿＿＿＿期间已完成了缺陷修复工作，根据施工合同的约定，现申请支付最终结清合同款额为（大写）＿＿＿＿＿＿＿＿＿＿（小写＿＿＿＿＿＿），请予核准。

序号	名　称	申请金额/元	复核金额/元	备　注
1	已预留的质量保证金			
2	应增加因发包人原因造成缺陷的修复金额			
3	应扣减承包人不修复缺陷、发包人组织修复的金额			
4	最终应支付的合同价款			

上述3、4详见附件清单。

　　　　　　　　　　　　　　　　　　　　　　　　　　　　承包人(章)

　　造价人员＿＿＿＿＿　　　承包人代表＿＿＿＿＿　　　日　期＿＿＿＿＿

复核意见： □与实际施工情况不相符，修改意见见附件。 □与实际施工情况相符，具体金额由造价工程师复核。 　　　　　监理工程师＿＿＿＿＿ 　　　　　日　期＿＿＿＿＿	复核意见： 　你方提出的支付申请经复核，最终应支付金额为（大写）＿＿＿＿＿＿＿＿＿（小写＿＿＿＿＿）。 　　　　　造价工程师＿＿＿＿＿ 　　　　　日　期＿＿＿＿＿

审核意见：
□不同意。
□同意，支付时间为本表签发后的15天内。

　　　　　　　　　　　　　　　　　　　　　　　　　　　发包人(章)
　　　　　　　　　　　　　　　　　　　　　　　　　　　发包人代表＿＿＿＿＿
　　　　　　　　　　　　　　　　　　　　　　　　　　　日　期＿＿＿＿＿

注：1. 在选择栏中的"□"内做标识"√"。如监理人已退场，监理工程师栏可空缺。
　　2. 本表一式四份，由承包人填报，发包人、监理人、造价咨询人、承包人各存一份。

表-19

41

表 1-37 发包人提供材料和工程设备一览表

工程名称：　　　　　　　　　　　　标段：　　　　　　　　　　第　页共　页

序号	材料(工程设备)名称、规格、型号	单位	数量	单价/元	交货方式	送达地点	备注

注：此表由招标人填写，供投标人在投标报价、确定总承包服务费时参考。

表-20

表 1-38 承包人提供主要材料和工程设备一览表
（适用于造价信息差额调整法）

工程名称：　　　　　　　　　　　　标段：　　　　　　　　　　第　页共　页

序号	名称、规格、型号	单位	数量	风险系数/%	基准单价/元	投标单价/元	发承包人确认单价/元	备注

注：1. 此表由招标人填写除"投标单价"栏的内容，投标人在投标时自主确定投标单价。
　　2. 招标人应优先采用工程造价管理机构发布的单价作为基准单价，未发布的，通过市场调查确定其基准单价。

表-21

表 1-39 承包人提供主要材料和工程设备一览表

（适用于价格指数差额调整法）

工程名称：　　　　　　　　　　标段：　　　　　　　　　　　第　页共　页

序号	名称、规格、型号	变值权重 B	基本价格指数 F_0	现行价格指数 F_t	备注
	定值权重 A		—	—	
	合　计	1	—	—	

注：1. "名称、规格、型号""基本价格指数"栏由招标人填写，基本价格指数应首先采用工程造价管理机构发布的
　　　价格指数，没有时，可采用发布的价格代替。如人工、机械费也可采用本法调整，由招标人在"名称"栏
　　　填写。
　　2. "变值权重"栏由投标人根据该项人工、机械费和材料、工程设备价值在投标总报价中所占比例填写，1减去
　　　其比例为定值权重。
　　3. "现行价格指数"栏按约定付款证书相关周期最后一天的前42天的各项价格指数填写，该指数应首先采用工
　　　程造价管理机构发布的价格指数，没有时，可采用发布的价格代替。

表-22

本章小结

　　本章重点介绍了建设工程造价基础，在具体工作中，应正确区分建设项目的划分，掌握在不同的建设阶段使用不同的工程造价文件的方法；在进行工程造价计价之前，应熟悉建筑工程造价的两种计价方法，掌握工程量清单计价的程序、编制依据、清单计价规范，从而为进行建设工程的计价奠定扎实的理论基础。

思考与练习

一、填空题

　　1. _____是指某些独立的基本建设构成，它有独立的计划任务书、总体设计文件、经济核算和组织形式。

　　2. _____是指建筑工程概、预算按项目所处的建设阶段划分的确定工程造价的文件。

　　3. _____是在工程采用招标发包的过程中，由投标人按照招标文件的要求，根据工程特点，并结合自身的施工技术、装备和管理水平，依据有关计价规定，自主确定的工程造价。

　　4. 工程造价计价的方法有_____和_____。

5. 工程量清单计价法的造价计算方法是_____，即招标方给出工程量清单，投标方根据工程量清单组合分部分项工程的_____，并计算出分部分项工程的费用，再计算出税金，最后汇总成总造价。

6. 分部分项工程量清单应包括_____、_____、_____、_____和_____。

7. 影响工程造价的主要因素有两个，即_____和_____。

二、简答题

1. 简述工程造价的两层含义。

2. 简述建设项目的构成。

3. 投标报价的编制原则是什么？

4. 简述工程量清单计价的特点。

5. 分部分项工程量清单项目特征必须描述的内容有哪些？

6. 简述工程量清单计价程序。

第二章　建筑工程消耗量定额

第一节　工程建设定额概述

一、工程建设定额的概念、特点和作用

(一)工程建设定额的概念

1. 定额

　　所谓定，就是规定；额，就是额度或限度。定额即规定的额度，是人们根据不同的需要，对某一事物规定的数量标准。就产品生产而言，定额反映生产成果与生产要素之间的数量关系。在某产品的生产过程中，定额反映在现有的社会生产力水平条件下，为完成一定计量单位质量合格的产品，所必须消耗的人工、材料、机械台班的数量标准。

　　定额的水平就是定额标准的高低，它与当地的生产因素及生产力水平有着密切的关系，是一定时期社会生产力的反映。定额水平高反映生产力水平较高，完成单位合格产品所需要消耗的资源较少；反之，则说明生产力水平较低，完成单位合格产品所消耗的资源较多。定额水平并非一成不变，而是随着生产力水平的变化而变化。因此，定额水平的确定必须从实际出发，根据生产条件、质量标准和现有的技术水平，选择先进合理的操作对象进行观测、计算、分析而定，并随着生产力水平的提高而进行补充修订，以适应生产发展的需要。

2. 工程建设定额

工程建设定额即额定的消耗量标准,是指按照国家有关的产品标准、设计规范和施工验收规范、质量评定标准,并参考行业、地方标准及有代表性的工程设计、施工资料确定的工程建设过程中完成规定计量单位产品所消耗的人工、材料、机械等消耗量的标准。

工程建设定额是量的规定,所反映的是在一定的社会生产力发展水平下,完成某项工程建设产品与各种生产消耗之间特定的数量关系,考虑的是正常的施工条件。目前大多数施工企业的技术装备程度,合理的施工工期、施工工艺和劳动组织,反映的是一种社会平均消耗水平。

(二)工程建设定额的特点

(1)定额的科学性。工程建设定额的科学性包括两层含义。一是指定额的制定是依据一定的理论(如价值、环境、效率等理论),遵循客观规律的要求,在认真调查研究和总结生产实践的基础上,运用系统、科学的方法制定的。定额项目的确定,体现了经过实践证明是已成熟推广的先进技术和先进操作方法。二是指建筑工程定额管理在理论、方法和手段上适应现代科学技术和信息社会发展的需要。因此,定额是科学性与先进性的统一体。

(2)定额的法令性。工程建设定额是经过国家或有关政府部门批准颁发的,在所属规定范围内,各单位必须严格执行,不得任意改变,而且定额的管理部门还应进行定额使用的监督。因而,定额具有经济法规的性质,是贯彻国家方针政策的重要经济手段,具有法令性。

(3)定额的统一性。工程建设定额的统一性,主要是由国家对经济发展有计划的宏观调控职能所决定的。为了使国民经济按照既定的目标发展,就需要借助某些标准、定额、参数等,对工程建设进行规划、组织、调节、控制。而这些标准、定额、参数只有在一定范围内是一种统一的尺度,才能实现上述职能,才能利用其对项目的决策、设计方案、投标报价、成本控制进行比选和评价。

(4)定额的稳定性。定额中所规定的各种生活劳动与物化劳动消耗量的多少,是由一定时期的社会生产力水平所决定的。随着科学技术水平和管理水平的提高,社会生产力的水平也必然会提高,但社会生产力的发展有一个由量变到质变的过程,有一个变动周期,因此,定额的执行还有一个相应的实践过程。当生产条件发生变化,技术水平有了较大的提高,原有定额已不能适应生产需要时,授权部门就应根据新的情况对定额进行修订和补充。所以,定额不是固定不变的,但也绝不能朝令夕改,它有一个相对稳定的执行期。

(5)定额的针对性。定额的针对性很强,做什么工程用什么定额,一种工序用一项定额,不得乱套定额。必须严格按照定额的项目、工作内容、质量标准、安全要求执行定额;不得随意增减工时消耗、材料消耗或其他资源消耗;不得减少工作内容,降低质量标准等。

(三)工程建设定额的作用

工程建设定额主要有以下几个方面的作用:

(1)工程建设定额是施工企业和项目部实行经济责任制的重要依据。工程建设改革的突破口是承包责任制。施工企业对外通过投标承揽工程任务、编制投标报价;工程施工项目部进行进度计划和进度控制、成本计划和成本控制,这些均以工程建设定额为依据。

(2)工程建设定额是施工企业组织和管理施工的重要依据。为了更好地组织和管理工程建设施工生产,必须编制施工进度计划。在编制计划和组织、管理施工生产中,要以各种定额来作为计算人工、材料和机械需用量的依据。

(3)工程建设定额是招标投标活动中编制标底标价的重要依据。工程建设定额是招标投标活动中确定建设工程分项工程综合单价的依据。在建设工程计价工作中,根据设计文件结合施工方法，应用相应工程建设定额规定的人工、材料、施工机械台班消耗标准，计算确定工程施工项目中人工、材料、机械设备的需用量，按照人工、材料、机械单价和管理费用及利润标准来确定分项工程的综合单价。

(4)工程建设定额是总结先进生产方法的手段。在一定条件下，工程建设定额是通过对施工生产过程的观察、分析综合制定的。可以以工程建设消耗量定额的标定方法为手段，对同一工程产品在同一施工操作条件下的不同生产方式进行观察、分析和总结，从而得出一套比较完整的先进生产方法。因此，它能比较科学地反映出生产技术和劳动组织的先进合理程度。

(5)工程建设定额是评定优选工程设计方案的依据。一个设计方案是否经济，是以工程建设定额为依据来确定该项工程设计的技术经济指标，通过对设计方案技术经济指标的比较，来确定该工程设计是否经济。

二、工程建设定额的分类

工程建设定额是工程建设中各类定额的总称，包括许多类别的定额。为了对工程建设定额有一个全面的了解，可以按照不同的原则和方法对它进行科学分类。一般的分类方法如图2-1所示。

1. 按生产要素消耗内容分类

生产过程是劳动者利用劳动手段，对劳动对象进行加工的过程。显然，生产活动包括劳动者、劳动手段、劳动对象三个不可缺少的要素。劳动者是指生产活动中各专业工种的工人；劳动手段是指劳动者使用的生产工具和机械设备；劳动对象是指原材料、半成品和构配件。按此三要素，工程建设定额可分为劳动消耗定额、材料消耗定额、机械台班消耗定额。

(1)劳动消耗定额。劳动消耗定额(简称劳动定额)即人工定额，反映了建筑工人劳动生产效率水平的高低，表明在合理、正常的施工条件下，单位时间内完成合格产品的数量或完成单位合格产品所需的工时。因此，劳动定额由于其表现形式的不同，又可分为时间定额与产量定额。

1)时间定额。时间定额又称工时定额，是指在合理的劳动组织与合理使用材料的条件下，完成质量合格的单位产品所必须消耗的劳动时间。时间定额以"工日"或"工时"为单位。

2)产量定额。产量定额又称每工产量，是指在合理的劳动组织与合理使用材料的条件下，规定某工种、某技术等级的工人(或人工班组)在单位时间内必须完成质量合格产品的数量。产量定额的单位是产品的单位。

(2)材料消耗定额。材料消耗定额简称材料定额，是指在节约与合理使用材料的条件下，生产质量合格的单位工程产品，所必须消耗的一定规格的质量合格的材料、成品、半成品、构配件、动力与燃料的数量标准。材料消耗定额的单位是材料的单位。

(3)机械台班消耗定额。机械台班消耗定额又称机械台班使用定额，简称机械定额，指在正常施工条件下，施工机械运转状态正常，并能合理、均衡地组织施工和使用时，在单位时间内的生产效率。机械定额按其表现形式的不同可分为机械时间定额和机械产量定额。

1)机械时间定额。机械时间定额是指在合理组织施工和合理使用机械的条件下，某种类型的机械为完成符合质量要求的单位产品所必须消耗的工作时间。单位以"台班"或"台时"表示。

2)机械产量定额。机械产量定额是指在合理组织施工和合理使用机械的条件下，某种类型的机械在单位机械工作时间内，应完成符合质量要求的产品数量。机械产量定额的单位是产品的单位。

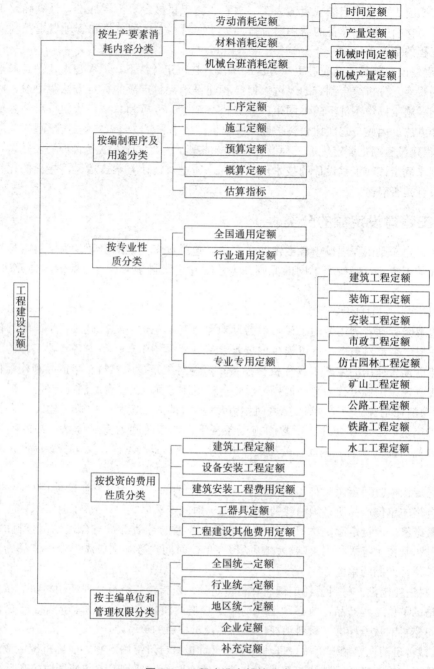

图 2-1 工程建设定额的分类

2. 按编制程序及用途分类

按编制程序及用途，工程建设定额可分为以下几个类别：

(1)工序定额。工序定额是以个别工序为标定对象编制的，是组成定额的基础。工序定额一般只作为下达企业内部个别工序的施工任务的依据。

(2)施工定额。施工定额是以同一性质的施工工程——工序作为研究对象，表示生产产品数量与时间消耗综合关系而编制的定额。施工定额是施工企业为组织生产和加强管理而在企业内部使用的一种定额，属于企业定额的性质。

（3）预算定额。预算定额是以建筑物或构筑物各个分部分项工程为对象编制的定额。其内容包括人工、材料、机械消耗三个部分，并列有工程费用，它是一种计价定额。

（4）概算定额。概算定额是以扩大的分部分项工程为对象编制的，计算和确定该工程项目的人工、材料、机械台班消耗量所使用的定额，同时，它也列有工程费用，也是一种计价定额。

（5）估算指标。估算指标是估算定额的扩大与合并，是以整个建筑物或构筑物为对象，以更为扩大的计量单位来编制的。估算指标的内容包括人工、材料、机械消耗三个部分，同时还列出了各结构分部的工程量及单位建筑工程的造价，是一种计价定额。

3. 按专业性质分类

按专业性质，工程建设定额可分为全国通用定额、行业通用定额和专业专用定额三种。全国通用定额是指在部门间和地区间都可以使用的定额；行业通用定额是指具有专业特点，在行业部门内可以通用的定额；专业专用定额是指特殊专业的定额，只能在特定的范围内使用。

其中，专业专用定额可分为建筑工程定额、装饰工程定额、安装工程定额、市政工程定额、仿古园林工程定额、矿山工程定额，以及公路工程定额、铁路工程定额、水工工程定额等。

（1）建筑工程定额。建筑工程是指狭义上的房屋建筑工程结构部分。建筑工程定额是指建筑工程人工、材料及机械的消耗量标准。其内容包括：土石方工程，桩及地基基础工程，砌筑工程，混凝土及钢筋混凝土工程，厂库房大门特种门木结构工程，金属结构工程，屋面及防水工程，保温、隔热、防腐工程。

（2）装饰工程定额。装饰工程是指房屋建筑的装饰装修工程。装饰工程定额是指建筑装饰装修工程人工、材料及机械的消耗量标准。其内容包括：楼地面工程，墙柱面工程，顶棚工程，门窗工程，油漆、涂料、裱糊工程和其他工程。

（3）安装工程定额。安装工程是指各种管线、设备等的安装工程。而安装工程定额是指安装工程人工、材料及机械的消耗量标准。其内容包括：机械设备安装工程，电气设备安装工程，热力设备安装工程，炉窑砌筑工程，静置设备与工艺金属结构制作安装工程，工业管道工程，消防工程，给水排水、采暖、热气工程，通风空调工程，自动化控制仪表安装工程，通信设备及线路工程，建筑智能化系统设备安装工程和长距离输送管道工程。

（4）市政工程定额。市政工程是指城市的道路、桥涵和市政管网等公共设施及公用设施的建设工程。市政工程定额是指市政工程人工、材料及机械的消耗量标准。其内容包括：土石方工程、道路工程、桥涵护涵工程、隧道工程、市政管网工程、地铁工程、钢筋工程和拆除工程。

（5）仿古园林工程定额。仿古园林工程定额是指仿古园林工程人工、材料及机械的消耗量标准。其内容包括绿化工程，园路、园桥、假山工程，园林景观工程。

（6）矿山工程定额。矿山工程定额是指矿山工程人工、材料及机械的消耗量标准。

（7）公路工程定额。公路工程定额是指城际交通公路工程人工、材料及机械的消耗量标准。其内容包括城际交通公路工程和桥梁工程。

（8）铁路工程定额。铁路工程定额是指铁路工程人工、材料及机械的消耗量标准。

（9）水工工程定额。水工工程定额是指水工工程人工、材料及机械的消耗量标准。

4. 按投资的费用性质分类

按投资的费用性质，工程建设定额可分为建筑工程定额、设备安装工程定额、建筑安装工程费用定额、工器具定额和工程建设其他费用定额。

（1）建筑工程定额。它是建筑工程的企业定额、预算定额、概算定额、概算指标的总称。

（2）设备安装工程定额。它是安装工程的企业定额、预算定额、概算定额、概算指标的总称。

(3)建筑安装工程费用定额。它包括工程直接费用定额和间接费用定额等。

(4)工器具定额。它是为新建或扩建项目投产运转首次配置的工具、器具数量标准。

(5)工程建设其他费用定额。它是独立于建筑安装工程、设备和工器具购置之外的其他费用开支的标准。

5. 按主编单位和管理权限分类

按主编单位和管理权限，工程建设定额可分为全国统一定额、行业统一定额、地区统一定额、企业定额和补充定额五种。

(1)全国统一定额。它是由国家住房和城乡建设主管部门，综合全国工程建设中技术和施工组织管理的情况编制的，并在全国范围内执行的定额。

(2)行业统一定额。它是考虑到各行业部门专业技术特点，以及施工生产和管理水平编制的。行业统一定额一般只在本行业和相同专业性质的范围内使用。

(3)地区统一定额。它包括省、自治区、直辖市定额。地区统一定额主要是考虑地区性特点和全国统一定额水平做适当调整和补充编制的。

(4)企业定额。它是指由施工企业考虑本企业的具体情况，参照国家、部门或地区定额的水平制定的定额。企业定额只在本企业内部使用，是企业素质的一个标志。

(5)补充定额。它是指随着设计、施工技术的发展，现行定额不能满足需要的情况下，为了补充缺陷所编制的定额。补充定额只能在指定的范围内使用，可以作为以后修订定额的基础。

第二节　工程建设定额消耗量指标的确定

一、工作时间分类和工作时间消耗的确定

(一)工作时间分类

研究施工中的工作时间，最主要的目的是确定施工的时间定额和产量定额。其前提是对工作时间按其消耗性质进行分类，以便研究工时消耗的数量及其特点。

工作时间是指工作班延续时间。例如，8 小时工作制的工作时间是 8 h，午休时间不包括在内。对工作时间消耗的研究可以分为两个系统进行，即工人工作时间消耗和工人所使用的机器工作时间消耗。

工人在工作班内消耗的工作时间，按其消耗的性质，基本可以分为两大类，即必须消耗的时间和损失时间。工人工作时间的分类如图 2-2 所示。

(1)必须消耗的时间。必须消耗的时间是指工人在正常施工条件下，为完成一定合格产品(工作任务)所消耗的时间。其是制定定额的主要依据，包括有效工作时间、休息时间和不可避免中断所消耗的时间。

1)有效工作时间。有效工作时间是指从生产效果来看，与产品生产直接有关的时间消耗。其中包括基本工作时间、辅助工作时间、准备与结束工作时间的消耗。

①基本工作时间。基本工作时间是指工人在完成能生产一定产品的施工工艺的过程中所消耗的时间。通过这些工艺过程可以使材料改变外形，如钢筋煨弯等；可以改变材料的结构与性质，如混凝土制品的养护、干燥等；可以使预制构配件安装组合成型；也可以改变产品外部及

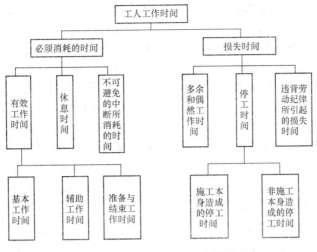

图 2-2   工人工作时间分类图

表面的性质，如粉刷、油漆等。基本工作时间所包括的内容依工作性质各不相同。基本工作时间的长短与工作量大小成正比。

②辅助工作时间。辅助工作时间是指为保证基本工作能顺利完成所消耗的时间。在辅助工作时间里，不能使产品的形状、大小、性质或位置发生变化。辅助工作时间的结束，往往就是基本工作时间的开始。辅助工作一般是手工操作。如果在机手并动的情况下，辅助工作是在机械运转过程中进行的，为避免重复则不应再计辅助工作时间的消耗。辅助工作时间的长短与工作量大小有关。

③准备与结束工作时间。准备与结束工作时间是指执行任务前或任务完成后所消耗的工作时间。如工作地点、劳动工具和劳动对象的准备工作时间；工作结束后的整理工作时间等。准备和结束工作时间的长短与其所担负的工作量大小无关，但往往和工作内容有关。

准备与结束工作时间的消耗可以分为班内的准备与结束工作时间、任务的准备与结束工作时间。其中，任务的准备与结束工作时间是在一批任务的开始与结束时产生的，如熟悉图纸、准备相应的工具、事后清理场地等，通常不反映在每一个工作班里。

2)休息时间。休息时间是指工人在工作过程中为恢复体力所必需的短暂休息和生理需要的时间消耗。休息时间是为了保证工人精力充沛地进行工作。因此，在定额时间中必须进行计算。休息时间的长短与劳动条件、劳动强度有关。劳动越繁重紧张，劳动条件越差(如高温)，休息时间相对越长。

3)不可避免的中断所消耗的时间。不可避免的中断所消耗的时间是指由于施工工艺特点引起的工作中断所必需的时间。与施工过程工艺特点有关的工作中断时间，应包括在定额时间内，但应尽量缩短此项时间消耗。

(2)损失时间。损失时间与产品生产无关，而与施工组织和技术上的缺点有关，是与工人在施工过程中的个人过失或某些偶然因素有关的时间消耗，损失时间中包括多余和偶然工作时间、停工时间、违背劳动纪律所引起的工时损失。

1)多余和偶然工作时间。多余工作是工人进行任务以外而又不能增加产品数量的工作，如重砌质量不合格的墙体。多余工作的工时损失，一般都是由于工程技术人员和工人的差错而引起的。因此，不应计入定额时间中。偶然工作也是工人在任务外进行的工作，但能够获得一定产品。如抹灰工不得不补上偶然遗留的墙洞等。由于偶然工作能获得一定产品，因此，拟定定额时要适当考虑其影响。

2)停工时间。停工时间是指工作班内停止工作造成的工时损失。停工时间按其性质，可分为施工本身造成的停工时间和非施工本身造成的停工时间两种。施工本身造成的停工时间，是由于施工组织不善、材料供应不及时、工作面准备工作做得不好、工作地点组织不良等情况引起的停工时间；非施工本身造成的停工时间，是由于水源、电源中断引起的停工时间。

前一种情况在拟定定额时不应该计算，后一种情况在拟定定额时则应给予合理的考虑。

3)违背劳动纪律所引起的损失时间。违背劳动纪律所引起的损失时间是指工人在工作班开始和午休后的迟到、午饭前和工作班结束前的早退、擅自离开工作岗位、工作时间内聊天或办私事等造成的工时损失。由于个别工人违背劳动纪律而影响其他工人无法工作的时间损失也包括在内。

(二)工作时间消耗的确定

工作时间消耗的确定采用计时观察法。计时观察法是研究工作时间消耗的一种技术测定方法。其以研究工时消耗为对象，以观察测时为手段，通过密集抽样和粗放抽样等技术进行直接的时间研究。计时观察法用于建筑施工中时以现场观察为主要技术手段，所以，也称为现场观察法。计时观察法的种类很多，最主要的有测时法、写实记录法和工作日写实法三种。

(1)测时法。根据具体测试手段的不同，测时法又可以分为选择测时法和接续测时法。

1)选择测时法。选择测时法又称间隔计时法，是间隔选择施工过程中非紧连接的组成部分(工序或操作)测定工作时间，精确度达 0.5 s。

采用选择测时法：当测定开始时，观察者立即开动秒表；当该工序或操作结束，则立即停止秒表。然后，将秒表上指示的延续时间记录到选择测时法记录表上。当下一工序或操作开始时，再开动秒表，如此依次观察，并连续记录下延续时间，见表 2-1。

表 2-1 选择测时法记录表

测定对象：单斗正铲挖土机挖土(斗容量 1 m³) 观察精确度：每一循环时间精度，1 s		施工单位名称		工地名称	观察日期		开始时间	终止时间		延续时间	观察号次
		施工过程名称：用正铲挖松土，装上自卸载重汽车 挖土机斗臂回转角度为 120°~180°									

序号	工序或操作名称	每一循环内各组成部分的工时消耗/台秒										记录整理				
		1	2	3	4	5	6	7	8	9	10	延续时间总计	有效循环次数	算术平均值	占一个循环比例/%	稳定系数③
1	土斗挖土并提升斗臂	17	15	18	19	19	22	16	18	18	16	178	10	17.8	38.12	1.47
2	回转斗臂	12	14	13	25①	10	11	12	11	12	13	108	9	12.0	25.70	1.40
3	土斗卸土	5	7	6	5	5	12②	5	5	8	5	53	9	5.9	12.63	1.60
4	返转斗臂并落下土斗	10	12	11	10	12	10	9	12	10	14	110	10	11.0	23.55	1.56
	一个循环总计	44	48	48	59	47	55	42	49	46	48	—	—	46.7	100.00	—

注：①由于载重汽车未组织好，使挖土机等候，不能立刻卸土。

②因土与斗壁粘住，振动土斗后才使土卸落。

③工时消耗中最大值 t_{max} 与最小值 t_{min} 之比，即稳定系数 $= \dfrac{t_{max}}{t_{min}}$。

选择测时法比较容易掌握，且使用比较广泛，它的缺点是测定开始和结束的时间时，容易发生读数的偏差。

在测时中，如有某些工序遇到特殊技术上或组织上的问题而导致工时消耗骤增时，在记录表上应加以注明，表2-1中的①、②供整理时参考。记录的数字如有笔误，应划去重写，不得在原数字上涂改，使其辨认不清。

2)接续测时法。接续测时法又称连续测时法，是对施工过程循环的组成部分进行不间断的连续测定，不遗漏任何工序或动作的终止时间，并计算出本工序的延续时间。其计算公式为

$$本工序的延续时间＝本工序的终止时间－紧前工序的终止时间$$

表2-2为接续测时法记录表的表格形式示例。接续测时法比选择测时法准确、完善，因为接续测时法包括施工过程的全部循环时间，且在各组成部分延续时间之间的误差可以互相抵销，但其对观察技术要求较高。其特点是在工作进行中和非循环组成部分出现之前一直不停止秒表，秒针在走动过程中，观察者根据各组成部分之间的定时点，记录它的终止时间。因此，在测定时间时应使用具有辅助秒针的计时表(即人工秒表)，以便使其辅助针停止在某一组成部分的结束时间上。

(2)写实记录法。写实记录法是一种研究各种性质的工作时间消耗的方法。采用这种方法可以获得分析工作时间消耗的全部资料，并且精确程度较高。写实记录法的观察对象，可以是一个工人，也可以是一个工人小组。测时用普通表进行。写实记录法按记录时间方法的不同，可分为数示法、图示法和混合法三种。

1)数示法。数示法是三种写实记录法中精确度较高的一种，可以同时对两个工人进行观察，观察的工时消耗记录在专门的数示法写实记录表中。数示法可用来对整个工作班或半个工作班进行长时间观察，因此，能反映工人或机器工作日的全部情况。

表2-3为数示法写实记录表示例。该施工过程为双轮车运土方，运距为200 m。施工过程由6个部分组成，即序号1~6。表中第(4)栏所列的序号即代表该6个组成部分，第(5)栏即相应序号的组成部分结束时间，第(9)栏开始连续对工人测定。

2)图示法。图示法是在规定格式的图表上用时间进度线条表示工时消耗量的一种记录方式，其精确度可达30 s，可同时对3个以内的工人进行观察。观察资料记入图示法写实记录表中，见表2-4。观察所得时间消耗资料记录在表的中间部分。表的中间部分是由60个小纵行组成的格网，每一小纵行等于1 min。观察开始后，根据各组成部分的延续时间用横线画出。这段横线必须和该组成部分的开始与结束时间相符合。为便于区分两个以上工人的工作时间消耗，又设一辅助直线，将属于同一工人的横线段连接起来。观察结束后，再分别计算出每一工人在各个组成部分上的时间消耗，以及各组成部分的工时总消耗。将观察时间内完成的产品数量记入产品数量栏。

3)混合法。混合法汲取数示法和图示法两种方法的优点，以时间进度线条表示工序的延续时间，在进度线的上部加写数字表示各时间区段的工人数。混合法适用于3个以上工人小组工时消耗的测定与分析。记录观察资料的表格仍采用图示法写实记录表。填写表格时，各组成部分延续时间用图示法填写，完成每一组成部分的工人人数，则用数字填写在该组成部分时间线段的上面，见表2-5。

表 2-2　接续测时法记录表

测定对象：混凝土搅拌机　　拌和混凝土

观察精确度：1 s

施工单位名称　　工地名称　　观察日期　　开始时间　　终止时间　　延续时间　　观察号次

施工过程名称：混凝土搅拌机（J_5B-500 型）拌和混凝土

序号	工序或操作名称	时间	1 分	1 秒	2 分	2 秒	3 分	3 秒	4 分	4 秒	5 分	5 秒	6 分	6 秒	7 分	7 秒	8 分	8 秒	9 分	9 秒	10 分	10 秒	延续时间总计/s	有效循环次数	算术平均值/s	最大值 t_{max}/s	最小值 t_{min}/s	稳定系数
1	装料入斗	终止时间	0	15	2	16	4	20	6	30	8	33	10	39	12	44	14	56	17	4	19	5						
		延续时间		15		13		13		17		14		15		16		19		12		14	148	10	14.8	19	12	1.58
2	搅拌	终止时间	1	45	3	48	5	55	7	57	10	4	12	9	14	20	16	28	18	33	20	38						
		延续时间		90		92		95		87		91		90		96		92		89		93	915	10	91.5	96	87	1.10
3	出料	终止时间	2	3	4	7	6	13	8	19	10	24	12	28	14	37	16	52	18	51	20	54						
		延续时间		18		19		18		22		20		19		17		24		18		16	191	10	19.1	24	16	1.50

表 2-3　数示法写实记录表

工地名称		开始时间	8:33	延续时间	1:21:40	调查号次	
施工单位名称		终止时间	9:54:40	记录日期		页次	

施工过程：双轮车运土方（运距 200 m）			观　察　记　录					观　察　记　录				
序号	施工过程组成部分名称	时间消耗量		组成部分序号	起止时间			延续时间		完成产品		
		分	秒		时	分	秒	分	秒	计量单位	数量	
(1)	(2)	(3)		(4)	(5)			(6)		(7)	(8)	
1	装土	29	35	（开始）	8	33	0					
2	运输	21	26	1	8	35	50	2	50	m³	0.288	
3	卸土	8	59	2	8	39	0	3	10	次	1	
4	空返	18	5	3	8	40	20	1	20			
5	等候装土	2	5	4	8	43	0	2	40			
6	喝水	1	30	1	8	45	30	3	30	m³	0.288	
				2	8	49	0	2	30	次	1	
				3	8	50	0	1	00			
				4	8	52	30	2	30			
				1	8	56	40	4	10	m³	0.288	
				2	8	59	10	2	30	次	1	
				3	9	0	20	1	00			
				4	9	3	10	2	50			
				1	9	6	50	3	40	m³	0.288	
				2	9		40	2	50	次	1	
				3	9	10	45	1	05			
				4	9	13	10	2	25			
合计		81	40					40	10			

观　察　记　录						
组成部分序号	起止时间			延续时间		完成产品
	时	分	秒	分	秒	计量单位
(9)	(10)			(11)		(12)
1	9	16	50	3	40	m³
2	9	19	10	2	20	次
3	9	20	10	1	00	
4	9	22	30	2	20	
1	9	26	30	4	00	m³
2	9	29	0	2	30	次
3	9	30	0	1	00	
4	9	32	50	2	50	
5	9	34	55	2	05	
1	9	38	50	3	55	m³
2	9	41	56	3	06	次
3	9	43	20	1	24	
4	9	45	20	2	30	
1	9	49	40	3	50	m³
2	9	52	10	2	30	次
3	9	53	10	1	00	
6	9	54	40	1	30	
				41	30	

（完成产品数量列）(8)、(13)：

(8) 数量	(13) 数量
	0.288
0.288	1
1	
	0.288
0.288	1
1	
0.288	0.288
1	1
0.288	0.288
1	1

注：运土 8 车，每车容积 0.288 m³，共运 0.288×8＝2.3(m³)松土。

表 2-4 图示法写实记录表

序号	工作名称	时间/min（5 10 15 20 25 30 35 40 45 50 55 60）	延续时间/工分	产品数量	备注
		观测对象（人数、工种等）瓦工小组 一三1 四五1 六七1 共计3			
		施工单位名称　工地名称　观测日期　开始时间 9:00　终止时间 10:00　延续时间 60'00"　观测号次　页次			
	施工过程名称	砌筑 2 砖厚砖墙			
1	铺设灰浆		40	0.4 m³	
2	摆砖		41	772 块	
3	砌外皮砖		52	440 块	
4	砌填充砖		21	310 块	
5	检查砌体		3	2 块	
6	清理		2	4 m	
7	休息		19		
8	停工		2		灰浆未及时供应
	总计		180		

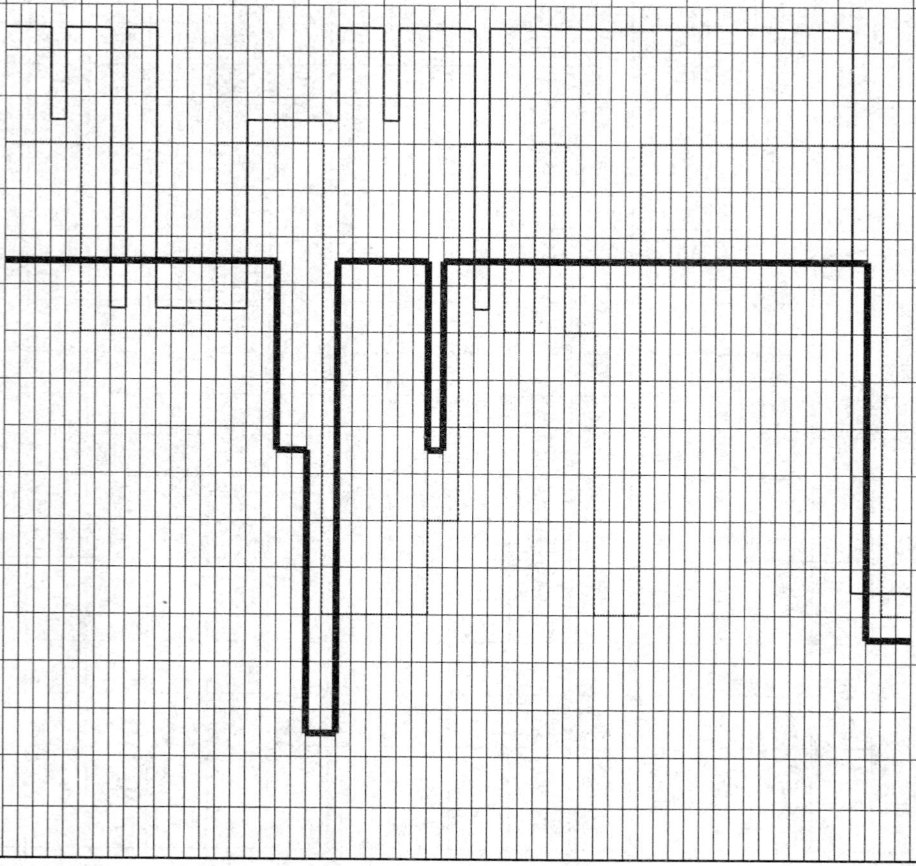

观测： 整理： 复核：

56

表2-5　混合法写实记录表

工地名称	××工地	开始时间	8：00	延续时间	1 h	调查号次	
施工单位名称	××建筑工程公司	终止时间	9：00	记录时间		页次	
施工过程	砌1砖厚单面混水墙	观察对象		四级工：3人；三级工：3人			

号次	施工过程名称　　时间	时间记录（5 10 15 20 25 30 35 40 45 50 55 60 min）	时间合计 /min	产品数量
1	撒锹	2 12　21 2　1 1　2 1 2	78	1.85 m³
2	捣固	4 24　21 2 1 4　34　21 1　4 2 3	148	1.85 m³
3	转移	513 2 56　3564 6 3　3	103	3次
4	等混凝土	63　3	21	
5	做其他工作	1　1　1	10	
总计			360	

观察者：×××　　　　　　　　　　复核者：×××

对于写实记录的各项观察资料，要在事后加以整理。在整理时，先将施工过程各组成部分按施工工艺顺序从写实记录表上抄录下来，并摘录相应的工时消耗；然后按工时消耗的性质，分为基本工作与辅助工作时间、休息和不可避免中断时间、违反劳动纪律时间等，按各类时间消耗进行统计，并计算整个观察时间即总工时消耗；再计算各组成部分时间消耗占总工时消耗的百分比。产品数量从写实记录表内抄录。单位产品工时消耗由总工时消耗除以产品数量得到。

（3）工作日写实法。工作日写实法是一种研究整个工作班内各种工时消耗的方法。采用工作日写实法主要有两个目的：一是取得编制定额的基础资料；二是检查定额的执行情况，找出缺点，改进工作。当其被用来达到第一个目的时，工作日写实的结果就要获得观察对象在工作班内工时消耗的全部情况，以及产品数量和影响工时消耗的因素。其中，工时消耗应该按其性质进行分类记录。当其被用来达到第二个目的时，通过工作日写实应该做到：查明工时损失量和引起工时损失的原因，制定消除工时损失、改善劳动组织和工作地点组织的措施，查明熟练工人是否能发挥自己的专长，确定合理的小组编制和合理的小组分工；确定机器在时间利用和生产率方面的情况，找出机器使用不当的原因，制定改善机器使用情况的技术组织措施；计算工人或机器完成定额的实际百分比和可能百分比。

工作日写实法与测时法、写实记录法比较，具有技术简便、费力不多、应用面广和资料全面的优点。在我国，其是一种使用广泛的编制定额的方法。

表 2-6 为工作日写实法结果示例。

表 2-6 工作日写实结果表（正面）

工作日写实结果表		观察的对象和工地：造船厂工地甲种宿舍							
		工作队（小组）：小组成员 工种：瓦工							
工程（过程）名称：砌 2 砖混水墙 观察日期：20××年 7 月 20 日 工作班：自 8：00 至 17：00 完成，共 8 工时		$\dfrac{小组}{工作队}$ 的工人组成							
		1 级	2 级	3 级	4 级	5 级	6 级	7 级	共计
					2		2		4
工 时 平 衡 表									
号次	工时消耗种类	消耗量 /工分	百分比 /%	劳动组织的主要缺点					
1	1. 必须消耗的时间								
2	适合于技术水平的有效工作	1 120	58.3						
3	不适合于技术水平的有效工作	67	3.5						
4	有效工作共计	1 187	61.8						
5	休息	176	9.2	（1）架子工搭设脚手架的工作没有保证质量，同时架子工的工作未按计划进度完成，以致影响了砌砖工人的工作。 （2）由于砂浆搅拌机时有故障，砂浆不能及时供应					
6	不可避免的中断								
7	必须消耗的时间共计（A）	1 363	71.0						
8	2. 损失时间								
9	由于砖层砌筑不正确而加以更改	49	2.6						
10	由于架子工把脚手架搭设得太差而加以修正	54	2.8						
11	多余和偶然工作共计	103	5.4						
12	因为没有砂浆而停工	112	5.8						

号次	工时消耗种类	消耗量/工分	百分比/%	劳动组织的主要缺点
	工 时 平 衡 表			
13	因脚手架准备不及时而停工	64	3.3	
14	因工长耽误指示传达而停工	100	5.2	
15	由于施工本身而停工共计	276	14.4	(3)施工员和工地技术员对于工人工作指导不及时,并缺乏经常的检查、督促,致使砌砖返工;架子工搭设脚手架后,也未校验。又因没有及时指示,而造成砌砖工停工。
16	因雨停工	96	5.0	
17	因电流中断而停工	12	0.6	
18	非施工本身而停工共计	108	5.6	
19	工作班开始时迟到	34	1.8	(4)由于工人宿舍距施工地点远,工人经常迟到
20	午后迟到	36	1.9	
21	违反劳动纪律共计	70	3.6	
22	损失时间共计	557	29.0	
23	总共消耗的时间(B)	1 920	100	
24	现行定额总共消耗时间			
完成工作数量:6.66 千块		测定者:		

观察第一瓦工小组砌筑 2 砖厚混水砖墙、8 h 工作日写实记录,总共砌筑 6 660 块砖。

其中:

必须消耗的定额工时为:$A=1\ 363$ 工分。

总共消耗的工时为:$B=1\ 920$ 工分。

总共消耗的工时,即总共观察时间为:$8×4×60=1\ 920$(工分)。

该小组完成定额的情况计算见表 2-7。表 2-7 是表 2-6 的续表,一般印刷在表 2-6 的背面。

表 2-7 工作日写实结果表(背面)

序号	定额编号	定额项目	计量单位	完成工作数量	定额工时消耗 单位	定额工时消耗 总计	备 注
				完成定额情况的计算			
1	瓦 10	2 砖混水墙	千块	6.66	4.3	28.64	
2							
3							
4							
5							
6		总计				28.64	
完成定额情况	实际:$\dfrac{60×28.64}{1\ 920}×100\%=89.5\%$						
	可能:$\dfrac{60×28.64}{1\ 363}×100\%=126\%$						
	建 议 和 结 论						
建议	1. 施工员和技术员加强对砌砖工人工作的指导,并及时检查督促。 2. 工人开始工作前要先检验脚手架,项目经理和安全员必须负责贯彻技术安全措施。 3. 立即修好灰浆搅拌机。 4. 采取措施,消除上班迟到现象						
结论	全工作日中时间损失占据 29%,原因主要是施工技术人员指导不力。如果能够保证对工人小组的工作给予切实有效的指导,改善施工组织管理,劳动生产率就可以提高 35%以上						

表 2-8 为对 12 个瓦工小组的工作日写实法观察结果的汇总表。表中的"加权平均值"栏是根据各小组的工人数和相应的各类工时消耗百分率加权平均所得的，其计算公式为

$$X = \frac{\sum W_i \cdot B_i}{\sum W_i}$$

式中　X——加权平均值；

　　　W_i——所测定各小组的工人数；

　　　B_i——所测定各小组各类工时消耗的百分比。

表 2-8　工作日写实结果汇总表

写实汇总 工地：第×车间		工作日写实结果汇总日期：自 20××年 7 月 20 日至 8 月 1 日　　工种：瓦工													备注
观察日期及编号		A1 7/20	A2 7/21	A3 7/22	A4 7/23	A5 7/24	A6 7/25	A7 7/26	A8 7/28	A9 7/29	A10 7/30	A11 7/31	A12 8/1	加权平均值	备注
号次	小组（工作队）工时消耗分类	每班人数													
		4	2	2	3	4	3	2	2	4	2	4	3	35	
一、	必须消耗的时间														工时消耗分类按占总共消耗时间的百分比计算
1	适合于技术水平的有效工作	58.3	67.3	67.7	50.3	56.9	50.6	77.1	62.8	75.9	53.1	51.9	69.1	61.1	
2	不适合于技术水平的有效工作	3.5	17.3	7.6	31.7	—	21.8	—	6.5	12.8	3.6	26.4	10.2	12.3	
3	有效工作共计	61.8	84.6	75.3	82.0	56.9	72.4	77.1	69.3	88.7	56.7	78.3	79.3	73.4	
4	休息	9.2	9.0	8.7	6.9	11.4	8.6	17.8	11.3	11.3	4.0	15.1	10.1	11.4	
5	不可避免的中断														
6	必须消耗时间共计	71.0	93.6	84.0	92.9	67.7	83.8	85.7	87.1	100	70.1	93.4	89.4	84.8	
二、	损失时间														
1	多余和偶然工作	5.4	5.2	6.7			3.3	6.9					3.2	2.2	
2	由于施工本身而停工	14.4	—	6.3	2.6	26.0	3.8	4.4	11.3		29.9	6.6	5.1	9.4	
3	由于非施工本身而停工	5.6			3.6	6.3	3.0						1.7	2.8	
4	违背劳动纪律	3.6	1.2	1.7	0.9				1.6				0.6	0.8	
5	损失时间共计	29.0	6.4	16.0	7.1	32.3	16.2	14.3	12.9		29.9	6.6	10.6	15.2	
6	总共消耗时间	100	100	100	100	100	100	100	100	100	100	100	100	100	
完成定额/%	实际	89.5	115	107	113	95	98	102	110	116	97	114	101	104.8	
	可能	126	123	128	122	140	117	199	126	116	138	122	120	131.4	

制表：　　　　　　　　复核：

二、人工消耗定额的确定

时间定额和产量定额是人工定额的两种表现形式。时间定额是指在一定的技术装备和劳动组织条件下，规定完成合格的单位产品所需消耗工作时间的数量标准，一般用工时或工日为计量单位；产量定额是指在一定的技术装备和劳动组织条件下，规定劳动者在单位时间（工日）内，应完成合格产品的数量标准。由于产品多种多样，产量定额的计量单位也就无法统一，一般有"m""m²""m³""kg""t""块""套""组""台"等。时间定额与产量定额互为倒数。拟定出时间定额，

也就可以计算出产量定额。

在全面分析各种影响因素的基础上，通过计时观察资料，可以获得定额的各种必须消耗的时间。将这些时间进行归纳，有的是经过换算，有的是根据不同的工时规范附加，最后将各种定额时间加以综合和类比就可以得出整个工作过程人工消耗的时间定额。

(一)确定工序作业时间

根据计时观察资料的分析和选择，可以获得各种产品的基本工作时间和辅助工作时间，将这两种时间统称为工序作业时间。其是产品主要的必须消耗的工作时间，是各种因素的集中反映，决定着整个产品的定额时间。

1. 拟定基本工作时间

基本工作时间在必须消耗的工作时间中所占比重最大。在确定基本工作时间时，必须细致、精确。基本工作时间消耗一般应根据计时观察资料来确定。其做法是，首先确定工作过程每一组成部分的工时消耗，然后综合出工作过程的工时消耗。如果组成部分的产品计量单位和工作过程的产品计量单位不符，就需要先求出不同计量单位的换算系数，进行产品计量单位的换算，再相加，求得工作过程的工时消耗。

(1)当各组成部分计量单位与最终产品计量单位一致时，单位产品基本工作时间就是施工过程各个组成部分作业时间的总和。

(2)当各组成部分计量单位与最终产品产量单位不一致时，各组成部分基本工作时间应分别乘以相应的换算系数。

2. 拟定辅助工作时间

辅助工作时间的确定方法与基本工作时间相同。如果在计时观察时不能取得足够的资料，也可采用工时规范或经验数据来确定。如具有现行的工时规范，可以直接利用工时规范中规定的辅助工作时间的百分比来计算。

(二)确定规范时间

规范时间包括工序作业时间以外的准备与结束工作时间、不可避免的中断时间及休息时间。

1. 确定准备与结束工作时间

准备与结束工作时间是指执行任务前或任务完成后所消耗的工作时间。

2. 确定不可避免的中断时间

在确定不可避免的中断时间的定额时，必须注意由工艺特点所引起的不可避免的中断才可列入工作过程的时间定额。

3. 确定休息时间

休息时间应根据工作班作息制度、经验资料、计时观察资料，以及对工作的疲劳程度做全面分析来确定。同时，应考虑尽可能利用不可避免中断时间作为休息时间。

(三)拟定定额时间

确定的基本工作时间、辅助工作时间、准备与结束工作时间、不可避免中断时间与休息时间之和，就是劳动时间定额。根据时间定额可计算出产量定额，二者互为倒数。

【例 2-1】 通过计时观察资料可知：人工挖二类土 1 m^3 的基本工作时间为 6 h，辅助工作时间占工序作业时间的 2%。准备与结束工作时间、不可避免的中断时间、休息时间分别占工作日的 3%、2%、18%。计算该人工挖二类土的时间定额及产量定额。

【解】 基本工作时间＝6 h＝0.75 工日/m^3

$$工序作业时间＝基本工作时间＋辅助工作时间$$
$$＝基本工作时间/（1－辅助时间占比）$$
$$＝0.75/（1－2\%）$$
$$＝0.765（工日/m^3）$$

时间定额$=0.765/（1－3\%－2\%－18\%）＝0.994（工日/m^3）$

产量定额$=1/0.994＝1.006（m^3/工日）$

三、材料消耗定额的确定

(一)材料的分类

合理确定材料消耗定额，必须研究和区分材料在施工过程中的类别。

1. 按材料消耗的性质划分

按材料消耗的性质划分，施工中的材料可分为必须消耗的材料和损失的材料两类。必须消耗的材料是指在合理用料的条件下，生产合格产品所需消耗的材料。其包括：直接用于建筑和安装工程的材料；不可避免的施工废料；不可避免的材料损耗。

必须消耗的材料属于施工正常消耗，是确定材料消耗定额的基本数据。其中，直接用于建筑和安装工程的材料，编制材料净用量定额；不可避免的施工废料和材料损耗，编制材料消耗定额。

2. 按材料消耗与工程实体的关系划分

按材料消耗与工程实体的关系划分，施工中的材料可分为实体材料和非实体材料两类。

(1)实体材料。实体材料是指直接构成工程实体的材料，包括工程直接性材料和辅助性材料。工程直接性材料主要是指一次性消耗、直接用于工程上构成建筑物或结构本体的材料，如钢筋混凝土柱中的钢筋、水泥、砂、碎石等；辅助性材料主要是指虽是施工过程中所必需，但并不构成建筑物或结构本体的材料，如土石方爆破工程中所需的炸药、引信、雷管等。实体材料的主要材料用量大，辅助材料用量少。

(2)非实体材料。非实体材料是指在施工中必须使用但又不能构成工程实体的施工措施性材料。其主要是指周转性材料，如模板、脚手架等。

(二)确定实体材料消耗量的基本方法

确定实体材料的净用量定额和材料消耗定额的计算数据，是通过现场技术测定、实验室试验、现场统计和理论计算等方法获得的。

(1)现场技术测定法又称观测法，是根据对材料消耗过程的测定与观察，通过完成产品数量和材料消耗量的计算而确定各种材料消耗定额的一种方法。现场技术测定法主要适用于确定材料损耗量，因为该部分数值用统计法或其他方法较难得到。通过现场观察，还可以区别哪些属于可以避免的损耗，哪些属于难以避免的损耗，明确定额中不应列入可以避免的损耗。

(2)实验室试验法主要用于编制材料净用量定额。通过试验，能够对材料的结构、化学成分和物理性能，以及按强度等级控制的混凝土、砂浆、沥青、油漆等配合比作出科学的结论，给编制材料消耗定额提供有技术根据的、比较精确的计算数据。其缺点在于无法估计施工现场某些因素对材料消耗量的影响。

(3)现场统计法是以施工现场积累的分部分项工程使用材料数量、完成产品数量、完成工作原材料的剩余数量等统计资料为基础，经过整理分析，获得材料消耗的数据。这种方法由于不能分清材料消耗的性质，因而不能作为确定材料净用量定额和材料消耗定额的依据，只能作为编制定额的辅助性方法使用。

上述三种方法的选择必须符合国家有关标准规范，即材料的产品标准，计量要使用标准容器和称量设备，质量符合施工验收规范要求，以保证获得可靠的定额编制依据。

(4)理论计算法是运用一定的数学公式计算材料消耗定额。

四、机械台班消耗定额的确定

1. 确定机械 1 h 纯工作正常生产率

机械纯工作时间是指机械必须消耗的时间。机械 1 h 纯工作正常生产率，是在正常施工组织条件下，具有必需的知识和技能的技术工人操纵机械 1 h 的生产率。

根据机械工作特点的不同，机械 1 h 纯工作正常生产率的确定方法也有所不同。

工作时间内的产品数量和工作时间的消耗，要通过多次现场观察来取得数据。

2. 确定施工机械的正常利用系数

施工机械的正常利用系数是指机械在工作班内对工作时间的利用率。机械的利用系数和机械在工作台班内的工作状况有着密切的关系。因此，要确定机械的正常利用系数，首先要拟定机械工作台班的正常工作状况，保证合理利用工时。

3. 计算施工机械台班产量定额

计算施工机械台班产量定额是编制机械定额工作的最后一步。在确定机械工作正常条件、机械 1 h 纯工作正常生产率和机械正常利用系数之后，可采用下列公式计算施工机械台班产量定额：

施工机械台班产量定额＝机械 1 h 纯工作正常生产率×工作台班纯工作时间

或

施工机械台班产量定额＝机械 1 h 纯工作正常生产率×工作台班延续时间×机械正常利用系数

$$施工机械时间定额＝\frac{1}{机械台班产量定额}$$

【例 2-2】 某工程现场采用出料容量 500 L 的混凝土搅拌机，每一次循环中，装料、搅拌、卸料、中断需要的时间分别为 1 min、3 min、1 min、1 min，机械正常利用系数为 0.9，求该机械的台班产量定额。

【解】 该搅拌机一次循环的正常延续时间＝1＋3＋1＋1＝6(min)＝0.1 h

该搅拌机纯工作 1 h 循环次数＝10 次

该搅拌机纯工作 1 h 正常生产率＝10×500＝5 000(L)＝5 m³

该搅拌机台班产量定额＝5×8×0.9＝36(m³/台班)

第三节　建筑安装工程人工、材料、机械台班单价

一、人工日工资单价的组成和确定方法

人工日工资单价是指施工企业平均技术熟练程度的生产工人，在每工作日(国家法定工作时间内)按规定从事施工作业应得的日工资总额。合理确定人工日工资单价是正确计算人工费和工程造价的前提和基础。

1. 人工日工资单价组成内容

人工日工资单价由计时工资或计件工资、奖金、津贴补贴及特殊情况下支付的工资组成。

(1)计时工资或计件工资。计时工资或计件工资是指按计时工资标准和工作时间或对已做工作按计件单价支付给个人的劳动报酬。

(2)奖金。奖金是指对超额劳动和增收节支支付给个人的劳动报酬,如节约奖、劳动竞赛奖等。

(3)津贴补贴。津贴补贴是指为了补偿职工特殊或额外的劳动消耗和因其他原因支付给个人的津贴,以及为了保证职工工资水平不受物价影响而支付给个人的物价补贴,如流动施工津贴、特殊地区施工津贴、高温(寒)作业临时津贴、高空津贴等。

(4)特殊情况下支付的工资。特殊情况下支付的工资是指根据国家法律、法规和政策规定,因病、工伤、产假、计划生育假、婚丧假、事假、探亲假、定期休假、停工学习、执行国家或社会义务等原因按计时工资标准或计时工资标准的一定比例支付的工资。

2. 人工日工资单价确定方法

(1)年平均每月法定工作日。由于人工日工资单价是每一个法定工作日的工资总额,因此需要对年平均每月法定工作日进行计算。其计算公式如下:

$$年平均每月法定工作日 = \frac{全年日历日 - 法定假日}{12}$$

式中,法定假日是指双休日和法定假日。

(2)日工资单价的计算。确定年平均每月法定工作日后,将上述工资总额进行分摊,即形成了人工日工资单价。其计算公式如下:

$$日工资单价 = \frac{生产工人平均月工资(计时、计价) + 平均月\left(奖金 + \frac{津贴}{补贴} + \frac{特殊情况下}{支付的工资}\right)}{年平均每月法定工作日}$$

(3)日工资单价的管理。虽然施工企业投标报价时可以自主确定人工费,但由于人工日工资单价在我国具有一定的政策性,因此,工程造价管理机构确定日工资单价应根据工程项目的技术要求,通过市场调查并参考实物的工程量人工单价综合分析确定,发布的最低日工资单价不得低于工程所在地人力资源和社会保障部门所发布的最低工资标准的:普工1.3倍、一般技工2倍、高级技工3倍。

3. 影响人工日工资单价的因素

影响人工日工资单价的因素很多,归纳起来有以下几个方面:

(1)社会平均工资水平。建筑安装工人人工日工资单价必然和社会平均工资水平趋同。社会平均工资水平取决于经济发展水平。由于经济的增长,社会平均工资也会增长,从而带动人工日工资单价的提高。

(2)生活消费指数。生活消费指数的提高会带动人工日工资单价提高,以减少生活水平的下降或维持原来的生活水平。生活消费指数的变动取决于物价的变动,尤其取决于生活消费品物价的变动。

(3)人工日工资单价的组成内容。住房和城乡建设部、财政部《关于印发〈建筑安装工程费用项目组成〉的通知》(建标〔2013〕44号)将职工福利费和劳动保护费从人工日工资单价中删除,这也必然会影响人工日工资单价的变化。

(4)劳动力市场供需变化。劳动力市场如果需求大于供给,人工日工资单价就会提高;若供给大于需求,市场竞争激烈,人工日工资单价就会下降。

(5)政府推行的社会保障和福利政策也会影响人工日工资单价的变动。

二、材料单价的组成和确定方法

在建筑工程中，材料费占总造价的 60%～70%，在金属结构工程中所占比重还要更大。其是直接工程费的主要组成部分。因此，合理确定材料价格构成，正确计算材料单价，有利于合理确定和有效控制工程造价。

(一)材料单价的构成和分类

1. 材料单价的构成

材料单价是指材料(包括构件、成品及半成品等)从其来源地(或交货地点、供应者仓库提货地点)到达施工工地仓库(施工地点内存放材料的地点)后出库的综合平均价格。材料单价一般由材料原价(或供应价格)、材料运杂费、运输损耗费、采购及保管费组成。另外，在计价时，材料费中还应包括单独列项计算的检验试验费。其计算公式为

$$材料费 = \sum (材料消耗量 \times 材料单价) + 检验试验费$$

2. 材料单价的分类

材料单价按适用范围划分，可分为地区材料单价和某项工程使用的材料单价。地区材料单价是按地区(城市或建设区域)编制，供该地区所有工程使用；某项工程(一般指大中型重点工程)使用的材料单价，是以一个工程为编制对象，专供该工程项目使用。

地区材料单价与某项工程使用的材料单价的编制原理和方法是一致的，只是在材料来源地、运输数量权数等具体数据上有所不同。

(二)材料单价的确定方法

材料单价是由材料原价(或供应价格)、材料运杂费、运输损耗费、采购及保管费合计而成的。

1. 材料原价(或供应价格)

材料原价(或供应价格)是指国内采购材料的出厂价格，以及国外采购材料抵达买方边境、港口或车站并交纳完各种手续费、税费后所形成的价格。在确定原价时，凡同一种材料因来源地、交货地、供货单位、生产厂家不同，而有几种价格(原价)时，可根据不同来源地供货数量比例，采取加权平均的方法确定其综合原价。其计算公式为

$$加权平均原价 = \frac{K_1 C_1 + K_2 C_2 + \cdots + K_n C_n}{K_1 + K_2 + \cdots + K_n}$$

式中　K_1，K_2，$\cdots$，K_n——各不同供应地点的供应量或不同使用地点的需要量；

C_1，C_2，$\cdots$，C_n——各不同供应地点的原价。

若材料的供货价格为含税价格，则材料原价应以购进货物适用的税率或征收率扣减增值税进项税额。

2. 材料运杂费

材料运杂费是指国内采购材料自来源地、国外采购材料自到岸港运至工地仓库或指定堆放地点发生的费用，含外埠中转运输过程中所发生的一切费用和过境过桥费用，包括调车和驳船费、装卸费、运输费及附加工作费等。同一品种的材料有若干个来源地，应采用加权平均的方法计算材料运杂费。其计算公式为

$$加权平均运杂费 = \frac{K_1 T_1 + K_2 T_2 + \cdots + K_n T_n}{K_1 + K_2 + \cdots + K_n}$$

式中　K_1，K_2，$\cdots$，K_n——各不同供应地点的供应量或不同使用地点的需要量；

T_1，T_2，$\cdots$，T_n——各不同运距的运费。

3. 运输损耗费

在材料的运输中，应考虑一定的场外运输损耗费用，这在运输装卸过程中是不可避免的。运输损耗的计算公式为

$$运输损耗＝（材料原价＋运杂费）×相应材料损耗率$$

4. 采购及保管费

采购及保管费是指组织材料采购、检验、供应和保管过程中发生的费用，其包含采购费、仓储费、工地管理费和仓储损耗费。

采购及保管费一般按照材料到库价格，以费率取定。其计算公式如下：

$$采购及保管费＝材料运到工地仓库价格×采购及保管费费率（\%）$$

或

$$采购及保管费＝（材料原价＋运杂费＋运输损耗费）×采购及保管费费率（\%）$$

综上所述，材料单价的一般计算公式为

$$材料单价＝\{（供应价格＋运杂费）×[1＋运输损耗率（\%）]\}×[1＋采购及保管费费率（\%）]$$

由于我国幅员辽阔，建筑材料产地与使用地点的距离各地差异很大，建筑材料的采购、保管、运输方式也不尽相同，因此，材料单价原则上按地区范围编制。

(三)影响材料单价变动的因素

(1)市场供需变化。材料原价是材料单价中最基本的组成。若市场供大于求，价格就会下降；反之，价格就会上升。因此，材料单价的涨落受市场供需影响。

(2)材料生产成本的变动将直接影响材料单价的波动。

(3)流通环节的多少和材料的供应体制也会影响材料单价。

(4)运输距离和运输方式的改变会影响材料运输费用的增减，从而会影响材料单价。

(5)国际市场行情会对进口材料单价产生影响。

三、施工机械台班单价的组成和确定方法

施工机械使用费是根据施工中耗用的机械台班数量和机械台班单价确定的。施工机械台班耗用量按有关定额规定计算；施工机械台班单价是指一台施工机械在正常运转条件下，一个工作台班中所发生的全部费用，每台班按 8 h 工作制计算。正确制定施工机械台班单价是合理确定和控制工程造价的重要方面。

(一)施工机械台班单价的组成

根据 2015 年中华人民共和国住房和城乡建设部发布的《建设工程施工机械台班费用编制规则》，施工机械台班单价由折旧费、检修费、维护费、安拆费及场外运费、人工费、燃料动力费和其他费七项费用组成。

(1)折旧费。折旧费是指施工机械在规定的耐用总台班内，陆续收回其原值的费用。

(2)检修费。检修费是指施工机械在规定的耐用总台班内，按规定的检修间隔进行必要的检修，以恢复其正常功能所需的费用。

(3)维护费。维护费是指施工机械在规定的耐用总台班内，按规定的维护间隔进行各级维护和临时故障排除所需的费用，保障机械正常运转所需替换设备与随机配备工具附具的摊销费用，机械运转及日常维护所需润滑与擦拭的材料费用，以及机械停滞期间的维护费用等。

(4)安拆费及场外运费。安拆费是指施工机械在现场进行安装与拆卸所需的人工、材料、机械和试运转费用，以及机械辅助设施的折旧、搭设、拆除等费用。场外运费是指施工机械整体

或分体自停放地点运至施工现场，或者由一施工地点运至另一施工地点的运输、装卸、辅助材料等费用。

(5)人工费。人工费是指机上司机(司炉)和其他操作人员的人工费。

(6)燃料动力费。燃料动力费是指施工机械在运转作业中所耗用的燃料及水、电等费用。

(7)其他费。其他费是指施工机械按照国家规定应缴纳的车船税、保险费及检测费等。

(二)施工机械台班单价的确定方法

施工机械台班单价的计算公式为

台班单价＝折旧费＋检修费＋维护费＋安拆费及场外运费＋人工费＋燃料动力费＋其他费

1. 折旧费

折旧费的计算公式为

$$台班折旧费＝\frac{预算价格×(1－残值率)}{耐用总台班}$$

2. 检修费

检修费的计算公式为

$$检修费＝\frac{一次检修费×检修次数}{耐用总台班}$$

3. 维护费

维护费的计算公式为

$$维护费＝\frac{\sum(各级维护一次费用×各级维护次数)＋临时故障排除费}{耐用总台班}$$

4. 安拆费及场外运费

安拆费及场外运费根据施工机械的不同可分为不需计算、计入台班单价和单独计算三种类型。

(1)不需计算。

1)不需安拆的施工机械，不计算一次安拆费。

2)不需相关机械辅助运输的自行移动机械，不计算场外运费。

3)固定在车间的施工机械，不计算安拆费及场外运费。

(2)计入台班单价。安拆简单、移动需要起重及运输机械的轻型施工机械，其安拆费及场外运费计入台班单价。

(3)单独计算。

1)安拆复杂、移动需要起重及运输机械的重型施工机械，其安拆费及场外运费可单独计算。

2)利用辅助设施移动的施工机械，其辅助设施(包括轨道与枕木等)的折旧、搭设和拆除等费用可单独计算。

安拆费及场外运费的计算公式为

$$安拆费及场外运费＝\frac{一次安拆费及场外运费×年平均安拆次数}{年工作台班}$$

5. 人工费

人工费的计算公式为

$$人工费＝人工消耗量×\left(1+\frac{年制度工作日－年工作台班}{年工作台班}\right)×人工单价$$

6. 燃料动力费

燃料动力费的计算公式为

$$燃料动力费 = \sum (燃料动力消耗量 \times 燃料动力单价)$$

7. 其他费

其他费的计算公式为

$$其他费 = \frac{年车船税 + 年保险费 + 年检测费}{年工作台班}$$

四、施工仪器仪表台班单价的组成和确定方法

(一)施工仪器仪表台班单价的组成

根据《建设工程施工仪器仪表台班费用编制规则》的规定,施工仪器仪表划分为自动化仪表及系统、电工仪器仪表、光学仪器、分析仪表、试验机、电子和通信测量仪器仪表、专用仪器仪表七个类别。

施工仪器仪表台班单价由折旧费、维护费、校验费、动力费四项费用组成。施工仪器仪表台班单价中的费用组成不包括检测软件的相关费用。

(二)施工仪器仪表台班单价的确定方法

1. 折旧费

施工仪器仪表台班折旧费是指施工仪器仪表在耐用总台班内,陆续收回其原值的费用。其计算公式为

$$台班折旧费 = \frac{施工仪器仪表原值 \times (1 - 残值率)}{耐用总台班}$$

2. 维护费

施工仪器仪表台班维护费是指施工仪器仪表各级维护、临时故障排除所需的费用及为保证仪器仪表正常使用所需备件(备品)的维护费用。其计算公式为

$$台班维护费 = \frac{年维护费}{年工作台班}$$

年维护费是指施工仪器仪表在一个年度内发生的维护费用,年维护费应按相关技术指标,结合市场价格综合取定。

3. 校验费

施工仪器仪表台班校验费是指按国家与地方政府规定的标定与检验的费用。其计算公式为

$$台班校验费 = \frac{年校验费}{年工作台班}$$

年校验费是指施工仪器仪表在一个年度内发生的校验费用。年校验费应按相关技术指标取定。

4. 动力费

施工仪器仪表台班动力费是指施工仪器仪表在施工过程中所耗用的电费。其计算公式为

$$台班动力费 = 台班耗电量 \times 电价$$

(1)台班耗电量应根据施工仪器仪表的类别,按相关技术指标综合取定。

(2)电价应执行编制期工程造价管理机构发布的信息价格。

第四节　建筑工程消耗量定额的编制与应用

一、消耗量定额的作用

建筑工程消耗量定额的作用体现在以下几个方面：

(1)它是确定人工、材料和机械消耗量的依据。

(2)它是施工企业编制施工组织设计，制订施工作业计划和人工、材料、机械台班使用计划的依据。

(3)它是编制标底(地区消耗量定额)、标价(企业消耗量定额)的依据。

二、消耗量定额的编制依据

建筑工程消耗量定额的编制依据包括以下内容：

(1)劳动定额、材料消耗定额和机械台班使用定额。

(2)我国现行的建筑产品标准、设计规范、技术操作规程、施工及验收规范、质量评定标准操作规程。

(3)新技术、新结构、新材料、新工艺和先进施工经验的资料。

(4)建筑行业通用的标准设计和定型设计图集，以及有代表性的设计资料。

(5)与行业相关的科学试验、技术测定、统计资料。

(6)相关的建筑工程定额测定资料及历史资料。

三、消耗量定额的编制原则

建筑工程消耗量定额的编制应遵循以下原则：

(1)定额形式简明适用的原则。消耗量定额编制时要能反映现行施工技术、材料的现状，而且定额项目应当覆盖完全，使步距恰当，容易供人使用。因此，消耗量定额编制必须方便使用，既要满足施工组织生产的需要，又要简明适用。

(2)确定定额水平必须遵循平均先进的原则。平均先进水平是指在正常条件下，多数施工班组或生产者经过努力可以达到，少数班组或生产者可以接近，个别班组或生产者可以超过的水平。通常情况下，平均先进水平低于先进水平，略高于平均水平。

(3)定额的编制坚持"以专为主、专群结合"的原则。定额的编制除了要求有专门机构和实践经验丰富的专业人员把握方针政策、经常性地积累定额资料外，还要专群结合，及时了解定额在执行过程中的情况和存在的问题，以便及时将新工艺、新技术、新材料反映在定额中。因此，定额的编制有很强的技术性、实践性和法规性。

四、消耗量定额的编制方法和步骤

建筑工程消耗量定额的编制通常采用实物法，即消耗量定额由劳动消耗定额、材料消耗定额、机械台班消耗定额三部分实物指标组成。其编制步骤如下：

(1)消耗量定额项目的划分。消耗量定额项目一般按具体内容和工效差别，采用以下几种方法划分；按施工方法划分；按构件类型及形体划分；按建筑材料的品种和规格划分；按不同的构件做法划分；按工作高度划分。

（2）确定定额项目的计量单位。定额项目的计量单位要能够确切地反映工日、材料及建筑产品的数量，应尽可能同建筑产品的计量单位一致，并采用它们的整数倍为定额计量单位。

定额项目计量单位一般有物理计量单位和自然计量单位两种。物理计量单位是指需要经过度量的单位，建筑工程消耗量定额常用的物理计量单位有"m^3""m^2""m""t"等；自然计量单位是指不需要经过度量的单位，建筑工程消耗量定额常用的自然计量单位有"个""台""组"等。

（3）定额的册、章、节的编排。消耗量定额是依据劳动定额编制的，其册、章、节的编排与劳动消耗定额的编排类似。

（4）确定定额项目消耗量指标。按照企业定额的组成，消耗量指标的确定包括分项劳动消耗指标、材料消耗指标和机械台班消耗指标三个指标的确定。

五、消耗量定额的组成及应用

1. 消耗量定额的组成

建筑工程消耗量定额的内容由目录、总说明、分部（章）说明及分项工程工程量计算规则、定额项目表和附录等组成。

（1）总说明。在总说明中，主要阐述消耗量定额的用途和适用范围、消耗量定额的编制原则和依据、定额中已考虑和未考虑的因素、使用中应注意的事项和有关问题的规定等。

（2）分部（章）说明及分项工程工程量计算规则。建筑工程消耗量定额将建筑工程按其性质、部位、工种和材料等因素的不同，划分为若干个分部工程。例如，建筑工程消耗量定额一般划分为以下八个分部工程：土石方工程，桩及地基基础工程，砌筑工程，混凝土及钢筋混凝土工程，厂库房大门特种门木结构工程，金属结构工程，屋面及防水工程，保温、隔热、防腐工程。

装饰工程按其性质、部位、工种和材料等因素的不同，可划分为若干个分部工程。

分部（章）以下按工程性质、工作内容及施工方法、使用材料等的不同，分成若干分节。如建筑工程中，土石方工程分为土方工程、石方工程和土石方回填三个分节。在节以下再按材料类别、规格等不同，分成若干个子目。如土方工程分为平整场地、挖土方、挖基础土方、冻土开挖、挖淤泥流砂、挖管沟土方等项目。

分部说明主要说明本分部所包括的主要分项工程，以及使用定额的一些基本原则，同时在该分部中说明各分项工程的工程量计算规则。

（3）定额项目表。定额项目表是以各类定额中各分部工程归类，又以若干不同的分项工程排列的项目表，是定额的核心内容。

（4）附录。附录属于使用定额的参考资料，通常列在定额的最后，一般包括工程材料损耗率表、砂浆配合比表等，可作为定额换算和编制补充定额的基本依据。

2. 消耗量定额的应用

建筑工程消耗量定额的应用，包括直接套用、换算和补充三种形式。

（1）定额的直接套用。当施工图纸设计工程项目的内容与所选套的相应定额项目内容一致时，则可直接套用定额。在确定分项工程人工、材料、机械台班的消耗量时，绝大部分属于这种情况。直接套用定额项目的方法步骤如下：

1）根据施工图纸设计的工程项目内容，从定额目录中查出该项目在所在定额中的部位。当选定相应施工图纸设计的工程项目与定额规定的内容一致时，可直接套用定额。

2）在套用定额前，必须注意核实分项工程的名称、规格、计量单位与定额规定的名称、规格、计量单位是否一致。

3)将定额编号和定额工料消耗量分别填入工料计算表内。

4)确定分项工程项目所需人工、材料、机械台班的消耗量。其计算公式为

$$分项工程工料消耗量＝分项工程量×定额工料消耗指标$$

(2)定额的换算。当施工图设计的工程项目内容与选套的相应定额项目规定的内容不一致时，如果定额规定有换算，则应在定额规定的范围内进行换算。对换算后的定额项目，应在其定额编号后注明"换"字，以示区别。

消耗量定额项目换算的基本原理：消耗量定额项目的换算主要是调整分项工程人工、材料、机械的消耗指标。但由于"三量"是计算工程单价的基础，因此，从确定工程造价的角度来看，定额换算的实质就是对某些工程项目预算定额"三量"的消耗进行调整。

定额换算的基本思路：根据设计图纸所示建筑、装饰分项工程的实际内容，选定某一相关定额子目，按定额规定换入应增加的人工、材料和机械，减去应扣除的人工、材料和机械。这一思路可以用下式表示：

$$换算后工料消耗量＝分项定额工料消耗量＋换入的工料消耗量－换出的工料消耗量$$

(3)定额的补充。施工图纸中的某些工程项目，由于采用了新结构、新材料和新工艺等原因，没有类似定额项目可供套用，就必须编制补充定额项目。

编制补充工程计价定额的方法通常有两种：一种是按照本节所述消耗量定额的编制方法，计算人工、材料和机械台班消耗量指标；另一种是参照同类工序、同类型产品消耗量定额的人工、机械台班指标，而材料消耗量，则须按施工图纸进行计算或实际测定。

本章小结

本章重点介绍了建筑工程消耗量定额的知识。建筑工程消耗量定额是根据国家的产品标准、设计规范等系列技术资料确定的人工、材料、机械等消耗量的标准。建筑工程定额的实施不仅使施工企业编制工程造价文件有了重要的依据，更重要的是可使施工企业通过对施工生产过程的全程管理总结出先进的生产方法，从而逐步提高整个建筑行业的生产力水平。

在学习中，应充分理解人工定额、材料消耗定额、机械台班消耗定额的概念，熟练掌握人工定额、材料消耗定额、机械台班消耗定额的编制与应用，为准确无误地计算工程造价做好充分的准备。

思考与练习

一、填空题

1. ＿＿＿＿＿＿＿即规定的额度，是人们根据不同的需要，对某一事物规定的数量标准。

2. 人工定额按其表现形式的不同，可分为＿＿＿＿＿＿与＿＿＿＿＿＿。

3. 概算定额是以＿＿＿＿＿＿＿＿＿＿为对象编制的，计算和确定该工程项目的劳动、材料、机械台班消耗量所使用的定额。

4. 按主编单位和管理权限，工程建设定额可分为＿＿＿＿＿＿、＿＿＿＿＿＿、＿＿＿＿＿＿、＿＿＿＿＿＿和＿＿＿＿＿＿五种。

5. _____是指工人在完成能生产一定产品的施工工艺的过程中所消耗的时间。

6. _____是工人进行任务以外而又不能增加产品数量的工作。

7. 按材料消耗的性质划分，施工中的材料可分为_____和_____两类。

8. 机械纯工作时间是指机械的_____。

9. 材料单价是由_____、_____、运输损耗费、_____合计而成的。

10. 施工机械台班单价由_____、_____、_____、_____、_____、_____和_____七项费用组成。

11. 施工仪器仪表台班单价由_____、_____、_____、_____四项费用组成。

二、简答题

1. 什么是工程建设定额？

2. 简述损失时间。

3. 如何拟定基本工作时间？

4. 简述确定实体材料消耗量的基本方法。

5. 影响人工日工资单价的因素有哪几个方面？

6. 影响材料单价变动的因素有哪些？

7. 消耗量定额的编制依据有哪些？

8. 消耗量定额的编制原则有哪些？

第三章 建筑工程费用组成与计算

学习目标

了解基本建设费用的组成与计算；掌握按费用构成要素划分的建筑安装工程各项费用的组成与计算，按工程造价形成划分的建筑安装工程各项费用的组成与计算。

能力目标

具有进行建筑安装工程各项费用的计算能力。

第一节 基本建设费用的组成与计算

基本建设费用是指基本建设项目从筹建到竣工验收、交付使用整个过程中，所投入的全部费用的总和。其内容包括工程费用、工程建设其他费用、预备费、建设期贷款利息、固定资产投资方向调节税及铺底流动资金等。

基本建设费用的组成如图 3-1 所示。

一、工程费用

工程费用由建筑安装工程费用和设备及工器具购置费两部分组成。

(一)建筑安装工程费用

建筑安装工程费用包括建筑工程费用和安装工程费用两部分。

1. 建筑工程费用

建筑工程费用是指包括房屋建筑物、构筑物及附属工程等在内的各种工程费用。建筑工程有广义与狭义之分，这里的建筑工程是指广义的建筑工程。狭义的建筑工程一般是指房屋建筑工程。广义的建筑工程包括以下内容：

(1)房屋建筑工程，指一般工业与民用建筑工程，具体包括土建工程和装饰工程。

(2)构筑物工程，如水塔、水池、烟囱、炉窑等构筑物。

(3)附属工程，如区域道路、围墙、大门、绿化等。

(4)公路、铁路、桥梁、隧道、矿山、码头、水坝、机场工程等。

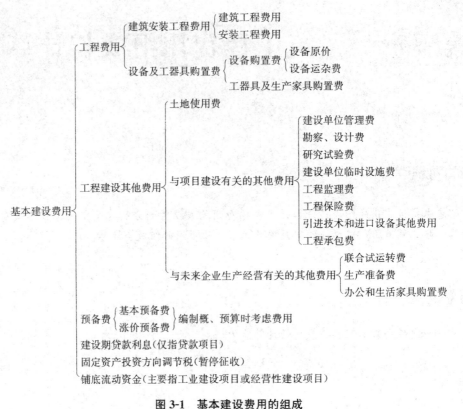

図 3-1　基本建设费用的组成

(5)"七通一平"工程，包括施工用水、施工用电、通信、排污、热力管、燃气管的接入工程，施工道路修建工程(七通)，以及场地平整工程(一平)。

2. 安装工程费用

安装工程费用是指各种设备及管道等安装工程的费用。安装工程包括以下内容：

(1)设备安装工程(包括机械设备、电气设备、热力设备等安装工程)。

(2)静置设备(容器、塔器、换热器等)与工艺金属结构制作安装工程。

(3)工业管道安装工程。

(4)消防工程。

(5)给水排水、采暖、燃气工程。

(6)通风空调工程。

(7)自动化控制仪表安装工程。

(8)通信设备及线路工程。

(9)建筑智能化系统设备安装工程。

(10)长距离输送管道工程。

(11)高压输变电工程(含超高压)。

(12)其他专业设备安装工程(如化工、纺织、制药设备等)。

(二)设备及工器具购置费

设备及工器具购置费由设备购置费和工器具及生产家具购置费组成，它是固定资产投资中的积极部分。在生产性工程建设中，若设备及工器具购置费占投资费用的比例大，则意味着生产技术的进步和资本有机构成的提高。

1. 设备购置费

设备购置费是指达到固定资产标准，为建设工程项目购置或自制的各种国产或进口设备及工器具的费用。它由设备原价和设备运杂费构成。

$$设备购置费＝设备原价＋设备运杂费 \tag{3-1}$$

式(3-1)中，设备原价指国产设备或进口设备的原价；设备运杂费指除设备原价之外的关于设备采购、运输、途中包装及仓库保管等方面支出费用的总和。

(1)设备原价。

1)国产设备原价。国产设备原价一般指的是设备制造厂的交货价或订货合同价。它一般根据生产厂或供应商的询价、报价、合同价确定，或采用一定的方法计算而确定。国产设备原价分为国产标准设备原价和国产非标准设备原价。

①国产标准设备原价。国产标准设备原价一般指的是设备制造厂的交货价，即出厂价。如设备是由设备公司成套供应，以订货合同价为设备原价。有的设备有两种出厂价，即带有备件的出厂价和不带有备件的出厂价。

国产标准设备是指按照主管部门颁布的标准图纸和技术要求，由设备生产厂批量生产的符合国家质量检验标准的设备。

②国产非标准设备原价。国产非标准设备原价有多种不同的计算方法，如成本计算估价法、系列设备插入估价法、分部组合估价法、定额估价法等。但无论采用哪种方法都应该使国产非标准设备计价接近实际出厂价，并且计算方法简便。

国产非标准设备是指国家尚无定型标准，各设备生产厂不可能在工艺过程中批量生产，只能按一次订货，并且根据具体的设计图纸制造的设备。

2)进口设备抵岸价。进口设备抵岸价是指抵达买方边境港口或边境车站，且交完关税以后的价格。

①进口设备的交货方式。进口设备的交货方式可分为内陆交货类、目的地交货类、装运港交货类。

a. 内陆交货类，即卖方在出口国内陆的某个地点完成交货任务。在交货地点，卖方及时提交合同规定的货物和有关凭证，并承担交货前的一切费用和风险；买方按时接收货物，交付货款，承担接货后的一切费用和风险，并自行办理出口手续和装运出口。货物的所有权也在交货后由卖方转移给买方。

b. 目的地交货类，即卖方要在进口国的港口或内地交货，包括目的港船上交货价、目的港船边交货价(FOS)、目的港码头交货价(关税已付)及完税后交货价(进口国目的地的指定地点)。

c. 装运港交货类，即卖方在出口国装运港完成交货任务。装运港交货类主要有装运港船上交货价(FOB)，习惯称为离岸价；运费在内价(CFR)；运费、保险费在内价(CIF)，习惯称为到岸价。

②进口设备抵岸价的组成。进口设备如果采用装运港船上交货价(FOB)，其抵岸价的组成可概括为以下几方面：

a. 进口设备的货价。一般可采用下列公式计算：

$$货价＝离岸价×人民币外汇牌价 \tag{3-2}$$

b. 国外运费：我国进口设备大部分采用海洋运输方式，小部分采用铁路运输方式，个别采用航空运输方式。其计算公式如下：

$$国外运费＝离岸价×运费率 \tag{3-3}$$

$$或国外运费＝运量×单位运价 \tag{3-4}$$

式中，运费率或单位运价参照有关部门或进出口公司的规定。

c. 国外运输保险费：对外贸易货物运输保险是由保险人（保险公司）与被保险人（出口人或进口人）订立保险契约，在被保险人交付议定的保险费后，保险人根据保险契约的规定对货物在运输过程中发生的承保责任范围内的损失给予经济上的补偿。其计算公式为

$$国外运输保险费＝（离岸价＋国外运费）×国外运输保险费费率 \tag{3-5}$$

d. 银行财务费：一般指银行手续费。其计算公式为

$$银行财务费＝离岸价×人民币外汇牌价×银行财务费费率 \tag{3-6}$$

银行财务费费率一般为 $0.4\%\sim0.5\%$。

e. 外贸手续费：是指按商务部规定的外贸手续费费率计取的费用。外贸手续费费率一般取 1.5%。其计算公式为

$$外贸手续费＝到岸价×人民币外汇牌价×外贸手续费费率 \tag{3-7}$$

$$到岸价＝离岸价＋国外运费＋国外运输保险费 \tag{3-8}$$

f. 进口关税：是由海关对进出国境的货物和物品征收的一种税，属于流转性课税。其计算公式为

$$进口关税＝到岸价×人民币外汇牌价×进口关税税率 \tag{3-9}$$

g. 增值税：是我国政府对从事进口贸易的单位和个人，在进口商品报关进口后征收的税种。我国《增值税暂行条例》规定，进口应税产品均按组成计税价格，依税率直接计算应纳税额，不扣除任何项目的金额或已纳税额。增值税基本税率为 17%。

$$进口产品增值税税额＝组成计税价格×增值税税率 \tag{3-10}$$

$$组成计税价格＝到岸价×人民币外汇牌价＋进口关税＋消费税 \tag{3-11}$$

h. 消费税：对部分进口产品（如轿车等）征收。其计算公式为

$$消费税＝\frac{到岸价×人民币外汇牌价＋关税}{1-消费税税率}×消费税税率 \tag{3-12}$$

i. 海关监管手续费：是指海关对发生减免进口税或实行保税的进口设备，实施监管和提供服务收取的手续费。全额收取关税的设备，不收取海关监管手续费。

$$海关监管手续费＝到岸价×人民币外汇牌价×海关监管手续费费率 \tag{3-13}$$

（2）设备运杂费。设备运杂费通常由以下各项费用组成：

1）国产标准设备由设备制造厂交货地点起至工地仓库（或施工组织设计指定的需要安装设备的堆放地点）止所发生的运费和装卸费。

进口设备则由我国到岸港口、边境车站起至工地仓库（或施工组织设计指定的需要安装设备的堆放地点）止所发生的运费和装卸费。

2）在设备出厂价格中没有包含的设备包装和包装材料器具费。在设备出厂价或进口设备价格中如已包括了此项费用，则不重复计算。

3）供销部门的手续费。

4）建设单位（或工程承包公司）的采购与仓库保管费，是指采购、验收、保管和收发设备所发生的各种费用，包括设备采购、保管和管理人员工资、工资附加费、办公费、差旅交通费，设备供应部门办公和仓库所占固定资产使用费，工具用具使用费，劳动保护费，检验试验费等。

2. 工器具及生产家具购置费

工器具及生产家具购置费是指新建项目或扩建项目初步设计规定所必须购置的不够固定资

产标准的设备、仪器、工卡模具、器具、生产家具和备品备件的费用。其计算公式为

$$工器具及生产家具购置费＝设备购置费×规定费率 \qquad (3\text{-}14)$$

二、工程建设其他费用

工程建设其他费用是指从工程筹建到工程竣工验收、交付使用的整个建设期间，除建筑安装工程费用和设备及工器具购置费以外的，为保证工程建设顺利完成和交付使用后能够正常发挥效用而发生的一些费用。

工程建设其他费用按其内容大体可分为三类：第一类为土地使用费，由于工程项目固定于一定地点与地面相连接，必须占用一定量的土地，也就必然要发生为获得建设用地而支付的费用；第二类是与项目建设有关的其他费用；第三类是与未来企业生产经营有关的其他费用。

(一) 土地使用费

土地使用费是指通过划拨方式取得土地使用权而支付的土地征用及迁移补偿费，或者通过土地使用权出让方式取得土地使用权而支付的取得国有土地使用费。

1. 土地征用及迁移补偿费

土地征用及迁移补偿费是指建设项目通过划拨方式取得无限期的土地使用权，依照《中华人民共和国土地管理法》等规定所支付的费用。其总和一般不得超过被征土地年产值的 20 倍，土地年产值则按该地被征用前 3 年的平均产量和国家规定的价格计算。土地征用及迁移补偿费内容包括土地补偿费，青苗补偿费和被征用土地上的房屋、水井、树木等附着物补偿费，安置补助费，缴纳的耕地占用税或城镇土地使用税，土地登记费及征地管理费，征地动迁费，水利、水电工程水库淹没处理补偿费等。

2. 取得国有土地使用费

取得国有土地使用费包括土地使用权出让金、城市建设配套费、拆迁补偿与临时安置补助费等。

(二) 与项目建设有关的其他费用

1. 建设单位管理费

建设单位管理费是指建设项目从立项、筹建、建设、联合试运转、竣工验收、交付使用及后评估等全过程管理所需的费用。其内容包括建设单位开办费、建设单位经费等。

2. 勘察、设计费

勘察、设计费是指为建设项目提供项目建议书、可行性研究报告及设计文件等所需费用。其内容包括：

(1)编制项目建议书、可行性研究报告及投资估算、工程咨询、评价以及为编制上述文件所进行勘察、设计、研究试验等所需费用。

(2)委托勘察、设计单位进行初步设计、施工图设计及概预算编制等所需费用。

(3)在规定范围内由建设单位自行完成的勘察、设计工作所需费用。

3. 研究试验费

研究试验费是指为建设项目提供和验证设计参数、数据、资料等所进行的必要的试验费用，以及设计规定在施工中必须进行的试验、验证所需的费用。它包括自行或委托其他部门研究试验所需人工费、材料费、设备及仪器使用费等。

4. 建设单位临时设施费

建设单位临时设施费是指建设期间建设单位所需临时设施的搭设、维修、摊销费用或租赁费用。

5. 工程监理费

工程监理费是指建设单位委托工程监理单位对工程实施监理工作所需的费用。

6. 工程保险费

工程保险费是指建设项目在建设期间根据需要实施工程保险所需的费用。它包括以各种建筑工程及其施工过程中的物料、机器设备为保险标的建筑工程一切险，以安装工程中的各种机器、机械设备为保险标的的安装工程一切险，以及机器损坏保险等。

7. 引进技术和进口设备其他费用

引进技术和进口设备其他费用包括出国人员费用、国外工程技术人员来华费用、技术引进费、分期或延期付款利息、担保费及进口设备检验鉴定费。

8. 工程承包费

工程承包费是指具有总承包条件的工程公司，对工程建设项目从开始建设至竣工投产全过程总承包所需的管理费用。工程承包费的具体内容包括组织勘察设计、设备材料采购、非标准设备设计制造与销售、施工招标、发包、工程预决算、项目管理、施工质量监督、隐蔽工程检查、验收和试车直至竣工投产的各种管理费用。

（三）与未来企业生产经营有关的其他费用

1. 联合试运转费

联合试运转费是指为正式投产做准备的联动试车费，如联动试车时购买原材料、动力费用（电、气、油等）、人工费、管理费等。联合试运转生产的产品售卖收入应抵减联合试运转成本。

2. 生产准备费

生产准备费是指新建企业或新增生产能力的企业，为保证竣工验收、交付使用进行必要的生产准备所发生的费用。生产准备费的内容包括：

(1)生产人员培训费，包括自行培训、委托其他单位培训的人员的工资、工资性补贴、职工福利费、差旅交通费、学习资料费、学习费、劳动保护费等。

(2)生产单位提前进厂参加施工、设备安装、调试等，以及熟悉工艺流程及设备性能等人员的工资、工资性补贴、职工福利费、差旅交通费、劳动保护费等。

3. 办公和生活家具购置费

办公和生活家具购置费是指为保证新建、改建、扩建项目初期正常生产、使用和管理所必须购置的办公和生活家具、用具的费用。改建、扩建项目所需的办公和生活家具购置费应低于新建项目。办公和生活家具购置费范围包括办公室、会议室、资料档案室、阅览室、文娱室、食堂、浴室、理发室、单身宿舍和设计规定必须建设的托儿所、卫生所、招待所、中小学校等家具、用具购置费用。

三、预备费

按我国现行规定，预备费包括基本预备费和涨价预备费。

(1)基本预备费。基本预备费是指在初步设计及概算内难以预料的工程费用。

基本预备费是按设备及工器具购置费、建筑安装工程费用和工程建设其他费用三者之和乘以基本预备费费率进行计算的。其计算公式为

基本预备费=(设备及工器具购置费+建筑安装工程费用+工程建设其他费用)×基本预备费费率

(3-15)

基本预备费费率的取值应执行国家及相关部门的有关规定。

(2)涨价预备费。涨价预备费是指建设项目在建设期间，由于价格等变化引起工程造价变化

的预测预留费用。涨价预备费的测算方法，一般根据国家规定的投资综合价格指数，按估算年份价格水平的投资额为基数，采取复利方法计算。其计算公式为

$$PF = \sum_{t=1}^{n} I_t \left[(1+f)^t - 1 \right] \tag{3-16}$$

式中　PF——涨价预备费；

　　　　n——建设期年份数；

　　　　I_t——建设期间第 t 年的投资计划额，包括设备及工器具购置费、建筑安装工程费用、工程建设其他费用及基本预备费；

　　　　f——年均投资价格上涨率。

四、建设期贷款利息

一个建设项目需要投入大量的资金，当自有资金的不足时，通常通过贷款的方式来解决，但利用贷款必须支付一定的利息。建设期贷款利息包括向国内银行和其他非银行金融机构贷款、出口信贷、外国政府贷款、国际商业银行贷款，以及在境内外发行的债券等在贷款期内应偿还的贷款利息。

当总贷款是分年均衡发放时，建设期贷款利息的计算可按当年借款在年中支用考虑，即当年贷款按半年计息，上年贷款按全年计息。其计算公式为

$$q_j = \left(P_{j-1} + \frac{1}{2} A_j \right) \cdot i \tag{3-17}$$

式中　q_j——建设期第 j 年应计利息；

　　　　P_{j-1}——建设期第 $(j-1)$ 年年末贷款累计金额与利息累计金额之和；

　　　　A_j——建设期第 j 年贷款金额；

　　　　i——年利率。

国外贷款利息计算，还应包括国外贷款银行根据贷款协议向贷款方以年利率的方式收取的手续费、管理费、承诺费，国内代理机构经国家主管部门批准的以年利率的方式向贷款单位收取的转贷费、担保费、管理费等。

五、固定资产投资方向调节税

为了贯彻国家产业政策，控制投资规模，引导投资方向，调整投资结构，加强重点建设，促进国民经济持续稳定协调发展，国家将根据国民经济的运行趋势和全社会固定资产投资的状况，对进行固定资产投资的单位和个人开征或暂缓征收固定资产投资方向调节税（该税征收对象不含中外合资经营企业、中外合作经营企业和外资企业）。

固定资产投资方向调节税根据国家产业政策和项目经济规模实行差别税率，税率分为 0、5%、10%、15%、30% 五个档次，各固定资产投资项目按其单位工程分别确定适用的税率。计税依据为固定资产投资项目实际完成的投资额，其中，更新改造项目为建筑工程实际完成的投资额。固定资产投资方向调节税按固定资产投资项目的单位工程年度计划投资额预缴。年度终了后，按年度实际投资结算，多退少补。项目竣工后按全部实际投资进行清算，多退少补。

1. 基市建设项目投资适用的税率

（1）国家急需发展的项目投资，如农业、林业、水利、能源、交通、通信、原材料、科教、地质勘探、矿山开采等基础产业和薄弱环节的部门项目投资，适用零税率。

（2）对国家鼓励发展但受能源、交通等制约的项目投资，如钢铁、化工、石油、水泥等部分重要原材料项目，以及一些重要机械、电子、轻工工业和新型建材的项目，实行5%的税率。

（3）为配合住房制度改革，对城乡个人修建、购买住宅的投资实行零税率；对单位修建、购买一般性住宅投资，实行5%的低税率；对单位用公款修建、购买高标准独门独院、别墅式住宅投资，实行30%的高税率。

（4）对楼堂馆所及国家严格限制发展的项目投资，课以重税，税率为30%。

（5）对不属于上述四类的其他项目投资，实行中等税负政策，税率为15%。

2. 更新改造项目投资适用的税率

（1）为了鼓励企事业单位进行设备更新和技术改造，促进技术进步，对国家急需发展的项目投资予以扶持，适用零税率；对单纯工艺改造和设备更新的项目投资，适用零税率。

（2）对不属于上述提到的其他更新改造项目投资，一律适用10%的税率。

六、铺底流动资金

铺底流动资金主要是指工业建设项目中，为投产后第一年产品生产做准备的流动资金。一般按投产后第一年产品销售收入的30%计算。

铺底流动资金是指生产经营性建设项目投产后，为进行正常生产运营，用于购买原材料、燃料，支付工资及其他经营费用等所需的周转资金。铺底流动资金估算一般是参照现有同类企业的状况采用分项详细估算法，个别情况或者小型项目可采用扩大指标估算法。

（1）分项详细估算法。对计算铺底流动资金需要掌握的流动资产和流动负债两类因素应分别进行估算。在可行性研究中，为简化计算，仅对存货、现金、应收账款三项流动资产和应付账款这项流动负债进行估算。

（2）扩大指标估算法。

1）按建设投资的一定比例估算。例如，国外化工企业的铺底流动资金，一般是按建设投资的15%～20%计算。

2）按经营成本的一定比例估算。

3）按年销售收入的一定比例估算。

4）按单位产量占用流动资金的比例估算。

铺底流动资金一般在投产前开始筹措。在投产第一年开始按生产负荷进行安排，其借款部分按全年计算利息。流动资金利息应计入财务费用。项目计算期末回收全部流动资金。

第二节　建筑安装工程费用的组成与计算

一、按费用构成要素划分建筑安装工程费用

建筑安装工程费用按照费用构成要素划分，由人工费、材料（包含工程设备，下同）费、施工机具使用费、企业管理费、利润、规费和税金组成。其中，人工费、材料费、施工机具使用费、企业管理费和利润包含在分部分项工程费、措施项目费、其他项目费中，如图3-2所示。

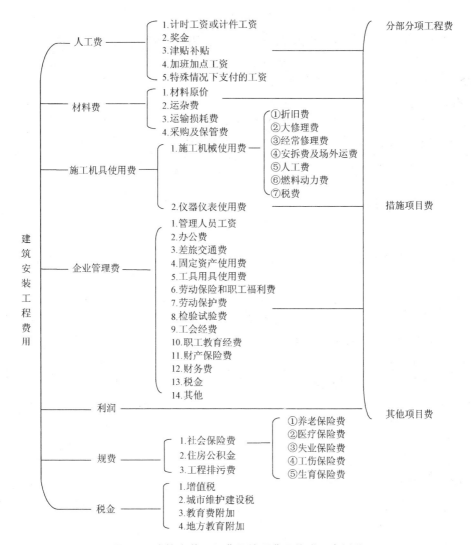

图 3-2　建筑安装工程费用按照费用构成要素划分

(一)人工费

1. 人工费组成

人工费是指按工资总额构成规定,支付给从事建筑安装工程施工的生产工人和附属生产单位工人的各项费用。人工费的内容包括以下几项:

(1)计时工资或计件工资:是指按计时工资标准和工作时间或对已做工作按计件单价支付给个人的劳动报酬。

(2)奖金:是指因超额劳动和增收节支支付给个人的劳动报酬,如节约奖金、劳动竞赛奖金等。

(3)津贴补贴:是指为了补偿职工特殊或额外的劳动消耗和因其他特殊原因支付给个人的津贴,以及为了保证职工工资水平不受物价影响支付给个人的物价补贴,如流动施工津贴、特殊地区施工津贴、高温(寒)作业临时津贴、高空津贴等。

(4)加班加点工资:是指按规定支付的在法定节假日工作的加班工资和在法定日工作时间外

建筑安装工程
费用项目组成

延时工作的加点工资。

(5)特殊情况下支付的工资：是指根据国家法律、法规和政策规定，因病、工伤、产假、计划生育假、婚丧假、事假、探亲假、定期休假、停工学习、执行国家或社会义务等原因按计时工资标准或计时工资标准的一定比例支付的工资。

2. 人工费计算

(1)人工费计算方法一：适用于施工企业投标报价时自主确定人工费，也是工程造价管理机构编制计价定额确定定额工资单价或发布人工成本信息的参考依据，其计算公式为

$$人工费 = \sum(工日消耗量 \times 日工资单价) \tag{3-18}$$

$$日工资单价 = \frac{生产工人平均月工资(计时、计件) + 平均月(奖金 + 津贴补贴 + 特殊情况下支付的工资)}{年平均每月法定工作日} \tag{3-19}$$

(2)人工费计算方法二：适用于工程造价管理机构编制计价定额时确定定额人工费，是施工企业投标报价的参考依据，其计算公式为

$$人工费 = \sum(工程工日消耗量 \times 日工资单价) \tag{3-20}$$

日工资单价是指施工企业平均技术熟练程度的生产工人在每工作日(国家法定工作时间内)按规定从事施工作业应得的日工资总额。

工程造价管理机构确定日工资单价应通过市场调查，根据工程项目的技术要求，参考实物工程量人工单价综合分析确定。最低日工资单价不得低于工程所在地人力资源和社会保障部门所发布的最低工资标准的：普工1.3倍、一般技工2倍、高级技工3倍。

工程计价定额不可只列一个综合工日单价，应根据工程项目技术要求和工种差别适当划分多种日工资单价，确保各分部工程人工费的合理构成。

(二)材料费

1. 材料费组成

材料费是指施工过程中耗费的原材料、辅助材料、构配件、零件、半成品或成品、工程设备的费用。其内容包括以下几项：

(1)材料原价：是指材料、工程设备的出厂价格或商家供应价格。

(2)运杂费：是指材料、工程设备自来源地运至工地仓库或指定堆放地点所发生的全部费用。

(3)运输损耗费：是指材料在运输装卸过程中不可避免的损耗。

(4)采购及保管费：是指为组织采购、供应和保管材料、工程设备的过程中所需要的各项费用。它包括采购费、仓储费、工地保管费、仓储损耗。

工程设备是指构成或计划构成永久工程一部分的机电设备、金属结构设备、仪器装置及其他类似的设备和装置。

2. 材料费计算

(1)材料费计算。

$$材料费 = \sum(材料消耗量 \times 材料单价) \tag{3-21}$$

$$材料单价 = \{(材料原价 + 运杂费) \times [1 + 运输损耗率(\%)]\} \times [1 + 采购及保管费费率(\%)] \tag{3-22}$$

(2)工程设备费计算。

$$工程设备费 = \sum(工程设备量 \times 工程设备单价) \tag{3-23}$$

$$工程设备单价＝(设备原价＋运杂费)\times[1+采购及保管费费率(\%)] \qquad (3-24)$$

(三)施工机具使用费

1. 施工机具使用费组成

施工机具使用费是指施工作业所发生的施工机械、仪器仪表使用费或其租赁费。

(1)施工机械使用费：以施工机械台班耗用量乘以施工机械台班单价表示。施工机械台班单价应由下列七项费用组成：

1)折旧费：指施工机械在规定的使用年限内，陆续收回其原值的费用。

2)大修理费：指施工机械按规定的大修理间隔台班进行必要的大修理，以恢复其正常功能所需的费用。

3)经常修理费：指施工机械除大修理以外的各级保养和临时故障排除所需的费用。经常修理费包括为保障机械正常运转所需替换设备与随机配备工具附具的摊销和维护费用，机械运转中日常保养所需润滑与擦拭的材料费用及机械停滞期间的维护和保养费用等。

4)安拆费及场外运费：安拆费指施工机械(大型机械除外)在现场进行安装与拆卸所需的人工、材料、机械和试运转费用以及机械辅助设施的折旧、搭设、拆除等费用；场外运费指施工机械整体或分体自停放地点运至施工现场或由一施工地点运至另一施工地点的运输、装卸、辅助材料及架线等费用。

5)人工费：指机上司机(司炉)和其他操作人员的人工费。

6)燃料动力费：指施工机械在运转作业中所消耗的各种燃料及水、电费等。

7)税费：指施工机械按照国家规定应缴纳的车船使用税、保险费及年检费等。

(2)仪器仪表使用费：是指工程施工所需使用的仪器仪表的摊销及维修费用。

2. 施工机具使用费计算

(1)施工机械使用费计算。其计算公式为

$$施工机械使用费 = \sum(施工机械台班消耗量\times机械台班单价) \qquad (3-25)$$

$$机械台班单价＝台班折旧费＋台班大修理费＋台班经常修理费＋台班安拆费及$$
$$场外运费＋台班人工费＋台班燃料动力费＋台班车船税费 \qquad (3-26)$$

注：工程造价管理机构在确定计价定额中的施工机械使用费时，应根据建筑施工机械台班费用计算规则，结合市场调查编制施工机械台班单价。施工企业可以参考工程造价管理机构发布的台班单价，自主确定施工机械使用费的报价，如租赁施工机械，其计算公式为

$$施工机械使用费 = \sum(施工机械台班消耗量\times机械台班租赁单价) \qquad (3-27)$$

(2)仪器仪表使用费计算。

$$仪器仪表使用费＝工程使用的仪器仪表摊销费＋维修费 \qquad (3-28)$$

(四)企业管理费

1. 企业管理费组成

企业管理费是指建筑安装企业组织施工生产和经营管理所需的费用。其内容包括以下几项：

(1)管理人员工资：是指按规定支付给管理人员的计时工资、奖金、津贴补贴、加班加点工资及特殊情况下支付的工资等。

(2)办公费：是指企业管理办公用的文具、纸张、账表、印刷、邮电、书报、办公软件、现场监控、会议、水电、烧水和集体取暖降温(包括现场临时宿舍取暖降温)等费用。

(3)差旅交通费：是指职工因公出差、调动工作的差旅费、住勤补助费，市内交通费和误餐补助费，职工探亲路费，劳动力招募费，职工退休、退职一次性路费，工伤人员就医路费，工

地转移费以及管理部门使用的交通工具的油料、燃料等费用。

(4)固定资产使用费：是指管理部门和试验部门及附属生产单位使用的属于固定资产的房屋、设备、仪器等的折旧、大修、维修或租赁费。

(5)工具用具使用费：是指企业施工生产和管理使用的不属于固定资产的工具、器具、家具、交通工具和检验、试验、测绘、消防用具等的购置、维修和摊销费。

(6)劳动保险和职工福利费：是指由企业支付的职工退职金，按规定支付给离休干部的经费，集体福利费，夏季防暑降温、冬季取暖补贴，上下班交通补贴等。

(7)劳动保护费：是指企业按规定发放的劳动保护用品的支出，如工作服、手套、防暑降温饮料，以及在有碍身体健康的环境中施工的保健费用等。

(8)检验试验费：是指施工企业按照有关标准规定，对建筑及材料、构件和建筑安装物进行一般鉴定、检查所发生的费用，包括自设实验室进行试验所耗用的材料等费用。不包括新结构、新材料的试验费，对构件做破坏性试验及其他特殊要求检验试验的费用和建设单位委托检测机构进行检测的费用，对此类检测发生的费用，由建设单位在工程建设其他费用中列支。但对施工企业提供的具有合格证明的材料进行检测不合格的，该检测费用由施工企业支付。

(9)工会经费：是指企业按《中华人民共和国工会法》规定的全部职工工资总额比例计提的工会经费。

(10)职工教育经费：是指按职工工资总额的规定比例计提，企业为职工进行专业技术和职业技能培训，专业技术人员继续教育，职工职业技能鉴定、职业资格认定，以及根据需要对职工进行各类文化教育所发生的费用。

(11)财产保险费：是指施工管理用财产、车辆等的保险费用。

(12)财务费：是指企业为施工生产筹集资金或提供预付款担保、履约担保、职工工资支付担保等所发生的各种费用。

(13)税金：是指企业按规定缴纳的房产税、车船使用税、土地使用税、印花税等。

(14)其他：包括技术转让费、技术开发费、投标费、业务招待费、绿化费、广告费、公证费、法律顾问费、审计费、咨询费、保险费等。

2. 企业管理费计算

(1)以分部分项工程费为计算基数。

$$\text{企业管理费费率}(\%) = \frac{\text{生产工人年平均管理费}}{\text{年有效施工天数} \times \text{人工单价}} \times \text{人工费占分部分项工程费的比例}(\%)$$

(3-29)

(2)以人工费和机械费合计为计算基数。

$$\text{企业管理费费率}(\%) = \frac{\text{生产工人年平均管理费}}{\text{年有效施工天数} \times (\text{人工单价} + \text{每一工日机械使用费})} \times 100\%$$

(3-30)

(3)以人工费为计算基数。

$$\text{企业管理费费率}(\%) = \frac{\text{生产工人年平均管理费}}{\text{年有效施工天数} \times \text{人工单价}} \times 100\%$$ (3-31)

注：以上公式适用于施工企业投标报价时自主确定管理费，是工程造价管理机构编制计价定额、确定企业管理费的参考依据。

工程造价管理机构在确定计价定额中的企业管理费时，应以定额人工费(或定额人工费+定额机械费)作为计算基数，其费率根据历年工程造价积累的资料，辅以调查数据确定，列入分部分项工程和措施项目中。

(五)利润

利润是指施工企业完成所承包工程获得的盈利。施工企业根据企业自身需求并结合建筑市场实际自主确定，列入报价中。

工程造价管理机构在确定计价定额中的利润时，应以定额人工费（或定额人工费＋定额机械费）作为计算基数，其费率根据历年工程造价积累的资料，并结合建筑市场实际确定，以单位（单项）工程测算，利润占税前建筑安装工程费的比重可按不低于5％且不高于7％的费率计算。利润应列入分部分项工程和措施项目中。

(六)规费

1. 规费组成

规费是政府和有关权力部门根据国家法律、法规规定施工企业必须缴纳的费用。税金是国家按照税法预先规定的标准，强制地、无偿地要求纳税人缴纳的费用。规费和税金都是工程造价的组成部分，但是其费用内容和计取标准都不是发承包人能自主确定的，更不是由市场竞争决定的。

规费主要包括以下内容：

(1)社会保险费。《中华人民共和国社会保险法》第二条规定："国家建立基本养老保险、基本医疗保险、工伤保险、失业保险、生育保险等社会保险制度，保障公民在年老、疾病、工伤、失业、生育等情况下依法从国家和社会获得物质帮助的权利。"

1)养老保险费。《中华人民共和国社会保险法》第十条规定："职工应当参加基本养老保险，由用人单位和职工共同缴纳基本养老保险费。"

《国务院关于建立统一的企业职工基本养老保险制度的决定》（国发〔1997〕26号）第三条规定："企业缴纳基本养老保险费（以下简称企业缴费）的比例，一般不得超过企业工资总额的20％（包括划入个人账户的部分），具体比例由省、自治区、直辖市人民政府确定。"

2)医疗保险费。《中华人民共和国社会保险法》第二十三条规定："职工应当参加基本医疗保险，由用人单位和职工按照国家规定共同缴纳基本医疗保险费。"

国务院《关于建立城镇职工基本医疗保险制度的决定》（国发〔1998〕44号）第二条规定："基本医疗保险费由用人单位和职工个人共同缴纳。用人单位缴费应控制在职工工资总额的6％左右，职工一般为本人工资收入的2％。随着经济发展，用人单位和职工缴费率可作相应调整。"

3)失业保险费。《中华人民共和国社会保险法》第四十四条规定："职工应当参加失业保险，由用人单位和职工按照国家规定共同缴纳失业保险费。"

《失业保险条例》（中华人民共和国国务院令第258号）第六条规定："城镇企业事业单位按照本单位工资总额的2％缴纳失业保险费。城镇企业事业单位职工按照本人工资的1％缴纳失业保险费。城镇企业事业单位招用的农民合同制工人本人不缴纳失业保险费。"

4)工伤保险费。《中华人民共和国社会保险法》第三十三条规定："职工应当参加工伤保险，由用人单位缴纳工伤保险费，职工不缴纳工伤保险费。"

《中华人民共和国建筑法》第四十八条规定："建筑施工企业应当依法为职工参加工伤保险缴纳工伤保险费。鼓励企业为从事危险作业的职工办理意外伤害保险，支付保险费。"

《工伤保险条例》（中华人民共和国国务院令第586号）第十条规定："用人单位应按时缴纳工伤保险费。职工个人不缴纳工伤保险费。"

5)生育保险费。《中华人民共和国社会保险法》第五十三条规定："职工应当参加生育保险，由用人单位按照国家规定缴纳生育保险费，职工不缴纳生育保险费。"

(2)住房公积金。《住房公积金管理条例》（中华人民共和国国务院令第710号）第十八条规定："职工和单位住房公积金的缴存比例均不得低于职工上一年度月平均工资的 5%；有条件的城市，可以适当提高缴存比例。具体缴存比例由住房委员会拟订，经本级人民政府审核后，报省、自治区、直辖市人民政府批准。"

(3)工程排污费。《中华人民共和国水污染防治法》第二十一条规定："直接或者间接向水体排放工业废水和医疗污水以及其他按照规定应当取得排污许可证方可排放的废水、污水的企业事业单位和其他生产经营者，应当取得排污许可证；城镇污水集中处理设施的运营单位，也应当取得排污许可证。排污许可证应当明确排放水污染物的种类、浓度、总量和排放去向等要求。排污许可的具体办法由国务院规定。禁止企业事业单位和其他生产经营者无排污许可证或者违反排污许可证的规定向水体排放前款规定的废水、污水。"

由上述法律、行政法规以及国务院文件可见，规费是由国家或省级、行业建设行政主管部门依据国家有关法律、法规以及省级政府或省级有关权力部门的规定确定。因此，在工程造价计价时，规费和税金应按国家或省级、行业建设主管部门的有关规定计算，并不得作为竞争性费用。

2. 规费计算

(1)社会保险费和住房公积金。社会保险费和住房公积金应以定额人工费为计算基础，根据工程所在地省、自治区、直辖市或行业建设主管部门规定的费率计算。

$$社会保险费和住房公积金 = \sum（工程定额人工费 \times 社会保险费和住房公积金费率）$$

(3-32)

式中，社会保险费和住房公积金费率可以根据每万元发承包价的生产工人人工费和管理人员工资含量与工程所在地规定的缴纳标准综合分析取定。

(2)工程排污费。工程排污费等其他应列而未列入的规费应按工程所在地环境保护等部门规定的标准缴纳，按实际发生计取列入。

(七)税金

建筑安装工程费用中的税金是指按照国家税法规定的应计入建筑安装工程造价内的增值税额，按税前造价乘以增值税税率确定。

(1)采用一般计税方法时增值税的计算。

当采用一般计税方法时，建筑业增值税税率为 9%。其计算公式为

$$增值税 = 税前造价 \times 9\%$$ (3-33)

税前造价为人工费、材料费、施工机具使用费、企业管理费、利润和规费之和，各费用项目均以不包含增值税可抵扣进项税额的价格计算。

(2)采用简易计税方法时增值税的计算。

1)简易计税的适用范围。根据《营业税改征增值税试点实施办法》以及《营业税改征增值税试点有关事项的规定》的规定，简易计税方法主要适用于以下几种情况：

①小规模纳税人发生应税行为适用简易计税方法计税。小规模纳税人通常是指纳税人提供建筑服务的年应征增值税销售额未超过 500 万元，并且会计核算不健全，不能按规定报送有关税务资料的增值税纳税人。年应税销售额超过 500 万元，但不经常发生应税行为的单位也可选择按照小规模纳税人计税。

②一般纳税人以清包工方式提供的建筑服务，可以选择适用简易计税方法计税。以清包工方式提供建筑服务，是指施工方不采购建筑工程所需的材料或只采购辅助材料，并收取人工费、管理费或者其他费用的建筑服务。

③一般纳税人为甲供工程提供的建筑服务，就可以选择适用简易计税方法计税。甲供工程

是指全部或部分设备、材料、动力由工程发包方自行采购的建筑工程。

④一般纳税人为建筑工程老项目提供的建筑服务，可以选择适用简易计税方法计税。建筑工程老项目是指：《建筑工程施工许可证》注明的合同开工日期在2016年4月30日前的建筑工程项目；未取得《建筑工程施工许可证》的，建筑工程承包合同注明的开工日期在2016年4月30日前的建筑工程项目。

2）简易计税的计算方法。当采用简易计税方法时，建筑业增值税税率为3％。其计算公式为

$$增值税 = 税前造价 \times 3\%$$ (3-34)

税前造价为人工费、材料费、施工机具使用费、企业管理费、利润和规费之和，各费用项目均以包含增值税进项税额的含税价格计算。

二、按工程造价形成划分建筑安装工程费用

建筑安装工程费用按照工程造价形成划分，由分部分项工程费、措施项目费、其他项目费、规费和税金组成。分部分项工程费、措施项目费、其他项目费包含人工费、材料费、施工机具使用费、企业管理费和利润，如图3-3所示。

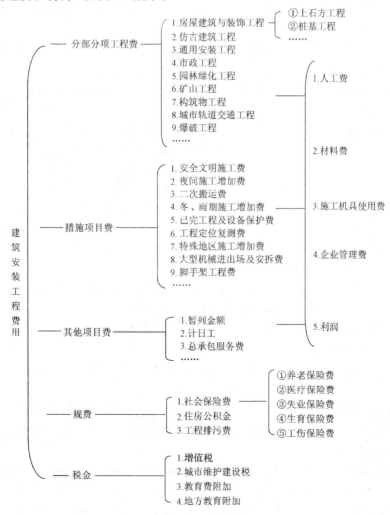

图3-3 建筑安装工程费按照工程造价形成划分

(一)分部分项工程费

1. 分部分项工程费组成

分部分项工程费是指各专业工程的分部分项工程应予列支的各项费用。

(1)专业工程：是指按现行国家计量规范划分的房屋建筑与装饰工程、仿古建筑工程、通用安装工程、市政工程、园林绿化工程、矿山工程、构筑物工程、城市轨道交通工程、爆破工程等各类工程。

(2)分部分项工程：是指按现行国家计量规范对各专业工程划分的项目。例如，按房屋建筑与装饰工程划分的土石方工程，地基处理与边坡支护工程，桩基工程，砌筑工程，混凝土及钢筋混凝土工程，金属结构工程，木结构工程，门窗工程，屋面及防水工程，保温、隔热、防腐工程，楼地面装饰工程，墙、柱面装饰与隔断、幕墙工程，天棚工程，油漆、涂料、裱糊工程，其他装饰工程、拆除工程等。

2. 分部分项工程费计算

$$分部分项工程费 = \sum(分部分项工程量 \times 综合单价) \tag{3-35}$$

式中，综合单价包括人工费、材料费、施工机具使用费、企业管理费和利润及一定范围的风险费用(下同)。

(二)措施项目费

1. 措施项目费组成

措施项目费是指为完成建设工程施工，发生于该工程施工前和施工过程中的技术、生活、安全、环境保护等方面的费用。其内容包括以下几项：

(1)安全文明施工费。

1)环境保护费：是指施工现场为达到环保部门要求所需要的各项费用。

2)文明施工费：是指施工现场文明施工所需要的各项费用。

3)安全施工费：是指施工现场安全施工所需要的各项费用。

4)临时设施费：是指施工企业为进行建设工程施工所必须搭设的生活和生产用的临时建筑物、构筑物和其他临时设施费用。它包括临时设施的搭设、维修、拆除、清理费或摊销费等。

(2)夜间施工增加费：是指因夜间施工所发生的夜班补助费，夜间施工降效、夜间施工照明设备摊销及照明用电等费用。

(3)二次搬运费：是指因施工场地条件限制而发生的材料、构配件、半成品等一次运输不能到达堆放地点，必须进行二次或多次搬运所发生的费用。

(4)冬、雨期施工增加费：是指在冬期或雨期施工需增加的临时设施、防滑、排除雨雪，人工及施工机械效率降低等费用。

(5)已完工程及设备保护费：是指竣工验收前，对已完工程及设备采取的必要保护措施所发生的费用。

(6)工程定位复测费：是指工程施工过程中进行全部施工测量放线和复测工作的费用。

(7)特殊地区施工增加费：是指工程在沙漠或其边缘地区、高海拔、高寒、原始森林等特殊地区施工所增加的费用。

(8)大型机械进出场及安拆费：是指机械整体或分体自停放场地运至施工现场或由一个施工地点运至另一个施工地点，所发生的机械进出场运输及转移费用及机械在施工现场进行安装、拆卸所需的人工费、材料费、机械费、试运转费和安装所需的辅助设施的费用。

(9)脚手架工程费：是指施工需要的各种脚手架搭、拆、运输费用以及脚手架购置费的摊销

(或租赁)费用。

措施项目及其包含的内容详见各类专业工程的现行国家或行业计量规范。

2. 措施项目费计算

(1)国家计量规范规定应予计量的措施项目。其计算公式为

$$措施项目费 = \sum(措施项目工程量 \times 综合单价) \tag{3-36}$$

(2)国家计量规范规定不宜计量的措施项目。其计算方法如下:

1)安全文明施工费。

$$安全文明施工费 = 计算基数 \times 安全文明施工费费率(\%) \tag{3-37}$$

计算基数应为定额基价(定额分部分项工程费+定额中可以计量的措施项目费)、定额人工费(或定额人工费+定额机械费),其费率由工程造价管理机构根据各专业工程的特点综合确定。

2)夜间施工增加费。

$$夜间施工增加费 = 计算基数 \times 夜间施工增加费费率(\%) \tag{3-38}$$

3)二次搬运费。

$$二次搬运费 = 计算基数 \times 二次搬运费费率(\%) \tag{3-39}$$

4)冬、雨期施工增加费。

$$冬、雨期施工增加费 = 计算基数 \times 冬、雨期施工增加费费率(\%) \tag{3-40}$$

5)已完工程及设备保护费。

$$已完工程及设备保护费 = 计算基数 \times 已完工程及设备保护费费率(\%) \tag{3-41}$$

上述 2)~5)项措施项目的计费基数应为定额人工费(或定额人工费+定额机械费),其费率由工程造价管理机构根据各专业工程特点和调查资料综合分析后确定。

(三)其他项目费

1. 其他项目费组成

(1)暂列金额:是指建设单位在工程量清单中暂定并包括在工程合同价款中的一笔款项。暂列金额用于施工合同签订时尚未确定或者不可预见的所需材料、工程设备、服务的采购,施工中可能发生的工程变更、合同约定调整因素出现时的工程价款调整及发生的索赔、现场签证确认等的费用。

(2)计日工:是指在施工过程中,施工企业完成建设单位提出的除施工图纸外的零星项目或工作所需的费用。

(3)总承包服务费:是指总承包人为配合、协调建设单位进行的专业工程发包,对建设单位自行采购的材料、工程设备等进行保管,以及施工现场管理、竣工资料汇总整理等服务所需的费用。

2. 其他项目费计算

(1)暂列金额由建设单位根据工程特点,按有关计价规定估算,施工过程中由建设单位掌握使用,扣除合同价款调整后如有余额,归建设单位。

(2)计日工由建设单位和施工企业按施工过程中的签证计价。

(3)总承包服务费由建设单位在招标控制价中根据总包服务范围和有关计价规定编制,施工企业投标时自主报价,施工过程中按签约合同价执行。

(四)规费和税金

规费和税金的构成和计算与按费用构成要素划分建筑安装工程费用项目组成部分是相同的。

本章主要介绍了基本建设费用的组成和建筑安装工程费用的组成。基本建设费用由工程费用、工程建设其他费用、预备费、建设期贷款利息及铺底流动资金等构成。建筑安装工程费用项目可按费用构成要素划分和按工程造价形成划分。

思考与练习

一、填空题

1. 工程费用由_____和_____两部分组成。

2. 国产设备原价分为_____和_____。

3. _____是指抵达买方边境港口或边境车站，且交完关税以后的价格。

4. 预备费包括_____和_____。

5. 建筑安装工程费用按照费用构成要素划分，由_____、_____、_____、_____、_____和_____组成。

6. _____是指建筑安装企业组织施工生产和经营管理所需的费用。

7. _____是指施工企业完成所承包工程获得的盈利。

8. _____是政府和有关权力部门根据国家法律、法规规定施工企业必须缴纳的费用。

10. _____是指各专业工程的分部分项工程应予列支的各项费用。

11. _____是指建设单位在工程量清单中暂定并包括在工程合同价款中的一笔款项。

12. _____是指在施工过程中，施工企业完成建设单位提出的除施工图纸外的零星项目或工作所需的费用。

二、简答题

1. 什么是基本建设费用？其包括哪些内容？

2. 什么是设备及工器具购置费？

3. 什么是铺底流动资金？

4. 什么是人工费？其由哪几个部分组成？

5. 什么是材料费？其包括哪些内容？

6. 什么是施工机具使用费？其由哪几个部分组成？

7. 什么是措施项目费？其由哪几个部分组成？

第四章 建筑面积计算

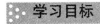

了解建筑面积的作用，建筑面积计算规范的主要内容；掌握使用面积、辅助面积、结构面积的概念，以及各类建筑物建筑面积的计算。

具有计算建筑面积的能力。

第一节 建筑面积概述

一、建筑面积的概念

建筑面积是指房屋建筑物各层水平面积之和，即外墙勒脚以上外围结构各层水平投影面积的总和。它是以"m^2"反映房屋建筑建设规模的实物量指标。外围结构不包括外墙装饰抹灰层的厚度。建筑面积包括使用面积、辅助面积和结构面积三部分。

$$建筑面积＝使用面积＋辅助面积＋结构面积 \qquad (4-1)$$

(1)使用面积：指建筑物各层平面中直接为生产或生活所使用的净面积之和，如住宅建筑中的各居室、客厅面积等。

(2)辅助面积：指建筑物各层平面中为辅助生产或辅助生活所占净面积之和，如住宅建筑中的楼梯、走道、厨房、厕所面积等。使用面积与辅助面积的总和称为有效面积。

(3)结构面积：指建筑物各层平面中的墙、柱等结构所占面积的总和。

二、建筑面积的作用

1. 建筑面积是重要的管理指标

建筑面积是建设投资、建设项目可行性研究、建设项目勘察设计、建设项目评估、建设项目招标投标、建筑工程施工和竣工验收、建设工程造价管理、建筑工程造价控制等一系列工作的重要计算指标。

2. 建筑面积是重要的技术指标

建筑设计在进行方案比选时，常常依据一定的技术指标，如容积率、建筑密度、建筑系数等；建设单位和施工单位在办理报审手续时，经常用到开工面积、竣工面积、优良工程率、建筑规模等技术指标。这些重要的技术指标都要用到建筑面积。其中

$$容积率 = \frac{建筑总面积}{建筑占地面积} \times 100\% \tag{4-2}$$

$$建筑密度 = \frac{建筑物底层面积}{建筑占地总面积} \times 100\% \tag{4-3}$$

$$房屋建筑系数 = \frac{房屋建筑面积}{房屋使用面积} \times 100\% \tag{4-4}$$

3. 建筑面积是重要的经济指标

建筑面积是评价国民经济建设和人民物质生活的重要经济指标。建筑面积也是施工单位计算单位工程或单项工程的单位面积工程造价、人工消耗量、材料消耗量和机械台班消耗量的重要指标。各种经济指标的计算公式为

$$每平方米工程造价 = \frac{工程造价}{建筑面积}(元/m^2) \tag{4-5}$$

$$每平方米人工消耗 = \frac{单位工程用工量}{建筑面积}(工日/m^2) \tag{4-6}$$

$$每平方米材料消耗 = \frac{单位工程某材料用量}{建筑面积}(kg/m^2、m^3/m^2 等) \tag{4-7}$$

$$每平方米机械台班消耗 = \frac{单位工程某机械台班用量}{建筑面积}(台班/m^2 等) \tag{4-8}$$

$$每平方米工程量 = \frac{单位工程某工程量}{建筑面积}(m^2/m^2、m/m^2 等) \tag{4-9}$$

4. 建筑面积对建筑施工企业内部管理的意义

建筑面积对于建筑施工企业实行内部经济承包责任制、投标报价、编制施工组织设计、配备施工力量、成本核算及物资供应等都具有重要意义。

综上所述，建筑面积是重要的技术经济指标，在全面控制建筑工程造价，衡量和评价建设规模、投资效益、工程成本等方面起着重要的尺度作用。但建筑面积指标也存在一些不足，即不能反映其高度因素。例如，计取暖气费以建筑面积为单位就不尽合理。

三、建筑面积的计算方法

建筑面积计算应首先看图分析，看图分析是计算建筑面积的重要环节；其次分类计算，根据图纸平面的具体情况，按照单层、多层、走廊、阳台和附属建筑等进行分类，以横轴的起止编号和纵轴的起止编号加以标注，列出计算建筑面积的计算式，并计算出结果，以便查找和核对；最后汇总，将分类计算结果相加得出建筑物总面积。建筑面积计算不是简单的各层平面面积的累加，应采用"分块分层计算、最终合计"的计算方法，如一层建筑面积、标准层建筑面积、顶层建筑面积等。建筑面积计算形式要统一，排列要有规律，以便于检查、纠正错误。

四、建筑面积计算中的有关术语

(1)建筑面积：建筑物(包括墙体)所形成的楼地面面积。

(2)自然层：按楼地面结构分层的楼层。

(3)结构层高：楼面或地面结构层上表面至上部结构层上表面之间的垂直距离。

(4)围护结构：围合建筑空间的墙体、门、窗。

(5)建筑空间：以建筑界面限定的、供人们生活和活动的场所。

(6)结构净高：楼面或地面结构层上表面至上部结构层下表面之间的垂直距离。

(7)围护设施：为保障安全而设置的栏杆、栏板等围挡。

(8)地下室：室内地平面低于室外地平面的高度超过室内净高1/2的房间。

(9)半地下室：室内地平面低于室外地平面的高度超过室内净高的1/3，且不超过1/2的房间。

(10)架空层：仅有结构支撑而无外围护结构的开敞空间层。

(11)走廊：建筑物中的水平交通空间。

(12)架空走廊：专门设置在建筑物的二层或二层以上，作为不同建筑物之间水平交通的空间。

(13)结构层：整体结构体系中承重的楼板层。

(14)落地橱窗：凸出外墙面且根基落地的橱窗。

(15)凸窗(飘窗)：凸出建筑物外墙面的窗户。

(16)檐廊：建筑物挑檐下的水平交通空间。

(17)挑廊：挑出建筑物外墙的水平交通空间。

(18)门斗：建筑物入口处两道门之间的空间。

(19)雨篷：建筑物出入口上方为遮挡雨水而设置的部件。

(20)门廊：建筑物入口前有顶棚的半围合空间。

(21)楼梯：由连续行走的梯级、休息平台和维护安全的栏杆(或栏板)、扶手及相应的支托结构组成，作为楼层之间垂直交通使用的建筑部件。

(22)阳台：附设于建筑物外墙，设有栏杆或栏板，可供人活动的室外空间。

(23)主体结构：接受、承担和传递建设工程所有上部荷载，维持上部结构整体性、稳定性和安全性的有机联系的构造。

(24)变形缝：防止建筑物在某些因素作用下引起开裂甚至破坏而预留的构造缝。

(25)骑楼：建筑底层沿街面后退且留出公共人行空间的建筑物。

(26)过街楼：跨越道路上空并与两边建筑相连接的建筑物。

(27)建筑物通道：为穿过建筑物而设置的空间。

(28)露台：设置在屋面、首层地面或雨篷上的供人室外活动的有围护设施的平台。

(29)勒脚：在房屋外墙接近地面部位设置的饰面保护构造。

(30)台阶：联系室内外地坪或同楼层不同标高而设置的阶梯形踏步。

五、建筑面积计算规范的主要内容

建筑面积不仅是计算各种技术指标的重要依据，而且是衡量和评价建设规模、投资效益、工程成本等方面的重要尺度。因此，住房和城乡建设部颁发了《建筑工程建筑面积计算规范》(GB/T 50353—2013)，规定了建筑面积的计算方法。

《建筑工程建筑面积计算规范》(GB/T 50353—2013)主要规定了三个方面的内容：计算全部建筑面积的范围和规定、计算部分建筑面积的范围和规定、不计算建筑面积的范围和规定。

《建筑工程建筑
面积计算规范》

第二节 建筑面积计算

建筑面积计算，总的原则是凡在结构上、使用上形成具有一定使用功能空间的，并能单独计算出其水平面积的建筑物，均应计算建筑面积，反之，则不应计算建筑面积。

一、建筑面积计算统一规定

1. 计算规则

建筑物的建筑面积应按建筑的自然层外墙结构外围水平面积之和计算。结构层高在 2.20 m 及以上的，应计算全面积；结构层高在 2.20 m 以下的，应计算 1/2 面积。

多层建筑物
建筑面积计算

2. 计算规则解读

（1）当上、下均为楼面结构时，结构层高应取相邻两层楼板结构层上表面之间的垂直距离。

（2）建筑物最底层的结构层高应从"混凝土构造"的上表面算至上层楼板结构层上表面。此时，若是有混凝土底板的，则应从底板上表面算起（如底板上有上反梁，则应从上反梁上表面算起）；若是无混凝土底板、有地面构造的，则以地面构造中最上一层混凝土垫层或混凝土找平层上表面算起。

（3）建筑物顶层的结构层高应从楼板结构层上表面算至屋面板结构层上表面。

（4）勒脚是指建筑物外墙与室外地面或散水接触部分墙体的加厚部分，其高度一般为室内地坪与室外地面的高差，也有将勒脚高度提高到底层窗台的。因为勒脚是墙根很矮的一部分墙体加厚，不能代表整个外墙结构，故计算建筑面积时不考虑勒脚。另外，建筑面积只包括外墙的结构面积，不包括外墙抹灰层厚度、装饰材料厚度所占的面积。

（5）当建筑物下部为砌体，上部为彩钢板围护时（俗称轻钢厂房），其建筑面积应按下列规定进行计算：

1）当室内地面至砌体顶部高度＜0.45 m 时，建筑面积按彩钢板外围水平面积计算。

2）当室内地面至砌体顶部高度≥0.45 m 时，建筑面积按下部砌体外围水平面积计算。

（6）主体结构外的室外阳台、雨篷、檐廊、室外走廊、室外楼梯等按相应规则计算建筑面积。当外墙结构在一个层高范围内不等厚时，以楼地面结构标高处的外围水平面积计算。

【例 4-1】 试计算图 4-1 所示某建筑物的建筑面积。

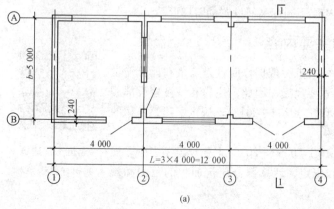

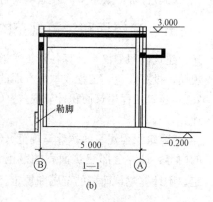

图 4-1 某房屋建筑示意

（a）平面图；（b）剖面图

【解】 建筑物的建筑面积应按自然层外墙结构外围水平面积之和计算。结构层高在2.20 m及以上的，应计算全面积；结构层高在2.20 m以下的，应计算1/2面积。本例中，该建筑物为单层，且层高在2.20 m以上。

$$建筑面积=(12+0.24)\times(5+0.24)=64.14(m^2)$$

二、建筑物内设有局部楼层

1. 计算规则

如图4-2所示建筑物内设有局部楼层时，对于局部楼层的二层及以上楼层，有围护结构的应按其围护结构外围水平面积计算，无围护结构的应按其结构底板水平面积计算。结构层高在2.20 m及以上的，应计算全面积；结构层高在2.20 m以下的，应计算1/2面积。

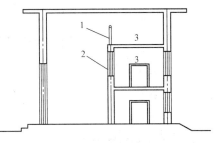

图4-2 建筑物内的局部楼层
1—围护设施；2—围护结构；3—局部楼层

2. 计算规则解读

(1)建筑物内的局部楼层，分别为设有围护结构(围合建筑空间的墙体、门、窗)和围护设施(栏杆、栏板等)两种。应注意的是，在无围护结构的情况下，必须有围护设施，如果既无围护结构又无围护设施，则不属于局部楼层，也就不能计算其建筑面积。

(2)建筑物内设有局部楼层者，其首层建筑面积已包括在原建筑物中，不能重复计算。

【例4-2】 如图4-3所示，某带有局部楼层的单层建筑物，内、外墙厚均为240 mm，层高为7.2 m，横墙外墙长$L=20$ m，纵墙外墙长$B=10$ m，内部二层结构的横墙$l=10$ m，纵墙$b=5$ m，局部楼层一层层高为2.8 m，二层层高为2.1 m，计算该建筑物的总建筑面积。

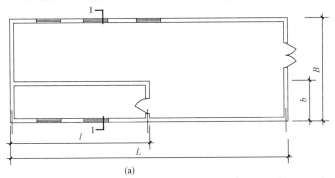

(a)

(b)

图4-3 某建筑物带局部楼层
(a)平面图；(b)1—1剖面图

【解】 根据题意及图4-3可知，该建筑物层高及局部楼层首层的层高均大于2.20 m，故应计算全面积，局部二层层高小于2.20 m，根据规定应计算1/2面积。因此，其计算式为

$$建筑面积=20\times10+10\times5/2=225(m^2)$$

三、形成建筑空间的坡屋顶

1. 计算规则

形成建筑空间的坡屋顶，结构净高在2.10 m及以上的部位应计算全面积；结构净高在1.20 m及以上至2.10 m以下的部位应计算1/2面积；结构净高在1.20 m以下的部位不应计算建筑面

积，如图4-4所示。

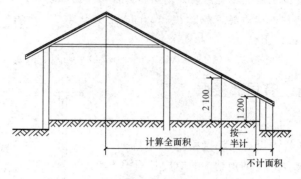

图4-4 坡屋顶示意

2. 计算规则解读

建筑空间是指具备可出入、可利用条件的围合空间。只要具备建筑空间的两个基本要素（围合空间，可出入、可利用），即使设计中未体现某个房间的具体用途，仍然应计算建筑面积。其中，可出入是指人能够正常出入，即通过门或楼梯等进出，对于必须通过窗、栏杆、人孔、检修孔等出入的空间不算可出入。

【例4-3】 某坡屋顶下建筑空间尺寸如图4-5所示，试计算其建筑面积。

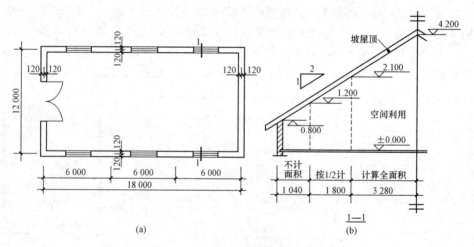

图4-5 坡屋顶下建筑空间示意

(a)平面图；(b)1—1剖面图

【解】 根据建筑面积计算规定，先计算建筑净高1.20 m、2.10 m、4.20 m处与外墙外边线的距离。根据屋面的坡度(1∶2)，计算出建筑净高1.20 m、2.10 m、4.20 m处与外墙外边线的距离分别为1.04 m、1.80 m、3.28 m(见图4-5的标注)。

建筑面积＝3.28×2×18.24＋1.80×18.24×2÷2＝152.49(m²)

四、场馆看台下的建筑空间

1. 计算规则

场馆看台下的建筑空间，结构净高在2.10 m及以上的部位应计算全面积；结构净高在1.20 m及以上至2.10 m以下的部位应计算1/2面积；结构净高在1.20 m以下的部位不应计算建筑面积。室内单独设置的有围护设施的悬挑看台，应按看台结构底板水平投影面积计算建筑面积。有顶盖无围护结构的场馆看台应按其顶盖水平投影面积的1/2计算面积。

2. 计算规则解读

(1)只要设计有顶盖(不包括镂空顶盖)，无论是已有详细设计还是标注为需二次设计的，也无论是采用何种材质的，都视为有顶盖。

(2)看台下的建筑空间，对"场"(顶盖不闭合)和"馆"(顶盖闭合)都适用；室内单独悬挑看台，仅对"馆"适用；有顶盖无围护结构的看台，仅对"场"适用。

(3)室内单独设置的有围护设施的悬挑看台，因其看台上部设有顶盖且可供人使用，无论是单层还是双层，都按看台结构底板水平投影面积计算建筑面积。

(4)对于"场"的看台，有顶盖无围护结构时，按顶盖水平投影面积计算1/2建筑面积，计算建筑面积的范围为看台与顶盖重叠部分的水平投影面积；有双层看台时，各层分别计算建筑面积，顶盖及上层看台均视为下层看台的盖；无顶盖的看台，不计算建筑面积。

五、地下室、半地下室

1. 计算规则

(1)地下室、半地下室应按其结构外围水平面积计算。结构层高在2.20 m及以上的，应计算全面积；结构层高在2.20 m以下的，应计算1/2面积。地下室示意如图4-6所示。

(2)出入口外墙外侧坡道有顶盖的部位，应按其外墙结构外围水平面积的1/2计算面积。

图4-6 地下室示意

2. 计算规则解读

(1)地下室、半地下室按"结构外围水平面积"计算，不再按"外墙上口"取定。当外墙为变截面时，按地下室、半地下室楼地面结构标高处的外围水平面积计算。

(2)地下室的外墙结构不包括找平层、防水(潮)层、保护墙等。

(3)地下空间未形成建筑空间的，不属于地下室或半地下室，不计算建筑面积。

地下室建筑面积计算

(4)出入口坡道分为有顶盖出入口坡道和无顶盖出入口坡道。出入口坡道顶盖的挑出长度，为顶盖结构外边线至外墙结构外边线的长度；顶盖以设计图纸为准，对后增加及建设单位自行增加的顶盖等，不计算建筑面积。顶盖不分材料种类(如钢筋混凝土顶盖、彩钢板顶盖、阳光板顶盖等)。地下室出入口如图4-7所示。

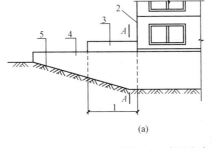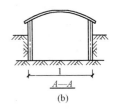

(a)　　　　　　　　(b)

图4-7 地下室出入口

(a)立面图；(b)A—A剖面图

1—计算1/2投影面积部位；2—主体建筑；
3—出入口顶盖；4—封闭出入口侧墙；5—出入口坡道

(5)出入口坡道计算建筑面积应满足两个条件：一是有顶盖；二是有侧墙(侧墙不一定封闭)。计算建筑面积时，有顶盖的部位按外墙(侧墙)结构外围水平面积计算；无顶盖的部位，即使有侧墙，也不计算建筑面积。

(6)出入口坡道无论结构层高多高，均只计算1/2面积。

(7)对于地下车库工程，无论出入口坡道如何设置，也无论坡道下方是否加以利用，地下车库部分的建筑面积均按地下室或半地下室的有关规定，按设计的自然层计算。出入口坡道部分按规定另行计算后并入该工程的建筑面积。

六、建筑物架空层及坡地建筑物吊脚架空层

1. 计算规则

建筑物架空层及坡地建筑物吊脚架空层(图4-8)，应按其顶板水平投影计算建筑面积。结构层高在 2.20 m 及以上的，应计算全面积；结构层高在 2.20 m以下的，应计算1/2面积。

2. 计算规则解读

(1)架空层无论是否设计加以利用，只要具备可利用状态，均应计算建筑面积。

(2)吊脚架空层是无围护结构的，如图4-8所示。

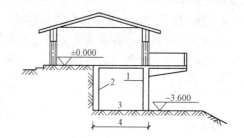

图 4-8　建筑物吊脚架空层

1—柱；2—墙；3—吊脚架空层；4—计算建筑面积部位

(3)顶板水平投影面积是指架空层结构顶板的水平投影面积，不包括架空层主体结构外的阳台、空调板、通长水平挑板等外挑部分。

七、建筑物门厅、大厅及走廊

1. 计算规则

建筑物的门厅、大厅应按一层计算建筑面积，门厅、大厅内设置的走廊应按走廊结构底板水平投影面积计算建筑面积。结构层高在 2.20 m 及以上的，应计算全面积；结构层高在 2.20 m 以下的，应计算 1/2 面积。

2. 计算规则解读

大厅内设有走廊示意如图4-9所示。

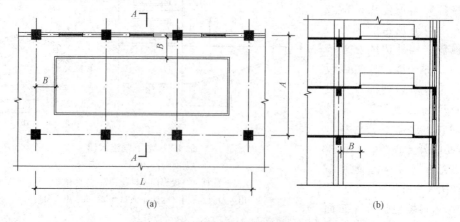

(a)

(b)

图 4-9　大厅内设有走廊示意

(a)平面图；(b)剖面图

八、架空走廊

1. 计算规则

建筑物之间的架空走廊，有顶盖和围护结构的，应按其围护结构外围水平面积计算全面积；无围护结构、有围护设施的，应按其结构底板水平投影面积计算 1/2 面积。

2. 计算规则解读

架空走廊是指专门设置在建筑物的二层或二层以上，作为不同建筑物之间水平交通的空间。无围护结构的架空走廊如图 4-10 所示；有围护结构的架空走廊如图 4-11 所示。

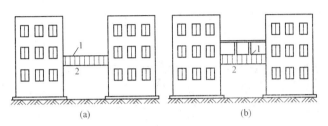

图 4-10　无围护结构的架空走廊

1—栏杆；2—架空走廊

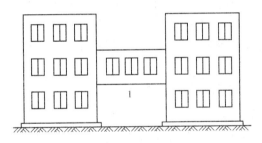

图 4-11　有围护结构的架空走廊

1—架空走廊

九、立体书库、立体仓库、立体车库

1. 计算规则

立体书库、立体仓库、立体车库，有围护结构的，应按其围护结构外围水平面积计算建筑面积；无围护结构、有围护设施的，应按其结构底板水平投影面积计算建筑面积。无结构层的应按一层计算，有结构层的应按其结构层面积分别计算。结构层高在 2.20 m 及以上的，应计算全面积；结构层高在 2.20 m 以下的，应计算 1/2 面积。

2. 计算规则解读

(1)结构层是指整体结构体系中承重的楼板层，特指整体结构体系中承重的楼层，包括板、梁等构件，而非局部结构起承重作用的分隔层。结构层承受整个楼层的全部荷载，并对楼层的隔声、防火起主要作用。

(2)起局部分隔、存储等作用的书架层、货架层或可升降的立体钢结构停车层均不属于结构层，故该部分分层不计算建筑面积。

十、舞台灯光控制室

1. 计算规则

有围护结构的舞台灯光控制室，应按其围护结构外围水平面积计算。结构层高在2.20 m及以上的，应计算全面积；结构层高在2.20 m以下的，应计算1/2面积。

2. 计算规则解读

如果舞台灯光控制室有围护结构且只有一层，就不能另外计算面积，因为整个舞台的面积计算已经包含了该灯光控制室的面积。

十一、落地橱窗、凸(飘)窗、室外走廊(挑廊)、门斗

1. 计算规则

(1)附属在建筑物外墙的落地橱窗，应按其围护结构外围水平面积计算。结构层高在2.20 m及以上的，应计算全面积；结构层高在2.20 m以下的，应计算1/2面积。

(2)窗台与室内楼地面高差在0.45 m以下且结构净高在2.10 m及以上的凸(飘)窗，应按其围护结构外围水平面积计算1/2面积。

(3)有围护设施的室外走廊(挑廊)，应按其结构底板水平投影面积计算1/2面积；有围护设施(或柱)的檐廊(图4-12)，应按其围护设施(或柱)外围水平面积计算1/2面积。

(4)门斗(图4-13)应按其围护结构外围水平面积计算建筑面积。结构层高在2.20 m及以上的，应计算全面积；结构层高在2.20 m以下的，应计算1/2面积。

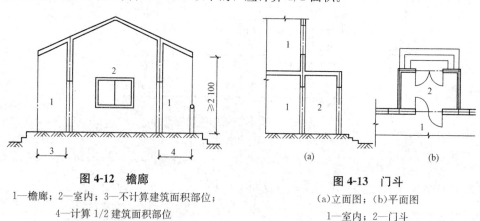

图 4-12　檐廊
1—檐廊；2—室内；3—不计算建筑面积部位；
4—计算1/2建筑面积部位

图 4-13　门斗
(a)立面图；(b)平面图
1—室内；2—门斗

2. 计算规则解读

(1)在建筑物主体结构内的橱窗，其建筑面积应随自然层一起计算，不执行本规则。"附属在建筑物外墙的落地橱窗"是指橱窗附属在建筑物外墙且落地(即该橱窗下设有基础)，其属于建筑物的附属结构。

如果橱窗无基础，为悬挑式时，则其建筑面积应按凸(飘)窗的有关规定计算。

(2)凸(飘)窗从外立面上来看主要有间断式和连续式两类。凸(飘)窗地面与室内地面的标高有相等和不相等两类，当有高差(指结构高差)时，高差可能在0.45 m以上，也可能在0.45 m以下。

(3)室外走廊(挑廊)、檐廊都是室外水平交通空间。其中挑廊是悬挑的水平交通空间，如图4-14所示；檐廊是底层的水平交通空间，由屋檐或挑檐作为顶盖，且一般有柱或栏杆、栏板

等，如图 4-15 所示。底层无围护设施但有柱的室外走廊可参照檐廊的规定计算其建筑面积。无论是何种廊，除了必须有地面结构外，还必须有栏杆、栏板等围护设施或柱，这两个条件缺一不可，缺少任何一个条件均不能计算建筑面积，如图 4-14 中的无柱走廊就不能计算建筑面积。

室外走廊（挑廊）按结构底板计算建筑面积，檐廊按围护设施（或柱）计算建筑面积。

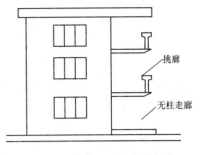

图 4-14　挑廊、无柱走廊示意

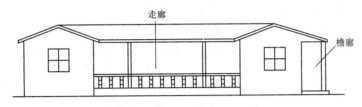

图 4-15　走廊、檐廊示意

（4）门斗是建筑物入口两道门之间的空间，其是有顶盖和围护结构的全围合空间。图 4-16 所示为保温门斗构造示意图。门廊、雨篷至少应有一面不围合。

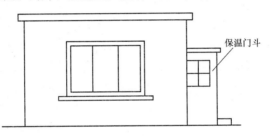

图 4-16　保温门斗构造示意

【例 4-4】　计算图 4-17 所示某办公楼的建筑面积。

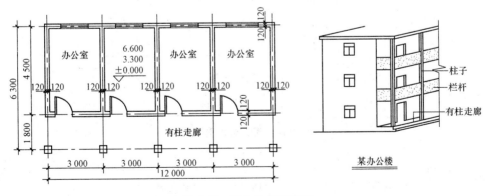

图 4-17　某办公楼平面图

【解】　建筑面积＝12.24×4.74×3＋12.24×1.80×3÷2＝207.10（m²）

十二、雨篷

1. 计算规则

门廊应按其顶板水平投影面积的 1/2 计算建筑面积；有柱雨篷应按其结构板水平投影面积的 1/2 计算建筑面积；无柱雨篷的结构外边线至外墙结构外边线的宽度在 2.10 m 及以上的，应按雨篷结构板的水平投影面积的 1/2 计算建筑面积。

2. 计算规则解读

(1)门廊是指建筑物出入口，无门，三面或两面有墙，上部有板(或借用上部楼板)围护的部位。门廊可分为全凸式、半凹半凸式和全凹式三类。

(2)雨篷是指建筑物出入口上方、凸出墙面、为遮挡雨水而单独设置的建筑部件。雨篷分为有柱雨篷(独立柱雨篷、多柱雨篷、柱墙混合支撑雨篷、墙支撑雨篷)和无柱雨篷。

1)有柱雨篷，没有出挑宽度的限制，也不受跨越层数的限制，均计算建筑面积。有柱雨篷顶板跨层达到二层顶板标高处，仍可计算建筑面积。

2)无柱雨篷，其结构板不能跨层，并受出挑宽度的限制，设计出挑宽度大于或等于 2.10 m 时才计算建筑面积。出挑宽度，是指雨篷结构外边线至外墙结构外边线的宽度，弧形或异形时，取最大宽度。

(3)不单独设立顶盖，利用上层结构板(如楼板、阳台底板)进行遮挡，不能视为雨篷，不应计算建筑面积。

(4)混合情况的判断：

1)当一个附属的建筑部件具备两种或两种以上功能，且计算的建筑面积不同时，只计算一次建筑面积，且取较大的面积。

2)当附属的建筑部件按不同方法判断所计算的建筑面积不同时，按计算结果较大的方法进行判断。

【例 4-5】 试计算图 4-18 所示有柱雨篷的建筑面积。已知雨篷结构板挑出柱边的长度为 500 mm。

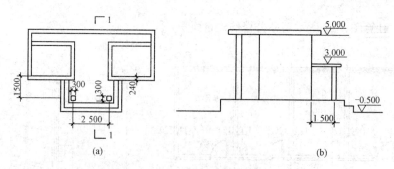

图 4-18　某有柱雨篷示意

(a)平面图；(b)1—1 剖面图

【解】 有柱雨篷应按其结构板水平投影面积的 1/2 计算建筑面积。

$$有柱雨篷的建筑面积 = (2.5 + 0.3 + 0.5 \times 2) \times (1.5 - 0.24 + 0.15 + 0.5) \times 1/2$$
$$= 3.63 (\text{m}^2)$$

十三、建筑物顶部楼梯间、水箱间、电梯机房

1. 计算规则

设在建筑物顶部的、有围护结构的楼梯间、水箱间、电梯机房等，结构层高在 2.20 m 及以上的应计算全面积；结构层高在 2.20 m 以下的，应计算 1/2 面积。

2. 计算规则解读

(1)如遇建筑物屋顶的楼梯间是坡屋顶，应按坡屋顶的相关规定计算面积。

(2)屋顶上的建筑部件属于建筑空间的可以计算建筑面积，不属于建筑空间的则归于屋顶造型，不计算建筑面积。单独放在建筑物屋顶上的混凝土水箱或钢板水箱，不计算面积。

(3)建筑物屋面水箱间、电梯机房示意如图 4-19 所示。

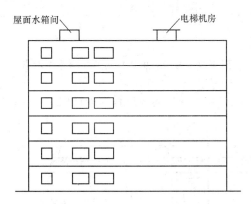

图 4-19　屋面水箱间、电梯机房示意

十四、围护结构不垂直于水平面的楼层

1. 计算规则

围护结构不垂直于水平面的楼层，应按其底板面的外墙外围水平面积计算。结构净高在 2.10 m 及以上的部位，应计算全面积；结构净高在 1.20 m 及以上至 2.10 m 以下的部位，应计算 1/2 面积；结构净高在 1.20 m 以下的部位，不应计算建筑面积。

2. 计算规则解读

(1)斜围护结构与斜屋顶采用相同的计算规则，即只要外壳倾斜，就按结构净高划段，分别计算建筑面积。斜围护结构如图 4-20 所示。

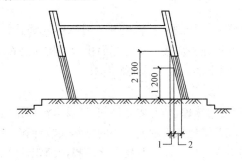

图 4-20　斜围护结构
1—计算 1/2 建筑面积部位；2—不计算建筑面积部位

(2)计算建筑面积时，为便于区分斜围护结构与斜屋顶，一般对围护结构向内倾斜的情况进行如下划分：

1)多(高)层建筑物顶层，楼板以上部分的外侧均视为屋顶，按上述"形成建筑空间的坡屋顶"的相关规则计算建筑面积，如图4-21所示。

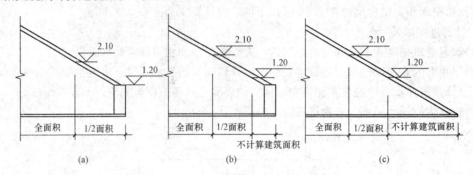

图4-21　多(高)层建筑物顶层斜屋面示意

2)多(高)层建筑物其他层，倾斜部位均视为斜围护结构，底板面处的围护结构应计算全面积，如图4-22所示。

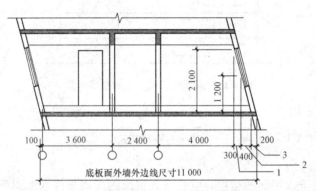

图4-22　多(高)层建筑物其他层斜围护示意
1—计算1/2面积；2—不计算面积；3—计算全面积

十五、室内楼梯、电梯井、提物井、管道井、通风排气竖井、烟道

1. 计算规则

建筑物的室内楼梯、电梯井、提物井、管道井、通风排气竖井、烟道，应并入建筑物的自然层计算建筑面积。有顶盖的采光井应按一层计算面积，结构净高在2.10 m及以上的，应计算全面积；结构净高在2.10 m以下的，应计算1/2面积。

2. 计算规则解读

(1)室内楼梯包括形成井道的楼梯(即室内楼梯间)和没有形成井道的楼梯(即室内楼梯)。

1)室内楼梯间的面积，应按楼梯依附的建筑物的自然层数计算，合并在建筑物面积内。

2)对于没有形成井道的室内楼梯，应按其楼梯水平投影面积计算建筑面积。

(2)跃层房屋和复式房屋的室内公共楼梯间：跃层房屋，按两个自然层计算；复式房屋，按一个自然层计算。跃层房屋是指房屋占有上、下两个自然层，卧室、起居室、客厅、卫生间、厨房及其他辅助用房分层布置；复式房屋在概念上是一个自然层，但层高较普通的房屋高，在局部掏出夹层，安排卧室或书房等内容。

（3）计算室内楼梯建筑面积时注意：如图纸中已画出楼梯，无论是否为用户自理，均按楼梯水平投影面积计算建筑面积；如图纸中未画出楼梯，仅以洞口符号表示，则计算建筑面积时不扣除该洞口面积。

（4）当室内公共楼梯间两侧自然层数不同时，以楼层多的层数计算。图 4-23 所示的楼梯间应计算 6 个自然层建筑面积。

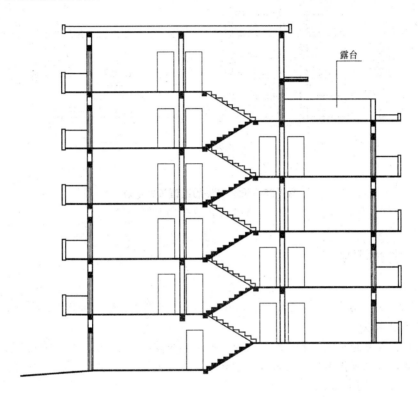

图 4-23　户室错层剖面示意

（5）在计算楼梯间建筑面积时，设备管道层应计算 1 个自然层。

（6）利用室内楼梯下部的建筑空间不重复计算建筑面积。

（7）井道(包括电梯井、提物井、管道井、通风排气竖井、烟道)，无论在建筑物内部或外部，均按自然层计算建筑面积，如附墙烟道。但独立烟道不计算建筑面积。

（8）有顶盖的采光井包括建筑物中的采光井和地下室采光井。有顶盖的采光井无论多深，采光多少层，均只计算一层建筑面积。图 4-24 所示采光井，虽然采光两层，但只计算一层建筑面积。无顶盖的采光井不计算建筑面积。

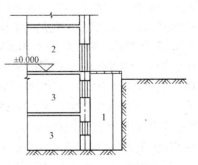

图 4-24　地下室采光井
1—采光井；2—室内；3—地下室

【例 4-6】 试计算图 4-25 所示建筑物(内有电梯井)的建筑面积。

【解】 建筑物的室内楼梯、电梯井、提物井、管道井、通风排气竖井、烟道,应并入建筑物的自然层计算建筑面积。另外,设在建筑物顶部的、有围护结构的楼梯间、水箱间、电梯机房等,结构层高在 2.20 m 及以上的应计算全面积;结构层高在 2.20 m 以下的,应计算 1/2 面积。

$$建筑面积 = 78 \times 10 \times 6 + 4 \times 4 = 4\ 696 (m^2)$$

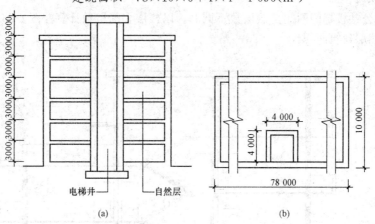

(a)   (b)

图 4-25 设有电梯的某建筑物示意
(a)剖面图;(b)平面图

十六、室外楼梯

1. 计算规则

室外楼梯应并入所依附建筑物自然层,并应按其水平投影面积的 1/2 计算建筑面积。

2. 计算规则解读

室外楼梯是连接建筑物层与层之间交通必不可少的基本部件。室外楼梯无论其是否有顶盖,均应计算建筑面积。利用室外楼梯下部的建筑空间不得重复计算建筑面积;利用地势砌筑的为室外踏步,不计算建筑面积。

室外楼梯建筑面积的计算层数应为所依附的主体建筑物的楼层数,即梯段部分垂直投影到建筑物范围的层数。所谓"梯段部分垂直投影到建筑物范围的层数",是指将楼梯梯段部分(不考虑顶盖)向主体建筑物墙面进行垂直投影,投影覆盖多少楼层,即应计算相应的楼层。图 4-26 所示的室外楼梯,楼梯梯段投影到主体建筑物只覆盖了三个层高,因而该室外楼梯所依附的建筑物自然层数为三层,不应理解为"上到四层,依附四层"。

【例 4-7】 试计算图 4-27 所示室外楼梯的建筑面积。

【解】 室外楼梯应并入所依附建筑

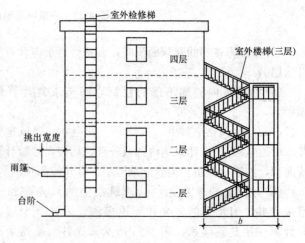

图 4-26 雨篷、室外楼梯示意

物自然层，并应按其水平投影面积的1/2计算建筑面积。

$$建筑面积=(1.5×2+2.7)×2.4×0.5$$
$$=6.84(m^2)$$

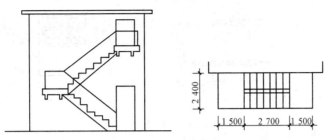

图 4-27　室外楼梯示意

十七、阳台

1. 计算规则

在主体结构内的阳台，应按其结构外围水平面积计算全面积；在主体结构外的阳台，应按其结构底板水平投影面积计算1/2面积。

2. 计算规则解读

(1)建筑物的阳台，无论其形式如何，均以建筑物主体结构为界分别计算建筑面积。主体结构的判别一般按以下原则进行：

阳台建筑面积计算

1)砖混结构。通常以外墙（即围护结构，如墙体、门窗等）来判断，外墙以内为主体结构内，外墙以外为主体结构外。

2)框架结构。柱梁体系之内为主体结构内，柱梁体系之外为主体结构外。

3)剪力墙结构。

①若阳台在剪力墙包围之内，则属于主体结构内，应计算全面积。

②若相对两侧均为剪力墙，则属于主体结构内，应计算全面积。

③若相对两侧仅一侧为剪力墙，则属于主体结构外，应计算1/2面积。

④若相对两侧均无剪力墙，则属于主体结构外，应计算1/2面积。

4)当阳台处剪力墙与框架混合时，若角柱为受力结构，根基落地，则阳台属于主体结构内，应计算全面积；若角柱仅为造型，无根基，则阳台属于主体结构外，应计算1/2面积。

(2)无论阳台是否具有顶盖，上、下层之间是否对齐，只要能满足阳台的主要属性，即应将其归为阳台。

(3)若工程中存在入户花园等情况，则也应按阳台的相关原则进行判断。

(4)阳台在主体结构外时，按结构底板计算建筑面积，此时，无论围护设施是否垂直于水平面，都应按结构底板计算建筑面积，且同时应包括底板处凸出的檐，如图4-28所示。

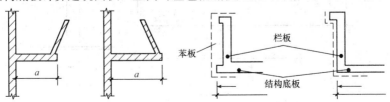

图 4-28　阳台结构底板计算尺寸示意

(5)如自然层结构层高在2.20 m以下，主体结构内的阳台随楼层均计算1/2面积；但主体结构外的阳台，仍计算1/2面积，不应出现1/4面积。

【例4-8】 试计算图4-29所示阳台的建筑面积。

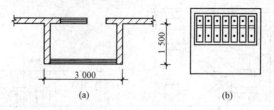

图4-29 阳台

(a)平面图；(b)立面图

【解】 建筑物的阳台，无论其形式如何，均以建筑物主体结构为界分别计算建筑面积。其中在主体结构内的阳台，应按其结构外围水平面积计算全面积；在主体结构外的阳台，应按其结构底板水平投影面积计算1/2面积。本例中，阳台应属于建筑物主体结构内，故

$$建筑面积=3.0\times1.5=4.5(m^2)$$

十八、车棚、货棚、站台、加油站、收费站

1. 计算规则

有顶盖无围护结构的车棚、货棚、站台、加油站、收费站等，应按其顶盖水平投影面积的1/2计算建筑面积。

2. 计算规则解读

(1)有顶盖无围护结构的车棚、货棚、站台、加油站、收费站等，不分顶盖材质，不分单、双排柱，不分异形柱、矩形柱，均应按顶盖水平投影面积的1/2计算建筑面积。

(2)在车棚、货棚、站台、加油站、收费站等顶盖下有其他能计算建筑面积的建筑物时，仍应按顶盖水平投影面积的1/2计算建筑面积，顶盖下的建筑物另行计算建筑面积。

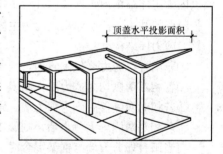

图4-30 站台示意

(3)站台示意如图4-30所示。

【例4-9】 试计算图4-31所示单排柱站台的建筑面积。

【解】 $$建筑面积=2.5\times6.5\div2=8.125(m^2)$$

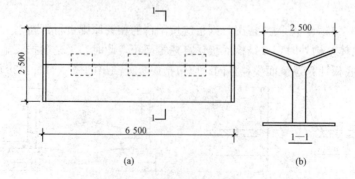

图4-31 单排柱站台示意

(a)平面图；(b)剖面图

十九、其他部位

1. 计算规则

(1)以幕墙作为围护结构的建筑物，应按幕墙外边线计算建筑面积。

(2)建筑物的外墙外保温层，应按其保温材料的水平截面积计算，并计入自然层建筑面积。

(3)与室内相通的变形缝，应按其自然层合并在建筑物建筑面积内计算。对于高低联跨的建筑物，当高低跨内部连通时，其变形缝应计算在低跨面积内。

(4)对于建筑物内的设备层、管道层、避难层等有结构层的楼层，结构层高在 2.20 m 及以上的，应计算全面积；结构层高在 2.20 m 以下的，应计算 1/2 面积。

2. 计算规则解读

(1)幕墙可以分为围护性幕墙和装饰性幕墙。围护性幕墙是指直接作为外墙起围护作用的幕墙，应按其外边线计算建筑面积。装饰性幕墙是指设置在建筑物墙体外起装饰作用的幕墙，不应计算建筑面积。

(2)建筑物外墙外侧有保温隔热层的，保温隔热层以保温材料的净厚度乘以外墙结构外边线长度按建筑物的自然层计算建筑面积，其外墙外边线长度不扣除门窗和建筑物外已计算建筑面积构件(如阳台、室外走廊、门斗、落地橱窗等部件)所占长度。当建筑物外已计算建筑面积的构件(如阳台、室外走廊、门斗、落地橱窗等部件)有保温隔热层时，其保温隔热层也不再计算建筑面积。外墙是斜面者按楼面楼板处的外墙外边线长度乘以保温材料的净厚度(不是斜厚度，如图 4-32 所示)计算。外墙外保温以沿高度方向满铺为准，某层外墙外保温铺设高度未达到全部高度时(不包括阳台、室外走廊、门斗、落地橱窗、雨篷、飘窗等)，不计算建筑面积。保温隔热层的建筑面积是以保温隔热材料的厚度来计算的，不包含抹灰层、防潮层、保护层(墙)的厚度。建筑外墙外保温如图 4-33 所示。复合墙体不属于外墙外保温层，应将其整体视为外墙结构。

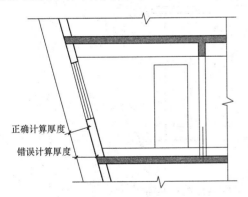

图 4-32　围护结构不垂直于水平面时外墙外保温计算厚度示意

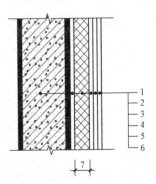

图 4-33　建筑外墙外保温示意

1—墙体；2—粘结胶浆；3—保温材料；4—标准网；
5—加强网；6—抹面胶浆；7—计算建筑面积部位

(3)与室内相通的变形缝是指暴露在建筑物内，在建筑物内可以看得见的变形缝。与室内不相通的变形缝不计算建筑面积。高低联跨的建筑物，当高低跨内部不相连通时，其变形缝不计算建筑面积；当高低跨内部连通或局部连通时，其连通部分变形缝的面积计算在低跨面积内。

(4)在吊顶空间内设置管道及检修马道的，吊顶空间部分不能视为设备层、管道层，不应计算建筑面积。

二十、不应计算建筑面积的项目

下列项目不应计算建筑面积：

(1)与建筑物内不相连通的建筑部件。与建筑物内不相连通即是指没有正常的出入口。通过门连通的，视为"连通"；通过窗或栏杆等翻出去的，视为"不连通"。

(2)骑楼(图 4-34)、过街楼(图 4-35)底层的开放公共空间和建筑物通道。骑楼的凸出部分一般是沿建筑物整体凸出，而不是局部凸出。

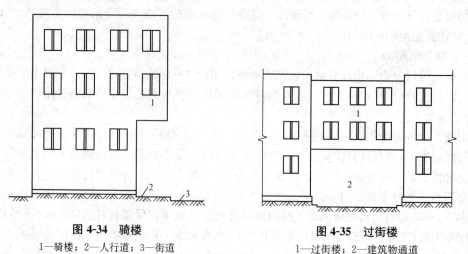

图 4-34 骑楼
1—骑楼；2—人行道；3—街道

图 4-35 过街楼
1—过街楼；2—建筑物通道

【例 4-10】 计算图 4-36 所示建筑物的建筑面积。

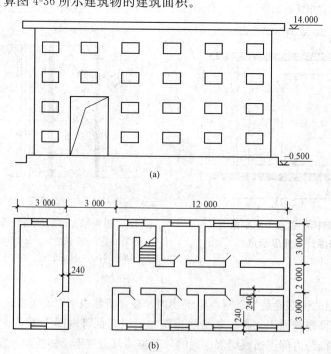

图 4-36 有通道穿过的建筑物示意
(a)正立面示意；(b)二层平面示意

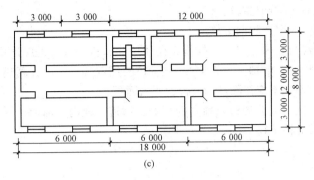

图 4-36　有通道穿过的建筑物示意(续)

(c)三、四层平面示意

【解】　骑楼、过街楼底层的开放公共空间和建筑物通道不应计算建筑面积。在本例中,建筑物底部有通道穿过,通道部分不应计算建筑面积。

$$建筑面积=(18+0.24)\times(8+0.24)\times4-(3-0.24)\times(8+0.24)\times2$$
$$=555.71(m^2)$$

(3)舞台及后台悬挂幕布和布景的天桥、挑台等。

(4)露台、露天游泳池、花架、屋顶的水箱及装饰性结构构件。

1)露台必须同时满足四个条件:一是位置,设置在屋面、地面或雨篷顶;二是可出入;三是有围护设施;四是无盖。

2)屋顶上的水箱不计算建筑面积,但屋顶水箱间应计算建筑面积。

3)屋顶上的装饰结构构件(即屋顶造型),由于其没有形成建筑空间,故不能计算建筑面积。

(5)建筑物内的操作平台、上料平台、安装箱和罐体的平台。操作平台示意如图 4-37 所示。

(6)勒脚、附墙柱、墙垛、台阶、墙面抹灰、装饰面、镶贴块料面层、装饰性幕墙,主体结构外的空调室外机搁板(箱)、构件、配件,挑出宽度在 2.10 m 以下的无柱雨篷和顶盖高度达到或超过两个楼层的无柱雨篷。

1)上述内容均不属于建筑结构,所以不应计算建筑面积。

2)附墙柱、墙垛示意如图 4-38 所示。

3)装饰性阳台、装饰性挑廊是指人不能在其中间活动的空间。

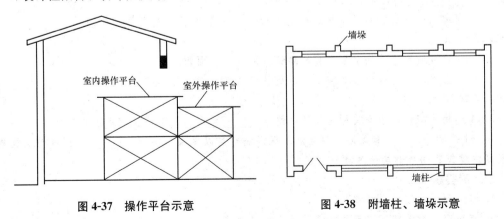

图 4-37　操作平台示意　　　　　图 4-38　附墙柱、墙垛示意

(7)窗台与室内地面高差在 0.45 m 以下且结构净高在 2.10 m 以下的凸(飘)窗,窗台与室内

地面高差在 0.45 m 及以上的凸(飘)窗。

(8)室外爬梯、室外专用消防钢楼梯。

(9)无围护结构的观光电梯。应注意的是，自动扶梯和自动人行道应计算建筑面积，其中，自动扶梯按上述"室内楼梯、电梯井、管道井、烟道"的规定按自然层计算建筑面积；自动人行道在建筑物内时，建筑面积不应扣除自动人行道所占面积。

(10)建筑物以外的地下人防通道，独立的烟囱、烟道、地沟、油(水)罐、气柜、水塔、贮油(水)池、贮仓、栈桥等构筑物。

本章小结

本章主要介绍了建筑面积计算统一规定，建筑物内设有局部楼层，形成建筑空间的坡屋顶，场馆看台下的建筑空间，地下室、半地下室，建筑物架空层及坡地建筑物吊脚架空层，建筑物门厅、大厅及走廊，架空走廊，立体书库、立体仓库、立体车库，舞台灯光控制室，落地橱窗、凸(飘)窗、室外走廊(挑廊)、门斗，雨篷，建筑物顶部楼梯间、水箱间、电梯机房，围护结构不垂直于水平面的楼层，室内楼梯、电梯井、提物井、管道井、通风排气竖井、烟道，室外楼梯，阳台，车棚、货棚、站台、加油站、收费站及其他部位的建筑面积计算规则与不应计算建筑面积的项目。

思考与练习

一、填空题

1. 建筑面积包括_____、_____和_____三部分。

2. _____是指楼面或地面结构层上表面至上部结构层上表面之间的垂直距离。

3. _____是指楼面或地面结构层上表面至上部结构层下表面之间的垂直距离。

4. 设置在屋面、首层地面或雨篷上的供人室外活动的有围护设施的平台称为_____。

5. 建筑物的建筑面积应按_____之和计算。结构层高在 2.20 m 及以上的，应计算_____；结构层高在 2.20 m 以下的，应计算_____。

6. 室内单独设置的有围护设施的悬挑看台，无论是单层还是双层，都按_____计算建筑面积。

7. 出入口坡道无论结构层高多高，均计算_____面积。

8. 无柱雨篷，其结构板不能跨层，并受出挑宽度的限制，设计出挑宽度_____时才计算建筑面积。

9. 建筑物的阳台，不论其形式如何，均以_____为界分别计算建筑面积。

10. 建筑物外墙外侧有保温隔热层的，保温隔热层以保温材料的_____乘以外墙结构外边线长度按建筑物的自然层计算建筑面积。

二、简答题

1. 建筑面积的作用有哪些？

2. 容积率、建筑密度、房屋建筑系数应如何计算？

3. 建筑物内设有局部楼层时，其建筑面积应如何计算？

4. 出入口坡道计算建筑面积应满足哪些条件?

5. 建筑物的门厅、大厅应如何计算建筑面积?

6. 架空走廊应如何计算建筑面积?

7. 室内楼梯、电梯井、管道井、烟道的建筑面积应如何计算?

8. 室外楼梯面积应如何计算?

9. 车棚、货棚、站台、加油站、收费站等面积如何计算?

10. 不应计算建筑面积的项目有哪些?

第五章　房屋建筑工程工程量计算

房屋建筑工程包括土石方工程，地基处理与边坡支护工程，桩基工程，砌筑工程，混凝土及钢筋混凝土工程，金属结构工程，木结构工程，屋面及防水工程，保温、隔热、防腐工程等，均为适用于采用工程量清单计价的工业与民用建筑物和构筑物的建筑工程。

《房屋建筑与装饰工程
工程量计算规范》

第一节　土石方工程

一、主要内容

土石方工程共分 3 部分 13 个清单项目，其中包括土方工程、石方工程、回填，适用于建筑物和构筑物的土石方开挖及回填工程。

二、工程量计算规则及相关说明

1. 土方工程(编码：010101)

土方工程清单项目包括平整场地，挖一般土方，挖沟槽土方，挖基坑土方，冻土开挖，挖淤泥、流砂，管沟土方。平整场地是指在开挖建筑物基坑(槽)之前，将天然地面改造成所要求的设计平面时，所进行的土石方施工过程。"平整场地"项目适用于建筑场地厚度在 ±30 cm 以内的就地挖、填、运、找平。

(1)工程量计算规则。土方工程工程量计算规则如下：

1)平整场地工程量按设计图示尺寸以建筑物首层建筑面积计算。

2)挖一般土方工程量按设计图示尺寸以体积计算。

3)挖沟槽土方、挖基坑土方工程量按设计图示尺寸以基础垫层面积乘以挖土深度计算。

4)冻土开挖工程量按设计图示尺寸开挖面积乘厚度以体积计算。

5)挖淤泥、流砂工程量按设计图示位置、界线以体积计算。

6)管沟土方工程量计算规则有以下几点：

①以"m"计量，按设计图示以管道中心线长度计算。

②以"m³"计量，按设计图示管底垫层面积乘以挖土深度计算；无管底垫层按管外径的水平投影面积乘以挖土深度计算。不扣除各类井的长度，井的土方并入。

(2)工程量计算规则相关说明。

1)挖土方平均厚度应按自然地面测量标高至设计地坪标高间的平均厚度确定。基础土方开挖深度应按基础垫层底表面标高至交付施工场地标高确定。无交付施工场地标高时，应按自然地面标高确定。

2)建筑物场地厚度≤±300 mm的挖、填、运、找平，应按平整场地项目编码列项。厚度＞±300 mm的竖向布置挖土或山坡切土应按挖一般土方项目编码列项。

3)沟槽、基坑、一般土方的划分为：底宽≤7 m且底长＞3倍底宽为沟槽；底长≤3倍底宽且底面积≤150 m²为基坑；超出上述范围则为一般土方。

4)挖土方如需截桩头，应按桩基工程相关项目列项。

5)桩间挖土不扣除桩的体积，并在项目特征中加以描述。

6)弃、取土运距可以不描述，但应注明由投标人根据施工现场实际情况自行考虑，决定报价。

7)土壤的分类应按表5-1确定，如土壤类别不能准确划分，招标人可注明为综合，由投标人根据地勘报告决定报价。

8)土方体积应按挖掘前的天然密实体积计算。非天然密实土方应按表5-2折算。

9)挖沟槽、基坑、一般土方因工作面和放坡增加的工程量(管沟工作面增加的工程量)是否并入各土方工程量中，应按各省、自治区、直辖市或行业建设主管部门的规定实施，如并入各土方工程量中，办理工程结算时，按经发包人认可的施工组织设计规定计算，编制工程量清单时，可按表5-3～表5-5的规定计算。

表5-1 土壤分类表

土壤分类	土壤名称	开挖方法
一、二类土	粉土、砂土(粉砂、细砂、中砂、粗砂、砾砂)、粉质黏土、弱中盐渍土、软土(淤泥质土、泥炭、泥炭质土)、软塑红黏土、冲填土	用锹，少许用镐、条锄开挖。机械能全部直接铲挖满载者
三类土	黏土、碎石土(圆砾、角砾)、混合土、可塑红黏土、硬塑红黏土、强盐渍土、素填土、压实填土	主要用镐、条锄，少许用锹开挖。机械需部分刨松方能铲挖满载者或可直接铲挖但不能满载者
四类土	碎石土(卵石、碎石、漂石、块石)、坚硬红黏土、超盐渍土、杂填土	用镐、条锄挖掘，少许用撬棍挖掘。机械须普遍刨松方能铲挖满载者
注：本表中土的名称及其含义按国家标准《岩土工程勘察规范(2009年版)》(GB 50021—2001)定义。		

表 5-2 土方体积折算系数表

天然密实度体积	虚方体积	夯实后体积	松填体积
0.77	1.00	0.67	0.83
1.00	1.30	0.87	1.08
1.15	1.50	1.00	1.25
0.92	1.20	0.80	1.00

注：1. 虚方是指未经碾压、堆积时间未超过 1 年的土壤。
2. 本表按《全国统一建筑工程预算工程量计算规则》(GJDGZ—101—1995)整理。
3. 设计密实度超过规定的，填important体积按工程设计要求执行；无设计要求按各省、自治区、直辖市或行业建设行政主管部门规定的系数执行。

表 5-3 放坡系数表

土类别	放坡起点/m	人工挖土	机械挖土		
			在坑内作业	在坑上作业	顺沟槽在坑上作业
一、二类土	1.20	1：0.50	1：0.33	1：0.75	1：0.50
三类土	1.50	1：0.33	1：0.25	1：0.67	1：0.33
四类土	2.00	1：0.25	1：0.10	1：0.33	1：0.25

注：1. 沟槽、基坑中土类别不同时，分别按其放坡起点、放坡系数，依不同土类别厚度加权平均计算。
2. 计算放坡时，在交接处的重复工程量不予扣除，原槽、坑做基础垫层时，放坡自垫层上表面开始计算。

表 5-4 基础施工所需工作面宽度计算表

基础材料	每边各增加工作面宽度/mm
砖基础	200
浆砌毛石、条石基础	150
混凝土基础垫层支模板	300
混凝土基础支模板	300
基础垂直面做防水层	1 000(防水层面)

表 5-5 管沟施工每侧所需工作面宽度计算表　　　　　　　　　mm

管沟材料	管道结构宽			
	≤500	≤1 000	≤2 500	＞2 500
混凝土及钢筋混凝土管道	400	500	600	700
其他材质管道	300	400	500	600

注：1. 本表按《全国统一建筑工程预算工程量计算规则》(GJDGZ—101—1995)整理。
2. 管道结构宽：有管座的按基础外缘，无管座的按管道外径。

10)挖方出现流砂、淤泥时，如设计未明确，在编制工程量清单时，其工程数量可为暂估量，结算时应根据实际情况由发包人与承包人双方现场签证确认工程量。

11)管沟土方项目适用于管道(给水排水、工业、电力、通信)、光(电)缆沟[包括人(手)孔、接口坑]及连接井(检查井)等。

2. 石方工程(编码：010102)

石方工程清单项目包括挖一般石方、挖沟槽石方、挖基坑石方和挖管沟石方。

(1)工程量计算规则。

1)挖一般石方工程量按设计图示尺寸以体积计算。

2)挖沟槽石方工程量按设计图示尺寸沟槽底面积乘以挖石深度以体积计算。

3)挖基坑石方工程量按设计图示尺寸基坑底面积乘以挖石深度以体积计算。

4)挖管沟石方工程量计算规则有以下两点：

①以"m"计量，按设计图示以管道中心线长度计算。

②以"m³"计量，按设计图示截面面积乘以长度计算。

(2)工程量计算规则相关说明。

1)挖石应按自然地面测量标高至设计地坪标高的平均厚度确定。基础石方开挖深度应按基础垫层底表面标高至交付施工场地标高确定，无交付施工场地标高时，应按自然地面标高确定。

2)厚度＞±300 mm的竖向布置挖石或山坡凿石应按挖一般石方项目编码列项。

3)沟槽、基坑、一般石方的划分为：底宽≤7 m且底长＞3倍底宽为沟槽；底长≤3倍底宽且底面积≤150 m²为基坑；超出上述范围则为一般石方。

4)弃碴运距可以不描述，但应注明由投标人根据施工现场实际情况自行考虑，决定报价。

5)岩石的分类应按表5-6确定。

表5-6　岩石分类表

岩石分类		代表性岩石	开挖方法
极软岩		1. 全风化的各种岩石 2. 各种半成岩	部分用手凿工具、部分用爆破法开挖
软质岩	软岩	1. 强风化的坚硬岩或较硬岩 2. 中等风化—强风化的较软岩 3. 未风化—微风化的页岩、泥岩、泥质砂岩等	用风镐和爆破法开挖
	较软岩	1. 中等风化—强风化的坚硬岩或较硬岩 2. 未风化—微风化的凝灰岩、千枚岩、泥灰岩、砂质泥岩等	用爆破法开挖
硬质岩	较硬岩	1. 微风化的坚硬岩 2. 未风化—微风化的大理岩、板岩、石灰岩、白云岩、钙质砂岩等	用爆破法开挖
	坚硬岩	未风化—微风化的花岗岩、闪长岩、辉绿岩、玄武岩、安山岩、片麻岩、石英岩、石英砂岩、硅质砾岩、硅质石灰岩等	用爆破法开挖

6)石方体积应按挖掘前的天然密实体积计算。非天然密实石方应按表5-7折算。

表5-7　石方体积折算系数表

石方类别	天然密实度体积	虚方体积	松填体积	码方
石方	1.0	1.54	1.31	

石方类别	天然密实度体积	虚方体积	松填体积	码方
块石	1.0	1.75	1.43	1.67
砂夹石	1.0	1.07	0.94	

注：本表按原建设部颁发《爆破工程消耗量定额》(GYD—102—2008)整理。

7)管沟石方项目适用于管道(给水排水、工业、电力、通信)、光(电)缆沟[包括人(手)孔、接口坑]及连接井(检查井)等。

3. 回填工程(编码：010103)

回填工程清单项目包括回填方、余方弃置。回填方适用于场地回填、室内回填和基础回填，并包括指定范围内的运输及借土回填的土方开挖。余方弃置是指施工场地内，挖方量多于填方量，多余的土需要外运弃置。

(1)工程量计算规则。余方弃置工程量按挖方清单项目工程量减去利用回填方体积(正数)计算；回填方工程量计算规则如下：

1)场地回填。回填面积乘以平均回填厚度。

2)室内回填。主墙间面积乘以回填厚度，不扣除间隔墙。

3)基础回填。按挖方清单项目工程量减去自然地坪以下埋设的基础体积(包括基础垫层及其他构筑物)。

(2)工程量计算规则相关说明。

1)填方密实度要求，在无特殊要求情况下，项目特征可描述为满足设计和规范的要求。

2)填方材料品种可以不描述，但应注明由投标人根据设计要求验方后方可填入，并符合相关工程的质量规范要求。

3)填方粒径要求，在无特殊要求情况下，项目特征可以不描述。

4)如需买土回填应在项目特征填方来源中描述，并注明买土方数量。

三、计算实例

【例 5-1】 某教学楼底层平面图如图 5-1 所示，土壤类别为三类土，弃土运距为 150 m，试计算平整场地工程量。

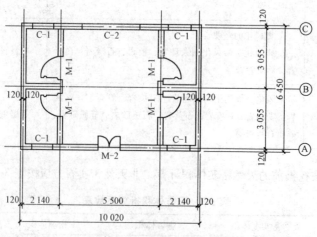

图 5-1 某教学楼底层平面图

【解】 平整场地工程量＝10.02×6.45＝64.63(m²)

【例5-2】 某沟槽开挖如图5-2所示,不放坡,不设工作面,土壤类别为二类土,试计算其工程量。

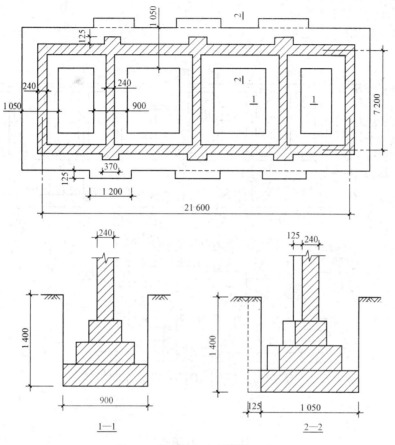

图5-2 挖地槽工程量计算示意

【解】 外墙地槽工程量＝1.05×1.4×(21.6＋7.2)×2＝84.67(m³)

内墙地槽工程量＝0.9×1.4×(7.2－1.05)×3＝23.25(m³)

附垛地槽工程量＝0.125×1.4×1.2×6＝1.26(m³)

合计＝84.67＋23.25＋1.26＝109.18(m³)

【例5-3】 工程基础开挖过程中出现淤泥、流砂现象,其设计尺寸长为4.0 m,宽为2.6 m,深为2.0 m,淤泥、流砂外运60 m,试计算其工程量。

【解】 挖淤泥、流砂工程量＝4.0×2.6×2.0＝20.8(m³)

【例5-4】 某管沟基槽如图5-3所示,管底垫层宽500 mm,深1 000 mm,管道长度为12 000 mm,试计算其工程量。

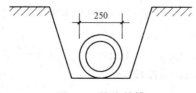

图5-3 管沟基槽

【解】 挖管沟石方工程量＝12 m

或挖管沟石方工程量＝$0.5×1×12=6(m^3)$

【例5-5】 某建筑物基础如图5-4所示。

(1)计算基础回填土工程量；

(2)计算室内回填土工程量。

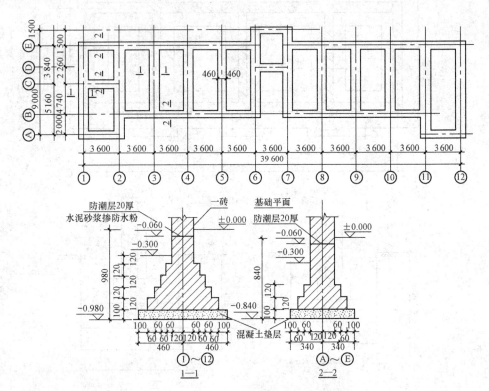

图5-4 某建筑物基础

【解】 (1)计算顺序可按轴线编号，从左至右及由上而下进行，但基础宽度相同者应合并。

①轴、⑫轴：室外地面至槽底的深度×槽宽×长＝$(0.98-0.3)×0.92×9×2=11.26(m^3)$

②轴、⑪轴：$(0.98-0.3)×0.92×(9-0.68)×2=10.41(m^3)$

③轴、④轴、⑤轴、⑧轴、⑨轴、⑩轴：$(0.98-0.3)×0.92×(7-0.68)×6=23.72(m^3)$

⑥轴、⑦轴：$(0.98-0.3)×0.92×(8.5-0.68)×2=9.78(m^3)$

圈码轴线：$(0.84-0.3)×0.68×[39.6×2+(3.6-0.92)]=30.07(m^3)$

挖地槽工程量＝$11.26+10.41+23.72+9.78+30.07=85.24(m^3)$

(2)应先计算混凝土垫层及砖基础的体积(计算长度和计算地槽的长度相同)，将挖地槽工程量减去此体积即得出基础回填土工程量。

剖面1—1：

混凝土垫层＝$[9×2+(9-0.68)×2+(7-0.68)×6+(8.5-0.68)×2]×0.1×0.92$

$\qquad =8.11(m^3)$

砖基础＝$[9×2+(9-0.24)×2+(7-0.24)×6+(8.5-0.24)×2]×(0.68-0.10+0.656)$

$(0.656$为大放脚折加高度$)×0.24=27.47(m^3)$

剖面2—2：

混凝土垫层=[39.6×2+(3.6-0.92)]×0.1×0.68=5.57(m³)

砖基础=[39.6×2+(3.6-0.24)]×(0.54-0.1+0.197)×0.24=12.62(m³)

∑混凝土垫层总和=8.11+5.57=13.68(m³)

∑砖基础总和=27.47+12.62=40.09(m³)

基槽回填土工程量=85.24-13.68-40.08=31.48(m³)

(3)根据图5-4逐间计算室内土体净面积,汇总后乘以填土厚度即得其工程量。

土体总净面积=[(5.16-0.24)×1+(3.84-0.24)×1+(7-0.24)×8+(3.76-0.24)×1+4.74+(9-0.24)]×(3.6-0.24)+(32.4-0.24)×(2-0.24)(0.24为走廊外侧挡土墙厚度)=324.12(m²)

室内回填土工程量=324.12×(0.3-0.085)(地面混凝土层厚度)=69.69(m³)

【例5-6】 计算图5-5所示建筑物的余方弃置工程量(机械挖土,三类土,放坡系数为1:0.33)。

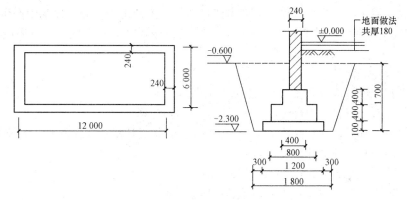

图5-5 某地槽

【解】 地槽挖土工程量=1.2×1.7×(12+6)×2=73.44(m³)

地槽回填土工程量=73.44-[1.2×0.1+0.8×0.4+0.4×0.4+0.24×(1.7-0.1-0.4×2)]×(12+6)×2=44.93(m³)

室内地面回填土工程量=(0.6-0.18)×(12-0.24)×(6-0.24)=28.45(m³)

余方弃置工程量=73.44-44.93-28.45=0.06(m³)

第二节 地基处理与边坡支护工程

一、主要内容

地基处理与边坡支护工程共分2部分28个清单项目,其中包括地基处理工程和基坑与边坡支护工程。

二、工程量计算规则及相关说明

1. 地基处理工程(编码：010201)

地基处理工程清单项目包括换填垫层、铺设土工合成材料、预压地基、强夯地基、振冲密实(不填料)、振冲桩(填料)、砂石桩、水泥粉煤灰碎石桩、深层搅拌桩、粉喷桩、夯实水泥土桩、高压喷射注浆桩、石灰桩、灰土(土)挤密桩、柱锤冲扩桩、注浆地基、褥垫层。

换填垫层是将基础底面下一定范围内的软弱土层挖去，然后分层填入质地坚硬、强度较高、性能较稳定、具有抗腐蚀性的砂、碎石、素土、灰土、粉煤灰及其他性能稳定和无侵蚀性的材料，并同时以人工或机械方法夯实(或振实)使之达到要求的密实度，成为良好的人工地基。

预压地基是指在原状土上加载，使土中水排出，以实现土的预先固结，减少建筑物地基后期沉降和提高地基承载力。

强夯法是反复将夯锤提到高处使其自由落下，给地基以冲击和振动能量，将地基土夯实的地基处理方法，属于夯实地基。强大的夯击能给地基一个冲击力，并在地基中产生冲击波，在冲击力作用下，夯锤对上部土体进行冲切，土体结构破坏，形成夯坑，并对周围土进行动力挤压。

(1)工程量计算规则。

1)换填垫层工程量按设计图示尺寸以体积计算。

2)铺设土工合成材料工程量按设计图示尺寸以面积计算。

3)预压地基、强夯地基、振冲密实(不填料)工程量按设计图示处理范围以面积计算。

4)振冲桩(填料)工程量计算规则如下：

①以"m"计量，按设计图示尺寸以桩长计算。

②以"m³"计量，按设计桩截面乘以桩长以体积计算。

5)砂石桩工程量计算规则如下：

①以"m"计量，按设计图示尺寸以桩长(包括桩尖)计算。

②以"m³"计量，按设计桩截面乘以桩长(包括桩尖)以体积计算。

6)水泥粉煤灰碎石桩、夯实水泥土桩、石灰桩、灰土(土)挤密桩工程量按设计图示尺寸以桩长(包括桩尖)计算。

7)深层搅拌桩、粉喷桩、高压喷射注浆桩、柱锤冲扩桩工程量按设计图示尺寸以桩长计算。

8)注浆地基工程量计算规则如下：

①以"m"计量，按设计图示尺寸以钻孔深度计算。

②以"m³"计量，按设计图示尺寸以加固体积计算。

9)褥垫层工程量计算规则如下：

①以"m²"计量，按设计图示尺寸以铺设面积计算。

②以"m³"计量，按设计图示尺寸以体积计算。

(2)工程量计算规则相关说明。

1)地层情况按表5-1和表5-6的规定，并根据岩土工程勘察报告按单位工程各地层所占比例(包括范围值)进行描述。对无法准确描述的地层情况，可注明由投标人根据岩土工程勘察报告自行决定报价。

2)项目特征中的桩长应包括桩尖，空桩长度＝孔深－桩长，孔深为自然地面至设计桩底的深度。

3)高压喷射注浆类型包括旋喷、摆喷、定喷，高压喷射注浆方法包括单管法、双重管法、三重管法。

4)如采用泥浆护壁成孔,工作内容包括土方、废泥浆外运;如采用沉管灌注成孔,工作内容包括桩尖的制作与安装。

2. 基坑与边坡支护工程(编码:010202)

基坑与边坡支护工程清单项目包括地下连续墙,咬合灌注桩,圆木桩,预制钢筋混凝土板桩、型钢桩,钢板桩,锚杆(锚索),土钉,喷射混凝土、水泥砂浆,钢筋混凝土支撑,钢支撑。

地下连续墙指在所定位置利用专用的挖槽机械和泥浆(又叫作稳定液、触变泥浆等)护壁,开挖至一定长度(一般为4~6 m,叫作单元槽段)的深槽后,插入钢筋笼,并在充满泥浆的深槽中用导管法浇筑混凝土(混凝土浇筑从槽底开始,逐渐向上,泥浆也就被它置换出来);最后,将这些槽段用特制的接头相互连接起来形成一道连续的现浇地下墙。

锚杆(锚索)支护是在边坡、岩土深基坑等地表工程及隧道、采场等地下硐室施工中采用的一种加固支护方式。用金属件、木件、聚合物件或其他材料制成杆柱,打入地表岩体或硐室周围岩体预先钻好的孔中,利用其头部、杆体的特殊构造和尾部托板(也可不用),或依赖于粘结作用将围岩与稳定岩体结合在一起而产生悬吊效果、组合梁效果、补强效果,以达到支护的目的。锚杆(锚索)支护具有成本低、支护效果好、操作简便、使用灵活、占用施工净空少等优点。

土钉支护是指在开挖边坡表面铺钢筋网喷射细石混凝土,并每隔一定距离埋设土钉,与边坡土体形成复合体,共同工作,从而有效提高边坡稳定的能力,增强土体破坏的岩性,变土体荷载为支护结构的一部分,对土体起到嵌固作用;对土坡进行加固,增加边坡支护锚固力,使基坑开挖后保持稳定。

(1)工程量计算规则。

1)地下连续墙工程量按设计图示墙中心线长乘以厚度乘以槽深以体积计算。

2)咬合灌注桩工程量计算规则有以下两点:

①以"m"计量,按设计图示尺寸以桩长计算。

②以"根"计量,按设计图示数量计算。

3)圆木桩、预制钢筋混凝土板桩工程量计算规则有以下两点:

①以"m"计量,按设计图示尺寸以桩长(包括桩尖)计算。

②以"根"计量,按设计图示数量计算。

4)型钢桩工程量计算规则有以下两点:

①以"t"计量,按设计图示尺寸以质量计算。

②以"根"计量,按设计图示数量计算。

5)钢板桩工程量计算规则有以下两点:

①以"t"计量,按设计图示尺寸以质量计算。

②以"m²"计量,按设计图示墙中心线长乘以桩长以面积计算。

6)锚杆(锚索)、土钉工程量计算规则有以下两点:

①以"m"计量,按设计图示尺寸以钻孔深度计算。

②以"根"计量,按设计图示数量计算。

7)喷射混凝土、水泥砂浆工程量按设计图示尺寸以面积计算。

8)钢筋混凝土支撑工程量按设计图示尺寸以体积计算。

9)钢支撑工程量按设计图示尺寸以质量计算。不扣除孔眼质量,焊条、铆钉、螺栓等不另增加质量。

(2)工程量计算规则相关说明。

1)地层情况按表 5-1 和表 5-6 的规定，并根据岩土工程勘察报告按单位工程各地层所占比例（包括范围值）进行描述。对无法准确描述的地层情况，可注明由投标人根据岩土工程勘察报告自行决定报价。

2)土钉置入方法包括钻孔置入、打入或射入等。

3)混凝土种类包括清水混凝土、彩色混凝土等，如在同一地区既使用预拌（商品）混凝土，又允许现场搅拌混凝土时，也应注明（下同）。

4)地下连续墙和喷射混凝土（砂浆）的钢筋网、咬合灌注桩的钢筋笼及钢筋混凝土支撑的钢筋制作、安装，按"13 计算规范"附录 E 中相关项目列项。本分部未列的基坑与边坡支护的排桩按"13 计算规范"附录 C 中相关项目列项。水泥土墙、坑内加固按"13 计算规范"表 B.1 中相关项目列项。砖、石挡土墙、护坡按"13 计算规范"附录 D 中相关项目列项。混凝土挡土墙按"13 计算规范"附录 E 中相关项目列项。

三、计算实例

【例 5-7】 某构筑物基础为满堂基础，基础垫层为无筋混凝土，长、宽方向的外边线尺寸为 8.04 m 和 5.64 m，垫层厚 20 cm，垫层顶面标高为 -4.550 m，室外地面标高为 0.650 m，地下常水水位标高为 -3.500 m，如图 5-6 所示，该处土壤类别为三类土，人工挖土。试计算换填垫层工程量。

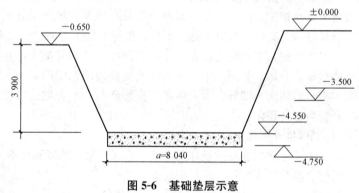

图 5-6 基础垫层示意

【解】 换填垫层工程量 $= 8.04 \times 5.64 \times 0.2 = 9.07 (\mathrm{m}^3)$

【例 5-8】 某工程采用预压地基，如图 5-7 所示，试计算其地基工程量。

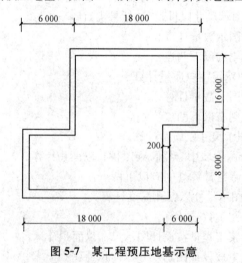

图 5-7 某工程预压地基示意

【解】 预压地基工程量 $= [(24+0.2) \times (24+0.2) - 6 \times 8 \times 2]$
$$= 489.64 (\mathrm{m}^2)$$

【例5-9】 如图5-8所示，实线范围为强夯地基范围。

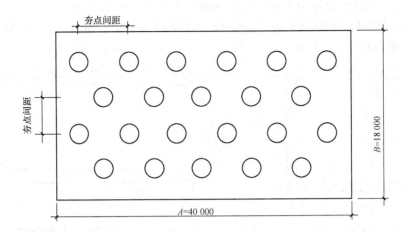

图5-8　地基强夯示意

(1)设计要求：不间隔夯击，设计击数8击，夯击能量为500 t·m，一遍夯击，求其工程量。

(2)设计要求：不间隔夯击，设计击数为10击，分两遍夯击，第一遍5击，第二遍5击，第二遍要求低锤满拍，设计夯击能量为400 t·m，求其工程量。

【解】 地基强夯的工程量计算如下：

(1)不间隔夯击，设计击数8击，夯击能量为500 t·m，一遍夯击的强夯工程量为
$$40\times18=720(m^2)$$

(2)不间隔夯击，设计击数为10击，分两遍夯击，第一遍5击，第二遍5击，第二遍要求低锤满拍，设计夯击能量为400 t·m的强夯工程量为
$$40\times18=720(m^2)$$

【例5-10】 如图5-9所示为砂石桩，二类土，桩长8 m，计算其工程量。

【解】 砂石桩工程量＝8 m
$$或砂石桩工程量=0.4\times0.4\times8=1.28(m^3)$$

【例5-11】 某工程基底为可塑黏土，不能满足设计承载力要求，采用水泥粉煤灰桩进行地基处理，桩顶采用300 mm厚人工配料石作为褥垫层，如图5-10所示，求褥垫层工程量。

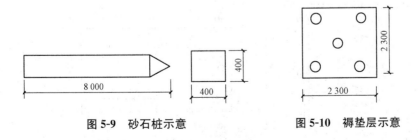

图5-9　砂石桩示意　　　　　图5-10　褥垫层示意

【解】 褥垫层工程量$=2.3\times2.3=5.29(m^2)$

$$或褥垫层工程量=2.3\times2.3\times0.3=1.59(m^3)$$

【例5-12】 图5-11为地下连续墙示意，已知槽深900 mm，墙厚240 mm，C30混凝土。试

计算该连续墙工程量。

【解】 地下连续墙工程量＝(3.0×2×2＋6.0×2)×0.24×0.9＝5.18(m³)

【例5-13】 某工程采用现浇混凝土连续墙，其平面图如图5-12所示，已知槽深8 m，槽宽900 mm。试计算该连续墙工程量。

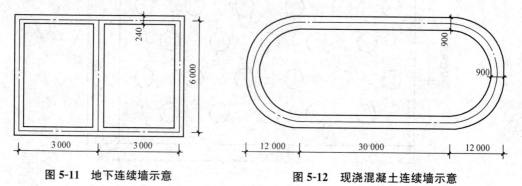

图5-11 地下连续墙示意   图5-12 现浇混凝土连续墙示意

【解】 连续墙工程量＝30×8×0.9×2＋3.14×(12＋9)/2×2×0.9×8＝906.77(m³)

【例5-14】 某预制钢筋混凝土板桩(图5-13)桩长6 m，共200根，计算预制钢筋混凝土板桩工程量。

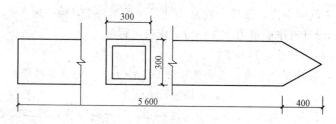

图5-13 预制钢筋混凝土板桩

【解】 预制钢筋混凝土板桩工程量＝6 m

或预制钢筋混凝土板桩工程量＝200 根

【例5-15】 如图5-14所示，某工程基坑立壁采用多锚支护，锚孔直径80 mm，深度2.5 m，锚杆送入钻孔后，灌注 M30 水泥砂浆，混凝土面板采用 C25 喷射混凝土。试求锚杆支护工程量。

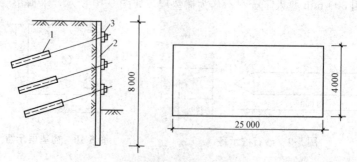

图5-14 某工程基坑立壁

1—土层锚杆；2—挡土灌注桩或地下连续墙；3—钢横梁(撑)

【解】 锚杆支护工程量＝2.5 m

或锚杆支护工程量＝3 根

【例 5-16】 如图 5-15 所示钢支撑示意，求其工程量。

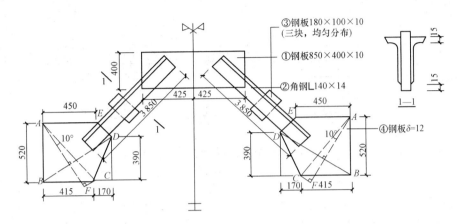

图 5-15　钢支撑示意

【解】　钢支撑工程量为

角钢（∟140×14）：3.85×2×2×29.5＝454.3(kg)

钢板（δ＝10）：0.85×0.4×78.5＝26.7(kg)

钢板（δ＝10）：0.18×0.1×3×2×78.5＝8.5(kg)

钢板（δ＝12）：(0.17＋0.415)×0.52×2×94.2＝0.585×0.52×2×94.2＝57.3(kg)

工程量合计：454.3＋26.7＋8.5＋57.3＝546.8(kg)＝0.547 t

第三节　桩基工程

一、主要内容

桩基工程共分 2 部分 1 个清单项目，其中包括打桩、灌注桩工程。

二、工程量计算规则及相关说明

1. 打桩（编码：010301）

打桩清单项目包括预制钢筋混凝土方桩、预制钢筋混凝土管桩、钢管桩、截(凿)桩头。

预制钢筋混凝土桩目前使用较多的有方桩和管桩两种，如图 5-16 所示。

(1)工程量计算规则。

1)预制钢筋混凝土方桩、预制钢筋混凝土管桩工程量计算规则如下：

①以"m"计量，按设计图示尺寸以桩长(包括桩尖)计算。

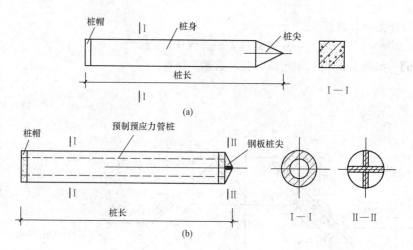

图 5-16　预制钢筋混凝土方桩、管桩

(a)方桩；(b)管桩

②以"m³"计量，按设计图示截面积乘以桩长(包括桩尖)以体积计算。

③以"根"计量，按设计图示数量计算。

2)钢管桩工程量计算规则如下：

①以"t"计量，按设计图示尺寸以质量计算。

②以"根"计量，按设计图示数量计算。

3)截(凿)桩头工程量计算规则如下：

①以"m³"计量，按设计桩截面积乘以桩头长度以体积计算。

②以"根"计量，按设计图示数量计算。

(2)工程量计算规则相关说明。

1)地层情况按表 5-1 和表 5-6 的规定，并根据岩土工程勘察报告按单位工程各地层所占比例(包括范围值)进行描述。对无法准确描述的地层情况，可注明由投标人根据岩土工程勘察报告自行决定报价。

2)项目特征中的桩截面、混凝土强度等级、桩类型等可直接用标准图代号或设计桩型进行描述。

3)预制钢筋混凝土方桩、预制钢筋混凝土管桩项目以成品桩编制，应包括成品桩购置费，如果用现场预制，应包括现场预制桩的所有费用。

4)打试验桩和打斜桩应按相应项目单独列项，并应在项目特征中注明试验桩或斜桩(斜率)。

5)截(凿)桩头项目适用于"13 计算规范"附录 B、附录 C 所列桩的截(凿)桩头。

6)预制钢筋混凝土管桩桩顶与承台的连接构造按"13 计算规范"附录 E 相关项目列项。

2. **灌注桩工程**(编码：010302)

灌注桩工程清单项目包括泥浆护壁成孔灌注桩、沉管灌注桩、干作业成孔灌注桩、挖孔桩土石方、人工挖孔灌注桩、钻孔压浆桩、灌注桩后压浆。

泥浆护壁成孔灌注桩是指在泥浆护壁条件下成孔，采用水下灌注混凝土的桩。其成孔方法包括冲击钻成孔、冲抓锥成孔、回旋钻成孔、潜水钻成孔、泥浆护壁的旋挖成孔等。

沉管灌注桩又称套管成孔灌注桩，是国内广泛采用的一种灌注桩。沉管灌注桩的沉管方法包括锤击沉管法、振动沉管法、振动冲击沉管法、内夯沉管法等。

干作业成孔灌注桩是指在不用泥浆护壁和套管护壁的情况下，用钻机成孔后，下钢筋笼，灌注混凝土的桩，适用于地下水水位以上的土层。其成孔方法包括螺旋钻成孔、螺旋钻成孔扩底、干作业的旋挖成孔等。

人工挖孔灌注桩(简称人工挖孔桩)是指桩孔采用人工挖掘方法进行成孔,然后安放钢筋笼,浇筑混凝土而成的桩。

(1)工程量计算规则。

1)泥浆护壁成孔灌注桩、沉管灌注桩、干作业成孔灌注桩工程量计算规则如下:

①以"m"计量,按设计图示尺寸以桩长(包括桩尖)计算。

②以"m³"计量,按不同截面在桩上范围内以体积计算。

③以"根"计量,按设计图示数量计算。

2)挖孔桩土石方工程量按设计图示尺寸(含护壁)截面积乘以挖孔深度以"m³"计算。

3)人工挖孔灌注桩工程量计算规则如下:

①以"m³"计量,按桩芯混凝土体积计算。

②以"根"计量,按设计图示数量计算。

4)钻孔压浆桩工程量计算规则如下:

①以"m"计量,按设计图示尺寸以桩长计算。

②以"根"计量,按设计图示数量计算。

5)灌注桩后压浆工程量按设计图示以注浆孔数计算。

(2)工程量计算规则相关说明。

1)地层情况按表5-1和表5-6的规定,并根据岩土工程勘察报告按单位工程各地层所占比例(包括范围值)进行描述。对无法准确描述的地层情况,可注明由投标人根据岩土工程勘察报告自行决定报价。

2)桩长应包括桩尖,空桩长度=孔深-桩长,孔深为自然地面至设计桩底的深度。

3)桩截面(桩径)、混凝土强度等级、桩类型可直接用标准图代号或设计桩型进行描述。

4)混凝土种类包括清水混凝土、彩色混凝土、水下混凝土等,如在同一地区既使用预拌(商品)混凝土,又允许现场搅拌混凝土时,也应注明。

5)混凝土灌注桩的钢筋笼制作、安装,按"13计算规范"附录E相关项目列项。

三、计算实例

【例5-17】 如图5-17所示为钢筋混凝土预制桩,共20根,试求打桩工程量(二类土)。

【解】 预制钢筋混凝土桩工程量=20根

或预制钢筋混凝土桩工程量=10+2=12(m)

或预制钢筋混凝土桩工程量=0.4×0.4×1.2=0.19(m³)

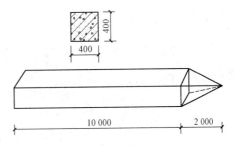

图5-17 钢筋混凝土预制桩示意

【例5-18】 某超高层住宅建筑工程采用钢管桩基础,共计195根,已知钢管桩外径为406.4 mm,壁厚12 mm,单根钢柱长15 m。试计算该钢管桩基础的工程量。

【解】 钢管桩工程量=195根

或钢管桩工程量=88.2×15×195=257 985(kg)=257.99(t)

【例5-19】 如图5-18所示,已知共有30根截(凿)桩头,求其工程量。

【解】 截(凿)桩头工程量=30根

或截(凿)桩头工程量=0.45×0.45×0.8=0.16(m³)

【例 5-20】 某工程采用旋挖成孔灌注桩施工，桩径为 1 200 mm，桩长为 30 m，共计 212 根，采用 6 mm 厚钢板护筒，试计算该灌注桩工程量。

【解】 灌注桩工程量＝212 根

或灌注桩工程量＝30×212＝6 360(m)

或灌注桩工程量＝$1.2^2×π×1/4×30×212＝7\,189.34(m^3)$

【例 5-21】 如图 5-19 所示，某工程为湿陷性黄土地基，采用冲击沉管挤密灌注粉煤灰混凝土短桩 820 根。试计算其工程量。

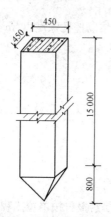

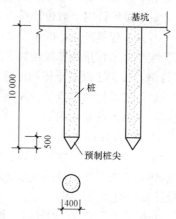

图 5-18　截(凿)桩头示意　　　　　　　　图 5-19　沉管灌注桩

【解】 沉管灌注桩工程量＝10×820＝8 200(m)

或沉管灌注桩工程量＝820 根

或沉管灌注桩工程量＝$0.4^2×π×1/4×10×820＝1\,029.92(m^3)$

【例 5-22】 如图 5-20 所示为干作业成孔灌注桩示意，已知土质为二类土，设计桩长 18 000 mm，共 80 根，求其工程量。

【解】 干作业成孔灌注桩工程量＝18 m

或干作业成孔灌注桩工程量＝$3.14×\left(\dfrac{0.45}{2}\right)^2×12×80＝152.60(m^3)$

或干作业成孔灌注桩工程量＝80 根

【例 5-23】 某工程挖孔桩如图 5-21 所示，$D=1\,000$ mm，$\dfrac{1}{4}$ 砖护壁，$L=28$ m，共 10 根，试计算人工挖孔灌注桩工程量。

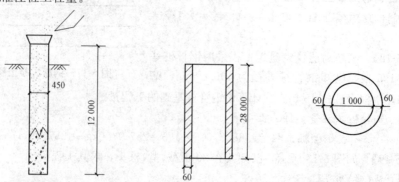

图 5-20　干作业成孔灌注桩示意　　　　　　图 5-21　挖孔桩

【解】 人工挖孔灌注桩工程量＝3.14×0.5²×28×10＝219.8（m³）

或人工挖孔灌注桩工程量＝10 根

【例 5-24】 某工程钻孔压浆灌注桩，桩长 35 m，共 230 根，注浆孔数共 87 个，计算钻孔压浆柱工程量。

【解】 钻孔压浆柱工程量＝35 m

或钻孔压浆柱工程量＝230 根

第四节　砌筑工程

一、主要内容

砌筑工程共分 4 部分 27 个清单项目，其中包括砖砌体工程、砌块砌体工程、石砌体工程、垫层、相关问题及说明。

二、工程量计算规则及相关说明

1. 砖砌体工程（编码：010401）

砖砌体工程清单项目包括砖基础，砖砌挖孔桩护壁，实心砖墙，多孔砖墙，空心砖墙，空斗墙，空花墙，填充墙，实心砖柱，多孔砖柱，砖检查井，零星砌砖，砖散水、地坪，砖地沟、明沟。

（1）工程量计算规则。

1）砖基础工程量按设计图示尺寸以体积计算，包括附墙垛基础宽出部分体积，扣除地梁（圈梁）、构造柱所占体积，不扣除基础大放脚 T 形接头处的重叠部分及嵌入基础内的钢筋、铁件、管道、基础砂浆防潮层和单个面积≤0.3 m² 的孔洞所占体积，靠墙暖气沟的挑檐不增加。

基础长度：外墙按外墙中心线，内墙按内墙净长线计算。

2）砖砌挖孔桩护壁工程量按设计图示尺寸以"m³"计算。

3）实心砖墙、多孔砖墙、空心砖墙工程量按设计图示尺寸以体积计算，扣除门窗洞口，嵌入墙内的钢筋混凝土柱、梁、圈梁、挑梁、过梁及凹进墙内的壁龛、管槽、暖气槽、消火栓箱所占体积，不扣除梁头、板头、檩头、垫木、木楞头、沿椽木、木砖、门窗走头、砖墙内加固钢筋、木筋、铁件、钢管及单个面积≤0.3 m² 的孔洞所占体积。凸出墙面的腰线、挑檐、压顶、窗台线、虎头砖、门窗套的体积也不增加。凸出墙面的砖垛并入墙体体积内计算。

①墙长度。外墙按中心线，内墙按净长计算。

②墙高度。

a. 外墙：斜（坡）屋面无檐口天棚者算至屋面板底；有屋架且室内外均有天棚者算至屋架下弦底另加 200 mm；无天棚者算至屋架下弦底另加 300 mm，出檐宽度超过 600 mm 时按实砌高度计算；与钢筋混凝土楼板隔层者算至板顶。平屋顶算至钢筋混凝土板底。

b. 内墙：位于屋架下弦者，算至屋架下弦底；无屋架者算至天棚底另加 100 mm；有钢筋混凝土楼板隔层者算至楼板顶；有框架梁时算至梁底。

c. 女儿墙：从屋面板上表面算至女儿墙顶面（如有混凝土压顶时算至压顶下表面）。

d. 内、外山墙：按其平均高度计算。

③框架间墙。不分内外墙按墙体净尺寸以体积计算。

④围墙。高度算至压顶上表面(如有混凝土压顶时算至压顶下表面)，围墙柱并入围墙体积内。

4)空斗墙工程量按设计图示尺寸以空斗墙外形体积计算，墙角、内外墙交接处、门窗洞口立边、窗台砖、屋檐处的实砌部分体积并入空斗墙体积内。

5)空花墙工程量按设计图示尺寸以空花部分外形体积计算，不扣除空洞部分体积。

6)填充墙工程量按设计图示尺寸以填充墙外形体积计算。

7)实心砖柱、多孔砖柱工程量按设计图示尺寸以体积计算，扣除混凝土及钢筋混凝土梁垫、梁头、板头所占体积。

8)砖检查井工程量按设计图示数量计算。

9)零星砌砖工程量计算规则如下：

①以"m³"计量，按设计图示尺寸截面积乘以长度计算。

②以"m²"计量，按设计图示尺寸水平投影面积计算。

③以"m"计量，按设计图示尺寸长度计算。

④以"个"计量，按设计图示数量计算。

10)砖散水、地坪工程量按设计图示尺寸以面积计算。

11)砖地沟、明沟工程量以"m"计量，按设计图示以中心线长度计算。

(2)工程量计算规则相关说明。

1)"砖基础"项目适用于各种类型的砖基础、柱基础、墙基础、管道基础等。

2)基础与墙(柱)身使用同一种材料时，以设计室内地面为界(有地下室者，以地下室室内设计地面为界)，以下为基础、以上为墙(柱)身。当基础与墙身使用不同材料，设计室内地面高度≤±300 mm时，以不同材料为分界线；高度>±300 mm时，以设计室内地面为分界线。

3)砖围墙以设计室外地坪为界，以下为基础，以上为墙身。

4)框架外表面的镶贴砖部分，按零星项目编码列项。

5)附墙烟囱、通风道、垃圾道应按设计图示尺寸以体积(扣除孔洞所占体积)计算并入所依附的墙体体积内。当设计规定孔洞内需抹灰时，应按"13计算规范"附录M中零星抹灰项目编码列项。

6)空斗墙的窗间墙、窗台下、楼板下、梁头下等的实砌部分，按零星砌砖项目编码列项。

7)"空花墙"项目适用于各种类型的空花墙，使用混凝土花格砌筑的空花墙，实砌墙体与混凝土花格应分别计算，混凝土花格按混凝土及钢筋混凝土中预制构件相关项目编码列项。

8)台阶、台阶挡墙、梯带、锅台、炉灶、蹲台、池槽、池槽腿、砖胎模、花台、花池、楼梯栏板、阳台栏板、地垄墙、≤0.3 m²的孔洞填塞等，应按零星砌砖项目编码列项。砖砌锅台与炉灶可按外形尺寸以"个"计算，砖砌台阶可按水平投影面积以"m²"计算，小便槽、地垄墙可按长度计算，其他工程以"m³"计算。

9)砖砌体内钢筋加固，应按"13计算规范"附录E中相关项目编码列项。

10)砖砌体勾缝按"13计算规范"附录M中相关项目编码列项。

11)检查井内的爬梯按"13计算规范"附录E中相关项目编码列项；井内的混凝土构件按"13计算规范"附录E中混凝土及钢筋混凝土预制构件编码列项。

12)如施工图设计标注做法见标准图集，应在项目特征描述中注明标准图集的编码、页号及节点大样。

2. 砌块砌体工程(编码:010402)

砌块砌体工程清单项目包括砌块墙、砌块柱。

(1)工程量计算规则。

1)砌块墙工程量按设计图示尺寸以体积计算,扣除门窗洞口,嵌入墙内的钢筋混凝土柱、梁、圈梁、挑梁、过梁及凹进墙内的壁龛、管槽、暖气槽、消火栓箱所占体积,不扣除梁头、板头、檩头、垫木、木楞头、沿椽木、木砖、门窗走头、砌块墙内加固钢筋、木筋、铁件、钢管及单个面积≤0.3 m²的孔洞所占体积。凸出墙面的腰线、挑檐、压顶、窗台线、虎头砖、门窗套的体积也不增加。凸出墙面的砖垛并入墙体体积内计算。

①墙长度:外墙按中心线,内墙按净长计算。

②墙高度。

a. 外墙:斜(坡)屋面无檐口天棚者算至屋面板底;有屋架且室内外均有天棚者算至屋架下弦底另加 200 mm;无天棚者算至屋架下弦底另加 300 mm,出檐宽度超过 600 mm 时按实砌高度计算;与钢筋混凝土楼板隔层者算至板顶。平屋面算至钢筋混凝土板底。

b. 内墙:位于屋架下弦者,算至屋架下弦;无屋架者算至天棚底另加 100 mm;有钢筋混凝土楼板隔层者算至楼板顶;有框架梁时算至梁底。

c. 女儿墙:从屋面板上表面算至女儿墙顶面(如有混凝土压顶时算至压顶下表面)。

d. 内、外山墙:按其平均高度计算。

③框架间墙。不分内外墙按墙体净尺寸以体积计算。

④围墙。高度算至压顶上表面(如有混凝土压顶时算至压顶下表面),围墙柱并入围墙体积内。

2)砌块柱工程量按设计图示尺寸以体积计算,扣除混凝土及钢筋混凝土梁垫、梁头、板头所占体积。

(2)工程量计算规则相关说明。

1)砌体内加筋、墙体拉结的制作、安装,应按"13 计算规范"附录 E 中相关项目编码列项。

2)砌块排列应上、下错缝搭砌,如果搭错缝长度满足不了规定的压搭要求,应采取压砌钢筋网片的措施,具体构造要求按设计规定。若设计无规定,应注明由投标人根据工程实际情况自行考虑;钢筋网片按"13 计算规范"附录 F 相应编码列项。

3)当砌体垂直灰缝宽>30 mm 时,采用 C20 细石混凝土灌实。灌注的混凝土应按"13 计算规范"附录 E 相关项目编码列项。

3. 石砌体工程(编码:010403)

石砌体工程清单项目包括石基础,石勒脚,石墙,石挡土墙,石柱,石栏杆,石护坡,石台阶,石坡道,石地沟、明沟。

(1)工程量计算规则。

1)石基础工程量按设计图示尺寸以体积计算,包括附墙垛基础宽出部分体积,不扣除基础砂浆防潮层及单个面积≤0.3 m²的孔洞所占体积,靠墙暖气沟的挑檐不增加体积。基础长度:外墙按中心线,内墙按净长计算。

2)石勒脚工程量按设计图示尺寸以体积计算,扣除单个面积>0.3 m²的孔洞所占体积。

3)石墙工程量按设计图示尺寸以体积计算。扣除门窗洞口,嵌入墙内的钢筋混凝土柱、梁、圈梁、挑梁、过梁及凹进墙内的壁龛、管槽、暖气槽、消火栓箱所占体积,不扣除梁头、板头、檩头、垫木、木楞头、沿椽木、木砖、门窗走头、石墙内加固钢筋、木筋、铁件、钢管及单个面积≤0.3 m²的孔洞所占体积。凸出墙面的腰线、挑檐、压顶、窗台线、虎头砖、门窗套的体积也不增加。凸出墙面的砖垛并入墙体体积内计算。

①墙长度：外墙按中心线，内墙按净长计算。

②墙高度。

a. 外墙：斜(坡)屋面无檐口天棚者算至屋面板底；有屋架且室内外均有天棚者算至屋架下弦底另加 200 mm；无天棚者算至屋架下弦底另加 300 mm，出檐宽度超过 600 mm 时按实砌高度计算；有钢筋混凝土楼板隔层者算至板顶。平屋顶算至钢筋混凝土板底。

b. 内墙：位于屋架下弦者，算至屋架下弦底；无屋架者算至天棚底另加 100 mm；有钢筋混凝土楼板隔层者算至楼板顶；有框架梁时算至梁底。

c. 女儿墙：从屋面板上表面算至女儿墙顶面(如有混凝土压顶时算至压顶下表面)。

d. 内、外山墙：按其平均高度计算。

③围墙：高度算至压顶上表面(如有混凝土压顶时算至压顶下表面)，围墙柱并入围墙体积内。

4)石挡土墙、石柱工程量按设计图示以体积计算。

5)石栏杆工程量按设计图示以长度计算。

6)石护坡、石台阶工程量按设计图示尺寸以体积计算。

7)石坡道工程量按设计图示以水平投影面积计算。

8)石地沟、明沟工程量按设计图示中心线长度计算。

(2)工程量计算规则相关说明。

1)石基础、石勒脚、石墙的划分：基础与勒脚应以设计室外地坪为界，勒脚与墙身应以设计室内地面为界。石围墙内外地坪标高不同时，应以较低地坪标高为界，以下为基础；内外标高之差为挡土墙时，挡土墙以上为墙身。

2)"石基础"项目适用于各种规格(粗料石、细料石等)、各种材质(砂石、青石等)和各种类型(柱基、墙基、直形、弧形等)基础。

3)"石勒脚""石墙"项目适用于各种规格(粗料石、细料石等)、各种材质(砂石、青石、大理石、花岗石等)和各种类型(直形、弧形等)的勒脚和墙体。

4)"石挡土墙"项目适用于各种规格(粗料石、细料石、块石、毛石、卵石等)、各种材质(砂石、青石、石灰石等)和各种类型(直形、弧形、台阶形等)的挡土墙。

5)"石柱"项目适用于各种规格、各种石质、各种类型的石柱。

6)"石栏杆"项目适用于无雕饰的一般石栏杆。

7)"石护坡"项目适用于各种石质和各种石料(粗料石、细料石、片石、块石、毛石、卵石等)的护坡。

8)"石台阶"项目包括石梯带(垂带)，不包括石梯膀，石梯膀应按"13 计算规范"附录 C 石挡土墙项目编码列项。

9)如施工图设计标注做法见标准图集，应在项目特征描述中注明标准图集的编码、页号及节点大样。

4. 垫层(编码：010404)

(1)工程量计算规则。垫层工程量按设计图示尺寸以"m³"计算。

(2)工程量计算规则相关说明。除混凝土垫层按"13 计算规范"附录 E 中相关项目编码外，没有包括垫层要求的清单项目应按此垫层编码列项。

三、计算实例

【例 5-25】 设一砖墙基础，长 120 m，厚 365 mm$\left(1\dfrac{1}{2}砖\right)$，每隔 10 m 设有附墙砖垛。墙垛

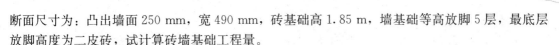

断面尺寸为：凸出墙面 250 mm，宽 490 mm，砖基础高 1.85 m，墙基础等高放脚 5 层，最底层放脚高度为二皮砖，试计算砖墙基础工程量。

【解】 (1)条形墙基工程量：按有关资料大放脚增加断面面积为 0.236 3 m²，则

墙基体积$=120\times(0.365\times1.85+0.236\ 3)=109.386(\text{m}^3)$

(2)垛基工程量：按题意，垛数 $n=13$ 个，$d=0.25$ m，则

垛基体积$=(0.49\times1.85+0.236\ 3)\times0.25\times13=3.714(\text{m}^3)$

或查表计算垛基工程量：

$(0.122\ 5\times1.85+0.059)\times13=3.713(\text{m}^3)$

(3)砖墙基础工程量：

$V=109.386+3.714=113.1(\text{m}^3)$

【例 5-26】 某单层建筑物如图 5-22、图 5-23 所示，墙身为 M5.0 混合砂浆砌筑 MU7.5 标准烧结普通砖，内外墙厚均为 240 mm，外墙瓷砖贴面，GZ 从基础圈梁到女儿墙顶，门窗洞口上全部采用预制钢筋混凝土过梁。M1，1 500 mm×2 700 mm；M2，1 000 mm×2 700 mm；C1，1 800 mm×1 800 mm；C2，1 500 mm×1 800 mm。试计算该工程砖砌体的工程量。

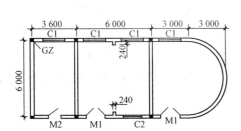

图 5-22 某单层建筑物平面图

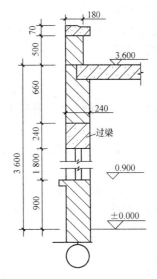

图 5-23 某单层建筑物墙上节点详图

【解】 实心砖墙的工程数量计算公式：

外墙：$V_{外}=(H_{外}\cdot L_{中}-F_{洞})\cdot b+V_{增减}$

内墙：$V_{内}=(H_{内}\cdot L_{净}-F_{洞})\cdot b+V_{增减}$

女儿墙：$V_{女}=H_{女}\cdot L_{中}\cdot b+V_{增减}$

砖围墙：高度算至压顶上表面(如有混凝土压顶时算至压顶下表面)，围墙柱并入围墙体积内计算。

则实心砖墙的工程数量计算如下：

(1)240 mm 厚，3.6 m 高，M5.0 混合砂浆砌筑 MU7.5 标准烧结普通砖，原浆勾缝外墙工程数量：

$H_{外}=3.6$ m

$L_{中}=6+(3.6+9)\times2+3.14\times3-0.24\times6+0.24\times2=39.66(\text{m})$

应扣除门窗、洞口工程数量：

$F_{洞}=1.5\times2.7\times2+1\times2.7\times1+1.8\times1.8\times4+1.5\times1.8\times1=26.46(\text{m}^2)$

应扣除钢筋混凝土过梁体积：

$V=[(1.5+0.5)\times2+(1.0+0.5)\times1+(1.8+0.5)\times4+(1.5+0.5)\times1]\times0.24\times0.24=0.96(\text{m}^3)$

工程量：$V=(3.6\times39.66-26.46)\times0.24-0.96=26.96(\text{m}^3)$

其中，弧形墙工程量 $=3.6\times3.14\times3\times0.24=8.14(\text{m}^3)$

(2)240 mm 厚，3.6 m 高，M5.0 混合砂浆砌筑 MU7.5 标准烧结普通砖，原浆勾缝内墙工程数量：

$H_{内}=3.6\ \text{m}$，$L_{净}=(6-0.24)\times2=11.52(\text{m})$

工程量：$V=3.6\times11.52\times0.24=9.95(\text{m}^3)$

(3)180 mm 厚，0.5 m 高，M5.0 混合砂浆砌筑 MU7.5 标准烧结普通砖，原浆勾缝女儿墙工程数量：

$H=0.5\ \text{m}$

$L_{中}=6.06+(3.63+9)\times2+3.14\times3.03-0.24\times6=39.39(\text{m})$

工程量：$V=0.5\times39.39\times0.18=3.55(\text{m}^3)$

【例 5-27】 某三斗一眠空斗墙如图 5-24 所示，试求其工程量。

【解】 空斗墙工程量 $V=0.24\times20.00\times1.80=8.64(\text{m}^3)$

【例 5-28】 某宿舍楼铺设室外排水管道 80 m(净长度)，陶土管径 $\phi250$，水泥砂浆接口，管底铺黄砂垫层，砖砌圆形检查井($S231$，$\phi700$)无地下水，井深 1.5 m，共 10 个，计算室外排水系统项目砖检查井工程量。

【解】 $S231$，$\phi700$ 砖检查井工程量 $=10$ 座

【例 5-29】 如图 5-25 所示，已知砖砌烟道长为 20 m，求其工程量。

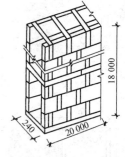

图 5-24 某三斗一眠空斗墙示意

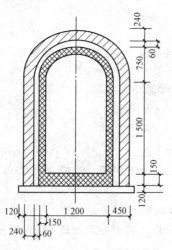

图 5-25 砖砌烟道示意

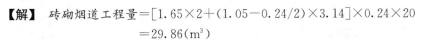

【解】 砖砌烟道工程量=[1.65×2+(1.05−0.24/2)×3.14]×0.24×20
$$=29.86(m^3)$$

或砖砌烟道工程量=20 m

或砖砌烟道工程量=1 个

【例5-30】 如图5-26所示砌块墙,已知外墙厚250 mm,内墙厚200 mm,墙高3.6 m,门窗和过梁尺寸见表5-8。试计算砌块墙工程量。

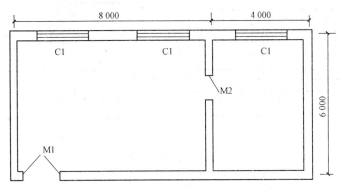

图 5-26　砌块墙示意

表 5-8　门窗和过梁尺寸

门窗编号	尺寸/(mm×mm)	过梁	尺寸/(mm×mm×mm)
M1	1 200×2 400	MGL—1	1 700×120×250
M2	1 000×2 400	MGL—2	1 500×120×250
C1	1 800×2 100	CGL—1	2 300×120×250

【解】 外墙长度 $L_{外}$=(6.0+8.0+4.0)×2=36(m)

内墙长度 $L_{内}$=6.0−0.24=5.76(m)

外墙工程量=(36×3.6−1.8×2.1×3−1.2×2.4−1.7×0.12−2.3×0.12×3)×0.25
$$=28.59(m^3)$$

内墙工程量=(5.76×3.6−1.0×2.4−1.5×0.12)×0.25
$$=4.54(m^3)$$

砌块墙工程量=28.59+4.54=33.13(m^3)

【例5-31】 如图5-27所示的砌块柱共20个,试求其工程量。

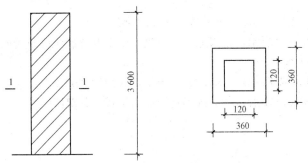

图 5-27　砌块柱

【解】 砌块柱工程量＝(0.36×0.36－0.12×0.12)×3.6×20
　　　　　　　＝8.29(m³)

【例 5-32】 求如图 5-28 所示毛石基础的工程量。

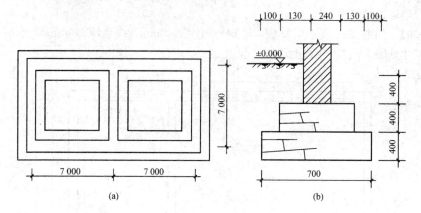

(a)　　　　　　　　(b)

图 5-28　毛石基础示意

(a)毛石基础平面示意；(b)毛石基础剖面示意

【解】 毛石基础工程量＝毛石基础断面面积×(外墙中心线长度＋内墙净长度)
　　　　　　　＝(0.7×0.4＋0.5×0.4)×[(14＋7)×2＋7－0.24]
　　　　　　　＝23.40(m³)

【例 5-33】 求如图 5-29 所示石勒脚的工程量。

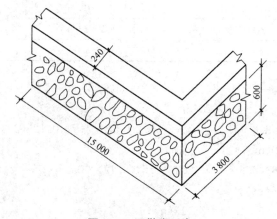

图 5-29　石勒脚示意

【解】 石勒脚工程量＝(15＋3.8)×0.6×0.24＝2.71(m³)

【例 5-34】 如图 5-30 所示，某挡土墙工程用 M2.5 混合砂浆砌筑毛石，原浆勾缝，长度为 200 m，求石挡土墙工程量。

【解】 石挡土墙工程量＝(0.5＋1.2)×3÷2×200＝510.00(m³)

【例 5-35】 求如图 5-31 所示普通行车石坡道工程量，已知坡度为 1∶7。

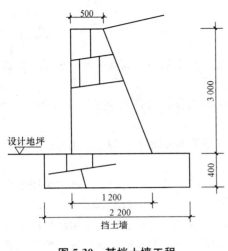

图 5-30　某挡土墙工程

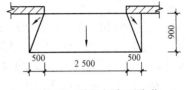

图 5-31　普通行车石坡道

【解】　石坡道工程量=$(2.5+0.5×2)×0.9=3.15(\text{m}^2)$

【例 5-36】　欲在如图 5-32 所示建筑物的四周砌石地沟，试求石地沟工程量。

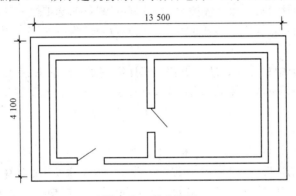

图 5-32　某建筑图

【解】　石地沟工程量=$(13.5+4.1)×2=35.2(\text{m})$

第五节　混凝土及钢筋混凝土工程

一、主要内容

混凝土及钢筋混凝土工程共分 16 部分 76 个清单项目，其中包括现浇混凝土基础，现浇混凝土柱，现浇混凝土梁，现浇混凝土墙，现浇混凝土板，现浇混凝土楼梯，现浇混凝土其他构件，后浇带，预制混凝土柱，预制混凝土梁，预制混凝土屋架，预制混凝土板，预制混凝土楼梯，其他预制构件，钢筋工程，螺栓、预埋铁件。

二、工程量计算规则及相关说明

1. 现浇混凝土基础(编码：010501)

现浇混凝土基础清单项目包括垫层、带形基础、独立基础、满堂基础、桩承台基础、设备基础。

(1)工程量计算规则。现浇混凝土基础工程量按设计图示以体积计算，不扣除伸入承台基础的桩头所占体积。

带形基础又称为条形基础，是指当建筑物上部结构采用墙承重时，基础沿墙身设置，多做成长条形的基础。

当建筑物上部结构为梁、柱构成的框架、排架或其他类似结构时，下部常采用方形或矩形的独立基础，也称为柱式基础。其优点是减少土方工程量，节约基础材料。

满堂基础又称为筏形基础，当建筑物上部荷载大而地基又软弱时，采用简单的条形基础或独立基础已不能适应地基变形的需要，这时通常将墙下或柱下基础连成一片，使建筑物的荷载承受在一块整板上。

(2)工程量计算规则相关说明。

1)有肋带形基础、无肋带形基础应按现浇混凝土基础相关项目列项，并注明肋高。

2)箱式满堂基础中柱、梁、墙、板按"13计算规范"附录E表E.2、表E.3、表E.4、表E.5相关项目分别编码列项；箱式满堂基础底板按"13计算规范"附录E表E.1的满堂基础项目编码列项。

3)框架式设备基础中柱、梁、墙、板按"13计算规范"附录E表E.2、表E.3、表E.4、表E.5相关项目分别编码列项；基础部分按"13计算规范"附录表E.1相关项目编码列项。

4)如为毛石混凝土基础，项目特征应描述毛石所占比例。

2. 现浇混凝土柱(编码：010502)

现浇混凝土柱清单项目包括矩形柱、构造柱、异形柱。

(1)工程量计算规则。现浇混凝土柱工程量按设计图示尺寸以体积计算。

1)有梁板的柱高，应以柱基上表面(或楼板上表面)至上一层楼板上表面之间的高度计算。

2)无梁板的柱高，应以柱基上表面(或楼板上表面)至柱帽下表面之间的高度计算。

3)框架柱的柱高，应以柱基上表面至柱顶高度计算。

4)构造柱按全高计算，嵌接墙体部分(马牙槎)并入柱身体积。

5)依附柱上的牛腿和升板的柱帽，并入柱身体积计算。

(2)工程量计算规则相关说明。混凝土的种类有清水混凝土、彩色混凝土等，如在同一地区既使用预拌(商品)混凝土，又允许现场搅拌混凝土时，也应注明(下同)。

3. 现浇混凝土梁(编码：010503)

现浇混凝土梁清单项目包括基础梁，矩形梁，异形梁，圈梁，过梁，弧形、拱形梁。

工程量计算规则：现浇混凝土梁工程量按设计图示尺寸以体积计算。伸入墙内的梁头、梁垫并入梁体积内。

梁长计算应注意以下两点：

(1)梁与柱连接时，梁长算至柱侧面。

(2)主梁与次梁连接时，次梁长算至主梁侧面。

4. 现浇混凝土墙(编码：010504)

现浇混凝土墙清单项目包括直形墙、弧形墙、短肢剪力墙、挡土墙。

(1)工程量计算规则。现浇混凝土墙工程量按设计图示尺寸以体积计算，扣除门窗洞口及单个面积>0.3 m²的孔洞所占体积，墙垛及凸出墙面部分并入墙体体积内计算。

(2)工程量计算规则相关说明。短肢剪力墙是指截面厚度不大于300 mm、各肢截面高度与厚度之比的最大值大于4但不大于8的剪力墙；各肢截面高度与厚度之比的最大值不大于4的剪力墙按柱项目编码列项。

5. 现浇混凝土板(编码：010505)

现浇混凝土板清单项目包括有梁板、无梁板、平板、拱板、薄壳板、栏板、天沟(檐沟)、挑檐板、雨篷、悬挑板、阳台板、空心板、其他板。

(1)工程量计算规则。

1)有梁板、无梁板、平板、拱板、薄壳板、栏板工程量按设计图示尺寸以体积计算，不扣除单个面积≤0.3 m²的柱、垛以及孔洞所占体积。

压型钢板混凝土楼板扣除构件内压型钢板所占体积，有梁板(包括主、次梁与板)按梁、板体积之和计算，无梁板按板和柱帽体积之和计算，各类板伸入墙内的板头并入板体积内，薄壳板的肋、基梁并入薄壳体积内计算。

2)天沟(檐沟)、挑檐板工程量按设计图示尺寸以体积计算。

3)雨篷、悬挑板、阳台板工程量按设计图示尺寸以墙外部分体积计算，包括伸出墙外的牛腿和雨篷反挑檐的体积。

4)空心板工程量按设计图示尺寸以体积计算。空心板(GBF高强薄壁蜂巢芯板等)应扣除空心部分体积。

5)其他板工程量按设计图示尺寸以体积计算。

(2)工程量计算规则相关说明。现浇挑檐、天沟板、雨篷、阳台与板(包括屋面板、楼板)连接时，以外墙外边线为分界线；与圈梁(包括其他梁)连接时，以梁外边线为分界线。外边线以外为挑檐、天沟、雨篷或阳台。

6. 现浇混凝土楼梯(编码：010506)

现浇混凝土楼梯清单项目包括直形楼梯和弧形楼梯。

(1)工程量计算规则。

1)以"m²"计量，按设计图示尺寸以水平投影面积计算，不扣除宽度≤500 mm的楼梯井，伸入墙内部分不计算。

2)以"m³"计量，按设计图示尺寸以体积计算。

(2)工程量计算规则相关说明。整体楼梯(包括直形楼梯、弧形楼梯)水平投影面积包括休息平台、平台梁、斜梁和楼梯的连接梁。当整体楼梯与现浇楼板无梯梁连接时，以楼梯的最后一个踏步边缘加300 mm为界。

7. 现浇混凝土其他构件(编码：010507)

现浇混凝土其他构件清单项目包括散水、坡道、室外地坪，电缆沟、地沟，台阶，扶手、压顶，化粪池，检查井，其他构件。

(1)工程量计算规则。

1)散水、坡道、室外地坪工程量按设计图示尺寸以水平投影面积计算，不扣除单个面积≤0.3 m²的孔洞所占面积。

2)电缆沟、地沟工程量按设计图示以中心线长度计算。

3)台阶工程量计算规则如下：

①以"m²"计量，按设计图示尺寸以水平投影面积计算。

②以"m³"计量,按设计图示尺寸以体积计算。

4)扶手、压顶工程量计算规则如下:

①以"m"计量,按设计图示的中心线延长米计算。

②以"m³"计量,按设计图示尺寸以体积计算。

5)化粪池、检查井,其他构件工程量计算规则如下:

①以"m³"计量,按设计图示尺寸以体积计算。

②以"座"计量,按设计图示数量计算。

(2)工程量计算规则相关说明。

1)现浇混凝土小型池槽、垫块、门框等,应按"13计算规范"附录E表E.7中其他构件项目编码列项。

2)架空式混凝土台阶,按现浇楼梯计算。

8.后浇带(编码:010508)

后浇带是指在结构规定位置预留的后浇灌混凝土的空隙。这是一种减少建筑物变形缝,提高房屋整体性的施工措施。为避免由于混凝土收缩或地基不均匀沉降引起建筑物损害,往往需要设置伸缩缝或沉降缝,如在结构适当的位置预留一定宽度的空隙,在混凝土收缩基本完成或结构沉降基本稳定后再浇灌混凝土,则可以减少伸缩缝或沉降缝,提高房屋的整体性,从而利于抗震。

工程量计算规则:后浇带工程量按设计图示尺寸以体积计算。

9.预制混凝土柱(编码:010509)

预制混凝土柱清单项目包括矩形柱、异形柱。

(1)工程量计算规则。

1)以"m³"计量,按设计图示尺寸以体积计算。

2)以"根"计量,按设计图示数量计算。

(2)工程量计算规则相关说明。以根计量,必须描述单件体积。

10.预制混凝土梁(编码:010510)

预制混凝土梁清单项目包括矩形梁、异形梁、过梁、拱形梁、鱼腹式吊车梁、其他梁。

(1)工程量计算规则。

1)以"m³"计量,按设计图示尺寸以体积计算。

2)以"根"计量,按设计图示数量计算。

(2)工程量计算规则相关说明。以根计量,必须描述单件体积。

11.预制混凝土屋架(编码:010511)

屋架是屋盖结构的主要承重构件,直接承受屋面荷载,有的还要承受起重机、天窗架、管道或生产设备等的荷载。预制混凝土屋架清单项目包括折线形、组合、薄腹、门式刚架、天窗架。

(1)工程量计算规则。

1)以"m³"计量,按设计图示尺寸以体积计算。

2)以"榀"计量,按设计图示数量计算。

(2)工程量计算规则相关说明。以"榀"计量,必须描述单件体积。三角形屋架按"13计算规范"附录E表E.11中折线形屋架项目编码列项。

12.预制混凝土板(编码:010512)

预制混凝土板清单项目包括平板、空心板、槽形板、网架板、折线板、带肋板、大型板,沟盖板、井盖板、井圈。

（1）工程量计算规则。

1）平板、空心板、槽形板、网架板、折线板、带肋板、大型板工程量计算规则如下：

①以"m³"计量，按设计图示尺寸以体积计算，不扣除单个面积≤300 mm×300 mm的孔洞所占体积，扣除空心板空洞体积。

②以"块"计量，按设计图示数量计算。

2）沟盖板、井盖板、井圈工程量计算规则如下：

①以"m³"计量，按设计图示尺寸以体积计算。

②以"块"计量，按设计图示数量计算。

（2）工程量计算规则相关说明。

1）以"块"计量，必须描述单件体积。

2）不带肋的预制遮阳板、雨篷板、挑檐板、栏板等应按"13计算规范"附录E表E.12中平板项目编码列项。

3）预制F形板、双T形板、单肋板和带反挑檐的雨篷板、挑檐板、遮阳板等应按带肋板项目编码列项。

4）预制大型墙板、大型楼板、大型屋面板等，按"13计算规范"附录E表E.12中大型板项目编码列项。

13. **预制混凝土楼梯**（编码：010513）

（1）工程量计算规则。

1）以"m³"计量，按设计图示尺寸以体积计算，扣除空心踏步板空洞体积。

2）以"段"计量，按设计图示数量计算。

（2）工程量计算规则相关说明。以"块"计量，必须描述单件体积。

14. **其他预制构件**（编码：010514）

其他预制构件清单项目包括垃圾道、通风道、烟道、其他构件。

（1）工程量计算规则。

1）以"m³"计量，按设计图示尺寸以体积计算，不扣除单个面积≤300 mm×300 mm的孔洞所占体积，扣除烟道、垃圾道、通风道的孔洞所占体积。

2）以"m²"计量，按设计图示尺寸以面积计算，不扣除单个面积≤300 mm×300 mm的孔洞所占面积。

3）以"根"计量，按设计图示数量计算。

（2）工程量计算规则相关说明。

1）以"块""根"计量，必须描述单件体积。

2）预制钢筋混凝土小型池槽、压顶、扶手、垫块、隔热板、花格等，按"13计算规范"附录E表E.14中其他构件项目编码列项。

15. **钢筋工程**（编码：010515）

钢筋工程清单项目包括现浇构件钢筋、预制构件钢筋、钢筋网片、钢筋笼、先张法预应力钢筋、后张法预应力钢筋、预应力钢丝、预应力钢绞线、支撑钢筋(铁马)、声测管。

（1）工程量计算规则。

1）现浇构件钢筋、预制构件钢筋、钢筋网片、钢筋笼工程量按设计图示钢筋(网)长度(面积)乘以单位理论质量计算。

2）先张法预应力钢筋工程量按设计图示钢筋长度乘以单位理论质量计算。

3）后张法预应力钢筋、预应力钢丝、预应力钢绞线工程量按设计图示钢筋(丝束、绞线)长度乘以单位理论质量计算。

①低合金钢筋两端均采用螺杆锚具时，钢筋长度按孔道长度减去 0.35 m 计算，螺杆另行计算。

②低合金钢筋一端采用镦头插片，另一端采用螺杆锚具时，钢筋长度按孔道长度计算，螺杆另行计算。

③低合金钢筋一端采用镦头插片，另一端采用帮条锚具时，钢筋长度增加0.15 m 计算；两端均采用帮条锚具时，钢筋长度按孔道长度增加 0.3 m 计算。

④低合金钢筋采用后张混凝土自锚时，钢筋长度按孔道长度增加 0.35 m 计算。

⑤低合金钢筋(钢绞线)采用 JM、XM、QM 型锚具，孔道长度≤20 m 时，钢筋长度增加 1 m 计算；当孔道长度＞20 m 时，钢筋长度增加 1.8 m 计算。

⑥碳素钢丝采用锥形锚具，孔道长度≤20 m 时，钢丝束长度按孔道长度增加 1 m 计算；孔道长度＞20 m 时，钢丝束长度按孔道长度增加 1.8 m 计算。

⑦碳素钢丝采用镦头锚具时，钢丝束长度按孔道长度增加 0.35 m 计算。

4）支撑钢筋(铁马)工程量按钢筋长度乘以单位理论质量计算。

5）声测管工程量按设计图示尺寸以质量计算。

（2）工程量计算规则相关说明。

1）现浇构件中伸出构件的锚固钢筋应并入钢筋工程量内。除设计(包括规范规定)标明的搭接外，其他施工搭接不计算工程量，在综合单价中综合考虑。

2）现浇构件中固定位置的支撑钢筋、双层钢筋用的"铁马"在编制工程量清单时，如果设计未明确，其工程数量可为暂估量，结算时按现场签证数量计算。

16. 螺栓、预埋铁件(编码：010516)

螺栓、预埋铁件清单项目包括螺栓、预埋铁件、机械连接。

（1）工程量计算规则。螺栓、预埋铁件工程量按设计图示尺寸以质量计算，机械连接工程量按数量计算。

（2）工程量计算规则相关说明。编制工程量清单时，如果设计未明确，其工程数量可为暂估量，实际工程量按现场签证数量计算。

三、计算实例

【例 5-37】 某现浇钢筋混凝土带形基础尺寸如图 5-33 所示。计算现浇钢筋混凝土带形基础工程量。

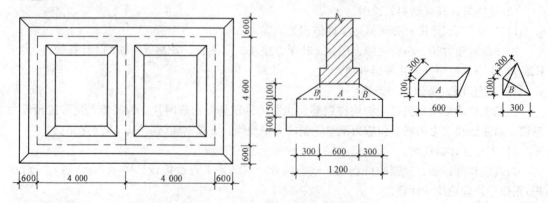

图 5-33 某现浇钢筋混凝土带形基础

【解】 现浇钢筋混凝土带形基础工程量＝[(8.00＋4.60)×2＋4.60－1.20]×(1.20×0.15＋0.90×0.10)＋0.60×0.30×0.10(A 折合体积)＋0.30×0.10÷2×0.30÷3×4(B 体积)＝7.75(m³)

【例 5-38】 求如图 5-34 所示某现浇钢筋混凝土独立基础工程量。

【解】 现浇钢筋混凝土独立基础工程量＝(1.6×1.6＋1.1×1.1＋0.6×0.6)×0.25＝1.03(m³)

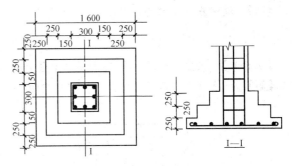

图 5-34 某现浇钢筋混凝土独立基础

【例 5-39】 有梁式满堂基础尺寸,如图 5-35 所示。计算有梁式满堂基础混凝土工程量。

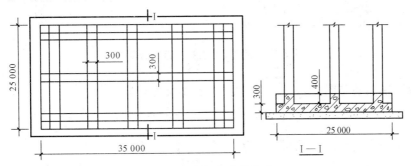

图 5-35 有梁式满堂基础

【解】 满堂基础(C20)混凝土工程量＝35×25×0.3＋0.3×0.4×[35×3＋(25－0.3×3)×5]＝289.56(m³)

【例 5-40】 求如图 5-36 所示某现浇钢筋混凝土满堂基础工程量。

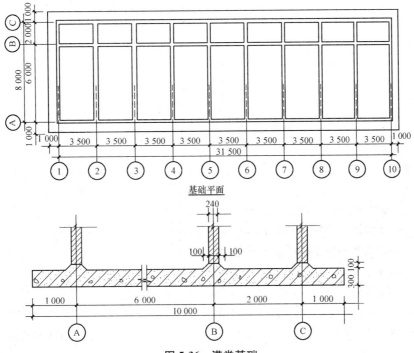

图 5-36 满堂基础

【解】 满堂基础工程量$=33.5\times10\times0.3+[(31.5+8)\times2+(6.0-0.24)\times8+(31.5-0.24)+(2.0-0.24)\times8]\times(0.24+0.44)\times\dfrac{1}{2}\times0.1=106.29(m^3)$

【例 5-41】 求如图 5-37 所示现浇混凝土独立桩承台基础工程量。

【解】 桩承台基础工程量$=1.2\times1.2\times0.15+0.9\times0.9\times0.15+0.6\times0.6\times0.1=0.37(m^3)$

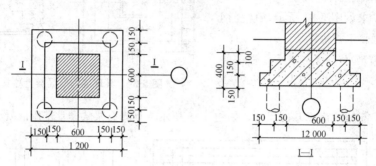

图 5-37 现浇混凝土独立桩承台基础

【例 5-42】 试计算如图 5-38 所示现浇混凝土矩形桩的工程量。

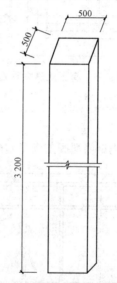

图 5-38 现浇混凝土矩形桩示意

【解】 矩形桩工程量$=0.5\times0.5\times3.2=0.8(m^3)$

【例 5-43】 某工程结构平面图如图 5-39 所示，采用 C25 现浇混凝土浇捣，模板用组合钢模，层高为 5 m（+6.00～+11.00），柱截面为 500 mm×500 mm，KL1 截面为 200 mm×600 mm，KL2 截面为 200 mm×700 mm，L 截面为 200 mm×600 mm，板厚 100 mm。试计算钢筋混凝土柱（梁）工程量。

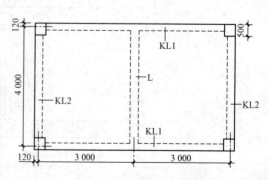

图 5-39 某工程结构平面图

【解】 C25 钢筋混凝土柱[断面周长为(0.5+0.5)×2=2(m)，层高 5 m]：

工程量=5×0.5×0.5×4=5(m³)

C25 钢筋混凝土梁 KL1(梁高 0.6 m 以上)：

工程量=(6+0.24−0.5×2)×0.2×0.6×2=1.258(m³)

C25 钢筋混凝土梁 KL2(梁高 0.6 m 以内)：

工程量=(4+0.24−0.5×2)×0.2×0.7×2=0.907(m³)

C25 钢筋混凝土梁 L(梁高 0.6 m 以内)：

工程量=(4+0.24−0.2×2)×0.2×0.6=0.461(m³)

【例 5-44】 如图 5-40 所示构造柱，总高为 24 m，共 16 根，混凝土为 C25，计算构造柱现浇混凝土工程量。

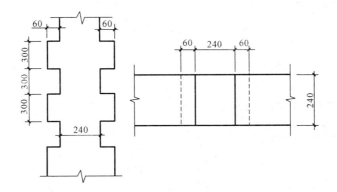

图 5-40 构造柱示意

【解】 构造柱(C25)现浇混凝土工程量=(0.24+0.06)×0.24×24×16=27.65(m³)

【例 5-45】 如图 5-41 所示，某现浇钢筋混凝土直形墙墙高 32.5 m，墙厚 0.3 m，门为 900 mm×2 100 mm。求现浇钢筋混凝土直形墙工程量。

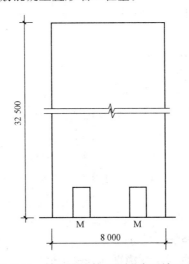

图 5-41 某现浇钢筋混凝土直形墙示意

【解】 直形墙工程量=32.5×8.0×0.3−0.9×2.1×2×0.3=76.87(m³)

【例 5-46】 某工程现浇钢筋混凝土无梁板如图 5-42 所示，计算现浇钢筋混凝土无梁板工程量。

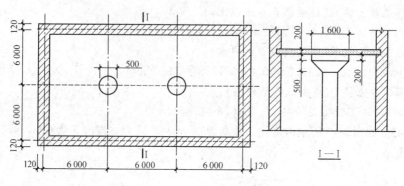

图 5-42 现浇钢筋混凝土无梁板

【解】 现浇钢筋混凝土无梁板工程量＝18×12×0.2＋π×0.8×0.8×0.2×2＋(0.25×0.25＋0.8×0.8＋0.25×0.8)×π×0.5÷3×2＝44.95(m³)

【例 5-47】 某现浇钢筋混凝土有梁板如图 5-43 所示，计算有梁板的工程量。

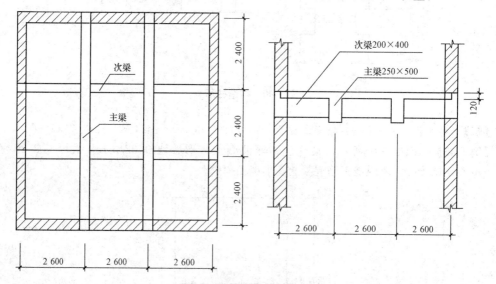

图 5-43 现浇钢筋混凝土有梁板

【解】 现浇板工程量＝2.6×3×2.4×3×0.12＝6.74(m³)

板下梁工程量＝0.25×(0.5−0.12)×2.4×3×2＋0.2×(0.4−0.12)×(2.6×3−0.5)×2＋0.25×0.50×0.12×4＋0.20×0.40×0.12×4＝2.28(m³)

有梁板工程量＝6.74＋2.28＝9.02(m³)

【例 5-48】 试计算如图 5-44 所示现浇钢筋混凝土拱板的工程量，板厚 120 mm。

【解】 拱板工程量＝π×[12²−(12−0.2)²]×34
＝3.14×4.76×34＝508.18(m³)

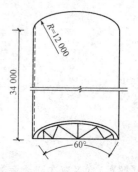

图 5-44 现浇钢筋混凝土拱板示意

【例 5-49】 某普通行车坡道如图 5-45 所示,试求其工程量。

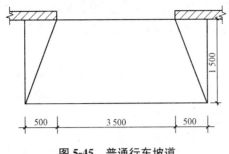

图 5-45　普通行车坡道

【解】　普通行车坡道工程量 $=(3.5+3.5+0.5\times2)\times1.5\times\dfrac{1}{2}=6.0(\mathrm{m}^2)$

【例 5-50】　某工程现浇钢筋混凝土楼梯如图 5-46 所示,包括休息平台和平台梁。试计算该楼梯工程量(建筑物 4 层,共 3 层楼梯)。

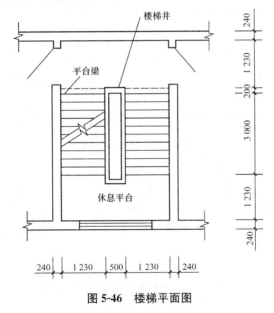

图 5-46　楼梯平面图

【解】　楼梯工程量 $=(1.23+0.50+1.23)\times(1.23+3.00+0.20)\times3=39.34(\mathrm{m}^2)$

【例 5-51】　求如图 5-47 所示钢筋混凝土后浇带的工程量,板厚 120 mm。

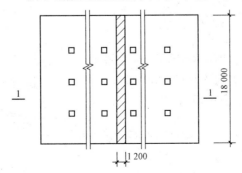

图 5-47　某钢筋混凝土后浇带示意

【解】　后浇带工程量＝18×1.2×0.12＝2.59（m³）

【例5-52】　如图5-48所示预制混凝土方柱60根，现场制作、搅拌混凝土，混凝土强度等级为C25，采用轮胎式起重机安装，C20细石混凝土灌缝。试计算预制混凝土方柱工程量。

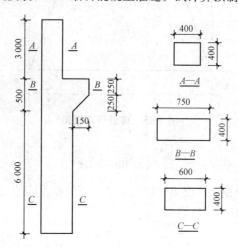

图5-48　预制混凝土方柱

【解】　混凝土方柱工程量＝[0.4×0.4×3.0＋0.6×0.4×6.5＋(0.25＋0.5)×0.15/2×0.4]×60＝123.75（m³）

【例5-53】　如图5-49所示为预制鱼腹式吊车梁，共12根，试求其工程量。

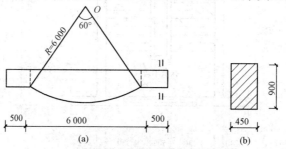

图5-49　某预制鱼腹式吊车梁示意图

（a）平面图；（b）1—1剖面图

【解】　鱼腹式吊车梁工程量＝$[0.45×0.9×0.5×2＋(6.0×0.9＋\frac{\pi×6.0^2}{6}-\frac{1}{2}×6.0×\sqrt{6.0^2-3.0^2})×0.45]×12＝51.63$（m³）

或鱼腹式吊车梁工程量＝12根

【例5-54】　试计算如图5-50所示预制混凝土组合屋架工程量，共2榀，其中，混凝土杆件尺寸为150 mm×150 mm。

【解】　组合屋架工程量＝$[\frac{(0.45＋0.3)×0.3}{2}×0.15＋$

$3.14×0.15^2＋3.8×0.15^2＋(1.2＋1.9)×0.15^2]×2＝$

0.486（m³）

或组合屋架工程量＝2榀

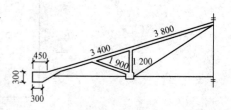

图5-50　某组合屋架示意

【例 5-55】 求如图 5-51 所示预制混凝土平板工程量，共 4 块。

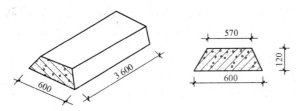

图 5-51　预制混凝土平板示意

【解】　预制混凝土平板工程量 $= \frac{1}{2} \times (0.57 + 0.6) \times 0.12 \times 3.6 \times 4 = 1.011 (\text{m}^3)$

或预制混凝土平板工程量 $= 4$ 块

【例 5-56】 某垃圾道如图 5-52 所示，长度为 16 m，共 2 套，计算其工程量。

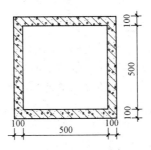

图 5-52　某垃圾道示意

【解】　垃圾道工程量 $= (0.7^2 - 0.5^2) \times 16 \times 2 = 7.68 (\text{m}^3)$

或垃圾道工程量 $= 2$ 套

【例 5-57】 某有梁式满堂基础梁板配筋如图 5-53 所示，计算该满堂基础的钢筋工程量。

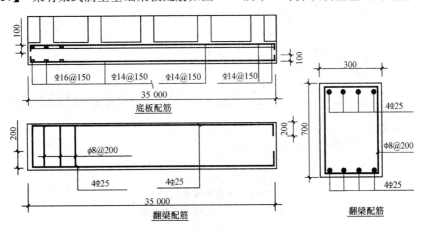

图 5-53　梁板配筋

【解】　(1)满堂基础底板钢筋。

底板下部(Φ16)钢筋根数 $= (35 - 0.07) \div 0.15 + 1 = 234 (\text{根})$

(Φ16)钢筋质量 $= (25 - 0.07 + 0.10 \times 2) \times 234 \times 1.578 = 9\ 279 (\text{kg}) = 9.279 (\text{t})$

底板下部(Φ14)钢筋根数=(25-0.07)÷0.15+1=168(根)

(Φ14)钢筋质量=(35-0.07+0.10×2)×168×1.208=7 129(kg)=7.129(t)

底板上部(Φ14)钢筋质量=(25-0.07+0.10×2)×234×1.208+7 129=14 233(kg)

$\qquad$ =14.233(t)

现浇构件 HRB335 级钢筋(Φ16)工程量=9.279(t)

现浇构件 HRB335 级钢筋(Φ14)工程量=7.129+14.233=21.362(t)

(2)满堂基础翻梁钢筋。

梁纵向受力钢筋(Φ25)质量=[(25-0.07+0.4)×8×5+(35-0.07+0.4)×8×3]×3.853=7 171(kg)=7.171(t)

梁箍筋(Φ8)根数=[(25-0.07)÷0.2+1]×5+[(35-0.07)÷0.2+1]×3=126×5+176×3=1 158(根)

梁箍筋(Φ8)质量=[(0.3-0.07+0.008+0.7-0.07+0.008)×2+4.9×0.008×2]×1 158×0.395=837(kg)=0.837(t)

现浇构件 HRB335 级钢筋(Φ25)工程量=7.171(t)

现浇构件 HPB300 级箍筋(Φ8)工程量=0.837(t)

【例 5-58】 某小型独立住宅，基础平面及配筋剖面如图 5-54 所示。该基础有 100 mm 厚混凝土垫层；外墙拐角处，按基础宽度范围将分布筋改为受力筋；在内外墙丁字接头处受力筋铺至外墙中心线。计算钢筋混凝土条形基础的钢筋工程量。

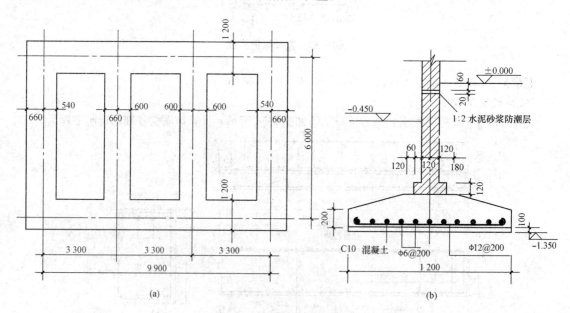

图 5-54 钢筋混凝土条形基础

(a)基础平面；(b)基础配筋剖面

【解】 (1)计算钢筋长度。

1)受力筋(Φ12@200)长度。

一根受力筋长度 L_2=1.2-2×0.035(有垫层)+6.25×0.012×2=1.28(m)

受力钢筋数量：

外基钢筋根数 $=\dfrac{(9.9+1.32+7.2)\times2}{0.2}+4=189$（根）

内基钢筋根数 $=\left(\dfrac{6}{0.2}+1\right)\times2=62$（根）

受力筋总根数 $=189+62=251$（根）

受力筋总长 $=1.28\times250=321.28$（m）

2）分布筋（φ6@200）长度。

外墙四角已配置受力钢筋，拟不再配分布筋，则：

外墙分布筋长 $=[(9.9-1.08)(纵)+(6.0-1.2)(横)]\times2=27.24$（m）

内墙分布筋长 $=(6.0-1.2)\times2=9.6$（m）

分布筋根数 $=\dfrac{1.2-0.035\times2}{0.2}+1=7$（根）

分布筋总长 $=(27.24+9.6)\times7=257.9$（m）

（2）计算钢筋用量（工程量）。

φ12 受力筋质量 $G_1=321.28\times g=321.28\times0.888=285.30$（kg）$=0.285$（t）

φ6 分布筋质量 $G_2=257.9\times g=257.9\times0.222=57.25$（kg）$=0.057$（t）

第六节　金属结构工程

一、主要内容

金属结构工程共分 7 部分 31 个清单项目，其中包括钢网架，钢屋架、钢托架、钢桁架、钢架桥，钢柱，钢梁，钢板楼板、墙板，钢构件，金属制品，相关问题及说明。

二、工程量计算规则及相关说明

1. 钢网架（编码：010601）

钢网架结构是由许多杆件按一定规律布置，通过节点连接而形成的平板形或微曲面形空间杆系结构，也称为网格结构。网架是一种新型结构形式，具有跨度大、覆盖面广、结构轻、省料经济，以及稳定性和安全性良好等特点。

钢网架工程工程量按设计图示尺寸以质量计算，不扣除孔眼的质量，焊条、铆钉等不另增加质量。

2. 钢屋架、钢托架、钢桁架、钢架桥（编码：010602）

钢屋架通常由两部分组成：一部分是承重构件；另一部分是支撑构件，用来组成承重体系，以承受和传递荷载，通常由屋架和柱子组成平面框架。

钢托架是支撑中间屋架的构件。由多种钢材组成桁架结构形式的，称为托架。

钢桁架是一种可以支撑山墙的钢构件。

钢架桥是由上部结构和下部结构连成整体的框架结构。根据基础连接条件不同，分为有铰与无铰两种。这种结构是超静定结构体系，在垂直荷载作用下，框架底部除产生竖向反力外，还产生力矩和水平反力。常见的钢架桥有门式钢架桥和斜腿钢架桥等。

(1)工程量计算规则。

1)钢屋架工程量计算规则如下：

①以"榀"计量，按设计图示数量计算。

②以"t"计量，按设计图示尺寸以质量计算，不扣除孔眼的质量，焊条、铆钉、螺栓等不另增加质量。

2)钢托架、钢桁架、钢架桥工程量按设计图示尺寸以质量计算，不扣除孔眼的质量，焊条、铆钉、螺栓等不另增加质量。

(2)工程量计算规则相关说明。以"榀"计量，按标准图设计的应注明标准图标号，按非标准图设计的项目特征必须描述单榀屋架的质量。

3. 钢柱(编码：010603)

钢柱一般由钢板焊接而成，也可由型钢单独制作或组合成格构式钢柱。焊接钢柱按截面形式，可分为实腹钢柱和空腹钢柱。实腹钢柱是指腹板为整体的竖向受压钢构件，一般焊接 H 型钢是实腹柱。空腹钢柱是通过空心腹板连接翼缘所组成的钢柱。

钢柱工程清单项目包括实腹钢柱、空腹钢柱、钢管柱。

(1)工程量计算规则。

1)实腹钢柱、空腹钢柱工程量按设计图示尺寸以质量计算，不扣除孔眼的质量，焊条、铆钉、螺栓等不另增加质量，依附在钢柱上的牛腿及悬臂梁等并入钢柱工程量内。

2)钢管柱工程量按设计图示尺寸以质量计算，不扣除孔眼的质量，焊条、铆钉、螺栓等不另增加质量，钢管柱上的节点板、加强环、内衬管、牛腿等并入钢管柱工程量内。

(2)工程量计算规则相关说明。

1)实腹钢柱类型指十字形、T 形、L 形、H 形等。

2)空腹钢柱类型指箱形、格构式等。

3)型钢混凝土柱浇筑钢筋混凝土，其混凝土和钢筋按"13 计算规范"附录 E 混凝土及钢筋混凝土工程中相关项目编码列项。

4. 钢梁(编码：010604)

钢梁的种类较多，有普通钢梁、起重机梁、单轨钢起重机梁、制动梁等。截面以 I 形居多，或用钢板焊接，也可采用桁架式钢梁、箱形梁或贯通式梁等。

钢梁工程清单项目包括钢梁、钢吊车梁。

(1)工程量计算规则。

钢梁、钢吊车梁工程量按设计图示尺寸以质量计算，不扣除孔眼的质量，焊条、铆钉、螺栓等不另增加质量，制动梁、制动板、制动桁架、车挡并入钢吊车梁工程量内。

(2)工程量计算规则相关说明。

1)梁类型指 H 形、L 形、T 形、箱形、格构式等。

2)型钢混凝土柱浇筑钢筋混凝土，其混凝土和钢筋按"13 计算规范"附录 E 混凝土及钢筋混凝土工程中相关项目编码列项。

5. 钢板楼板、墙板(编码：010605)

(1)工程量计算规则。

1)钢板楼板工程量按设计图示尺寸以铺设水平投影面积计算，不扣除单个面积≤0.3 m²的柱、垛及孔洞所占面积。

2)钢板墙板工程量按设计图示尺寸以铺挂展开面积计算，不扣除单个面积≤0.3 m²的梁、孔洞所占面积，包角、包边、窗台泛水等不另增加面积。

(2)工程量计算规则相关说明。

1)钢板楼板上浇筑钢筋混凝土，其混凝土和钢筋应按"13计算规范"附录E混凝土及钢筋混凝土工程中相关项目编码列项。

2)压型钢板楼板按"13计算规范"附表F.5中钢板楼板项目编码列项。

6. 钢构件(编码：010606)

钢构件工程清单项目包括钢支撑、钢拉条、钢檩条、钢天窗架、钢挡风架、钢墙架、钢平台、钢走道、钢梯、钢护栏、钢漏斗、钢板天沟、钢支架、零星钢构件。

(1)工程量计算规则。

1)钢支撑、钢拉条、钢檩条、钢天窗架、钢挡风架、钢墙架、钢平台、钢走道、钢梯、钢护栏工程量按设计图示尺寸以质量计算，不扣除孔眼的质量，焊条、铆钉、螺栓等不另增加质量。

2)钢漏斗、钢板天沟工程量按设计图示尺寸以质量计算，不扣除孔眼的质量，焊条、铆钉、螺栓等不另增加质量，依附漏斗或天沟的型钢并入漏斗或天沟工程量内。

3)钢支架、零星钢构件工程量按设计图示尺寸以质量计算，不扣除孔眼的质量，焊条、铆钉、螺栓等不另增加质量。

(2)工程量计算规则相关说明。

1)钢墙架项目包括墙架柱、墙架梁和连接杆件。

2)钢支撑、钢拉条类型指单式、复式；钢檩条类型指型钢式、格构式；钢漏斗形式指方形、圆形；天沟形式指矩形沟或半圆形沟。

3)加工铁件等小型构件，按"13计算规范"附录F表F.6中零星钢构件项目编码列项。

7. 金属制品(编码：010607)

金属制品工程清单项目包括成品空调金属百叶护栏、成品栅栏、成品雨篷、金属网栏、砌块墙钢丝网加固、后浇带金属网。

(1)工程量计算规则。

1)成品空调金属百叶护栏、成品栅栏工程量按设计图示尺寸以框外围展开面积计算。

2)成品雨篷工程量计算规则如下：

①以"m"计量，按设计图示接触边以长度计算。

②以"m²"计量，按设计图示尺寸以展开面积计算。

3)金属网栏工程量按设计图示尺寸以框外围展开面积计算。

4)砌块墙钢丝网加固、后浇带金属网工程量按设计图示尺寸以面积计算。

(2)工程量计算规则相关说明。

抹灰钢丝网加固按"13计算规范"附录F表F.7中砌块墙钢丝网加固项目编码列项。

三、计算实例

【例5-59】 某工程钢屋架如图5-55所示，计算钢屋架工程量。

【解】 钢屋架工程量计算如下：

多边形钢板质量＝最大对角线长度×最大宽度×面密度

上弦质量＝$3.40 \times 2 \times 2 \times 7.398 = 100.61$(kg)

下弦质量＝$5.60 \times 2 \times 1.58 = 17.70$(kg)

立杆质量＝$1.70 \times 3.77 = 6.41$(kg)

斜撑质量＝$1.50 \times 2 \times 2 \times 3.77 = 22.62$(kg)

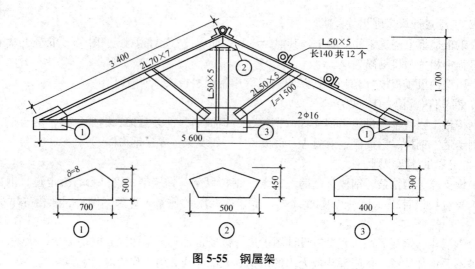

图 5-55　钢屋架

①号连接板质量$=0.7\times0.5\times2\times62.80=43.96(kg)$

②号连接板质量$=0.5\times0.45\times62.80=14.13(kg)$

③号连接板质量$=0.4\times0.3\times62.80=7.54(kg)$

檩托质量$=0.14\times12\times3.77=6.33(kg)$

钢屋架工程量$=100.61+17.70+6.41+22.62+43.96+14.13+7.54+6.33=219.30(kg)=$
$0.219(t)$

【例 5-60】　某工程空腹钢柱如图 5-56 所示，共 20 根，计算空腹钢柱工程量。

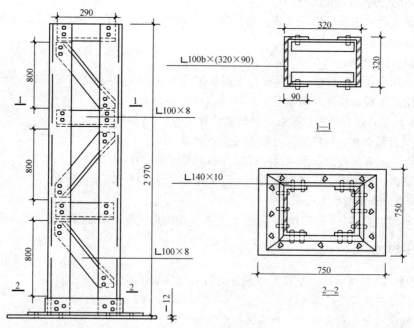

图 5-56　空腹钢柱

【解】　32b 槽钢立柱质量$=2.97\times2\times43.25=256.91(kg)$

∟100×8 角钢横撑质量$=0.29\times6\times12.276=21.36(kg)$

$\llcorner 100 \times 8$ 角钢斜撑质量 $= \sqrt{0.8^2 + 0.29^2} \times 6 \times 12.276 = 62.68(\mathrm{kg})$

$\llcorner 140 \times 10$ 角钢底座质量 $= (0.32 + 0.14 \times 2) \times 4 \times 21.488 = 51.57(\mathrm{kg})$

——12 钢板底座质量 $= 0.75 \times 0.75 \times 94.20 = 52.99(\mathrm{kg})$

空腹钢柱工程量 $= (256.91 + 21.36 + 62.68 + 51.57 + 52.99) \times 20$

$= 8\ 910.20(\mathrm{kg}) = 8.91(\mathrm{t})$

【例 5-61】 图 5-57 所示为钢柱结构，共 20 根，计算钢柱的工程量。

【解】 （1）该柱主体钢材采用 [32b，单位长度质量为 43.25 kg/m，柱高为 $0.14 + (1 + 0.1) \times 3 = 3.44(\mathrm{m})$，共 2 根，槽钢质量为

$43.25 \times 3.44 \times 2 = 297.56(\mathrm{kg})$

（2）水平杆角钢 $\llcorner 100 \times 8$，单位质量为 12.276 kg/m，角钢长为 $(0.32 - 0.015 \times 2) = 0.29(\mathrm{m})$，共 6 块，角钢质量为

$12.276 \times 0.29 \times 6 = 21.36(\mathrm{kg})$

（3）斜杆角钢 $\llcorner 100 \times 8$，6 块，角钢长为 $\sqrt{(1 - 0.01)^2 + (0.32 - 0.015 \times 2)^2} = 1.032(\mathrm{m})$，则角钢质量为

$12.276 \times 1.032 \times 6 = 76.013(\mathrm{kg})$

（4）底座角钢 $\llcorner 140 \times 10$，单位质量为 21.488 kg/m，底座角钢质量为

$21.488 \times 0.32 \times 4 = 27.505(\mathrm{kg})$

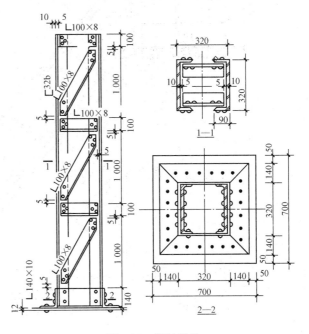

图 5-57 钢柱结构

（5）底座钢板——12，单位质量为 94.20 kg/m²，底座钢板质量为

$94.20 \times 0.7 \times 0.7 = 46.158(\mathrm{kg})$

1 根钢柱的工程量 $= 297.56 + 21.36 + 76.013 + 27.505 + 46.158 = 468.596(\mathrm{kg})$

20 根钢柱的总工程量 $= 468.596 \times 20 = 9\ 371.92(\mathrm{kg}) = 9.372(\mathrm{t})$

【例 5-62】 某单位自行车棚，高度 4 m。用 5 根 H200 × 100 × 5.5 × 8 钢梁，长度为 4.8 m，单根质量为 104.16 kg；用 36 根槽钢 18a 钢梁，长度为 4.12 m，单根质量为 83.10 kg。由附属加工厂制作，刷防锈漆 1 遍，运至安装地点，运距为 1.5 km，试计算钢梁工程量。

【解】 H200 × 100 × 5.5 × 8 钢梁工程量 $= 104.16 \times 5 = 0.521(\mathrm{t})$

槽钢 18a 钢梁工程量 $= 83.10 \times 36 = 2.992(\mathrm{t})$

【例 5-63】 求如图 5-58 所示钢板楼板工程量，钢板厚度为 8 mm。

【解】 钢板楼板工程量 $= 17.2 \times 24 = 412.8(\mathrm{m}^2)$

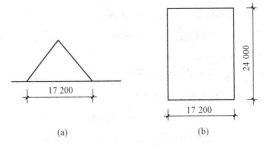

图 5-58 钢板楼板示意

(a)平面图；(b)立面图

【例 5-64】 试计算如图 5-59 所示踏步式钢梯工程量和人工钢材用量。

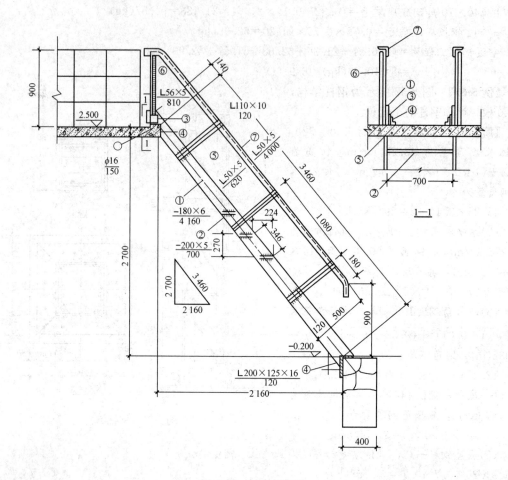

图 5-59 踏步式钢梯

【解】 钢梯制作工程量按图示尺寸计算出长度，再按钢材单位长度质量计算钢梯钢材质量，以 t 为单位。工程量计算如下：

(1)钢梯边梁，扁钢—180×6，长度 $l=4.16$ m(2块)；由钢材质量表得单位长度质量为 8.48 kg/m。

$$8.48×4.16×2=70.554(kg)$$

(2)钢踏步，—200×5，$l=0.7$ m，9块，7.85 kg/m。

$$7.85×0.7×9=49.455(kg)$$

(3)∟110×10，$l=0.12$ m，2根，16.69 kg/m。

$$16.69×0.12×2=4.006(kg)$$

(4)∟200×125×16，$l=0.12$ m，4根，39.045 kg/m。

$$39.045×0.12×4=18.742(kg)$$

(5)∟50×5，$l=0.62$ m，6根，3.77 kg/m。

$$3.77×0.62×6=14.024(kg)$$

(6)∟50×5，$l=0.81$ m，2根，4.251 kg/m。

$4.251 \times 0.81 \times 2 = 6.887 (\text{kg})$

(7) $\llcorner 50 \times 5$, $l = 4.0$ m，2 根，3.77 kg/m。

$3.77 \times 4.0 \times 2 = 30.16 (\text{kg})$

钢材总质量 $= 70.554 + 49.455 + 4.006 + 18.742 + 14.024 + 6.887 + 30.16$
$= 193.828 (\text{kg}) = 0.194 (\text{t})$

【例 5-65】 某厂房上柱间支撑如图 5-60 所示，共 4 组，$\llcorner 63 \times 6$ 的线密度为 5.72 kg/m，-8 钢板的面密度为 62.8 kg/m²。计算柱间支撑工程量。

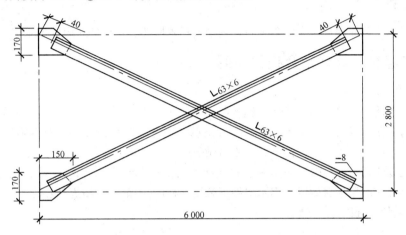

图 5-60 上柱间支撑

【解】 $\llcorner 63 \times 6$ 角钢质量 $= (\sqrt{6^2 + 2.8^2} - 0.04 \times 2) \times 5.72 \times 2 = 74.83 (\text{kg})$

-8 钢板质量 $= 0.17 \times 0.15 \times 62.8 \times 4 = 6.41 (\text{kg})$

柱间支撑工程量 $= (74.83 + 6.41) \times 4 = 324.96 (\text{kg}) = 0.325 (\text{t})$

【例 5-66】 某钢直梯如图 5-61 所示，φ28 光面钢筋线密度为 4.834 kg/m，计算钢直梯工程量。

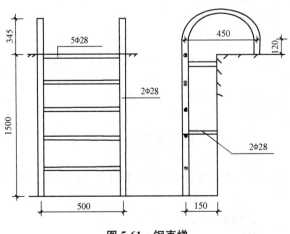

图 5-61 钢直梯

【解】 钢直梯工程量 $= [(1.50 + 0.12 \times 2 + 0.45 \times \pi \div 2) \times 2 + (0.50 + 0.028) \times 5 + (0.15 - 0.014) \times 4] \times 4.834 = 39.04 (\text{kg}) = 0.039 (\text{t})$

第七节　木结构工程

一、主要内容

木结构工程共分 3 部分 8 个清单项目，其中包括木屋架、木构件、屋面木基层。

二、工程量计算规则及相关说明

1. 木屋架（编码：010701）

木屋架工程清单项目包括木屋架、钢木屋架。

木屋架是三角形（配式），由上弦、斜杆和下弦、竖杆等钢材组成。屋架由圆钢做成，斜杆和竖杆一般用木材做成，木屋架的下弦用木材做成。

钢木屋架是三角形（豪式），由上弦、斜杆和下弦、竖杆等杆件组成，屋架的中柱由圆钢做成，斜杆与竖杆一般用木材做成。钢木屋架下弦用钢材（如圆钢、角钢等）做成。

（1）工程量计算规则。

1）木屋架工程量计算规则如下：

①以"榀"计量，按设计图示数量计算。

②以"m³"计量，按设计图示的规格尺寸以体积计算。

2）钢木屋架工程量以"榀"计量，按设计图示数量计算。

（2）工程量计算规则相关说明。

1）屋架的跨度应以上、下弦中心线两交点之间的距离计算。

2）带气楼的屋架和马尾、折角以及正交部分的半屋架，按相关屋架项目编码列项。

3）以"榀"计量，按标准图设计的应注明标准图代号，按非标准图设计的项目特征必须按"13 计算规范"附录 G 表 G.1 的要求予以描述。

2. 木构件（编码：010702）

木构件工程清单项目包括木柱、木梁、木檩、木楼梯、其他木构件。

（1）工程量计算规则。

1）木柱、木梁工程量按设计图示尺寸以体积计算。

2）木檩工程量计算规则如下：

①以"m³"计量，按设计图示尺寸以体积计算。

②以"m"计量，按设计图示尺寸以长度计算。

3）木楼梯工程量按设计图示尺寸以水平投影面积计算，不扣除宽度≤300 mm 的楼梯井，伸入墙内部分不计算。

4）其他木构件工程量计算规则如下：

①以"m³"计量，按设计图示尺寸以体积计算。

②以"m"计量，按设计图示尺寸以长度计算。

（2）工程量计算规则相关说明。

1）木楼梯的楼杆（楼板）、扶手，应按"13 计算规范"附录 G 中的相关项目编码列项。

2)以"m"计量，项目特征必须描述构件规格尺寸。

3. 屋面市基层(编码：010703)

屋面木基层工程量按设计图示尺寸以斜面积计算，不扣除房上烟囱、风帽底座、风道、小气窗、斜沟等所占面积。小气窗的出檐部分不增加面积。

三、计算实例

【例 5-67】 某原料仓库如图 5-62 所示，采用圆木木屋架，共计 8 榀，屋架跨度为 8 m，坡度为 1：2，四节间，计算该仓库木屋架工程量。

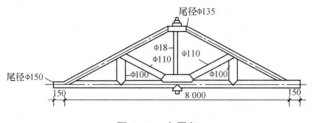

图 5-62 木屋架

【解】 木屋架工程量＝8 榀

【例 5-68】 求如图 5-63 所示圆木柱的工程量，已知圆木柱直径为 400 mm。

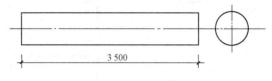

图 5-63 圆木柱

【解】 圆木柱工程量＝$\pi \times 0.2^2 \times 3.5 = 0.4396(\text{m}^3)$

【例 5-69】 试计算如图 5-64 所示木梁工程量。

【解】 木梁工程量＝$0.2 \times 0.4 \times 3.8 = 0.30(\text{m}^3)$

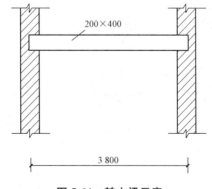

图 5-64 某木梁示意

【例 5-70】 试计算如图 5-65 所示木楼梯的工程量。

【解】 木楼梯工程量＝$(1.5 + 0.28 + 1.5) \times (1.0 + 3.0 + 1.5) = 18.04(\text{m}^2)$

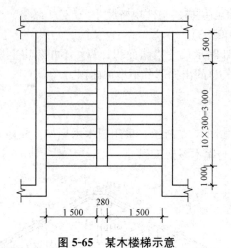

图 5-65　某木楼梯示意

【例 5-71】　求如图 5-66 所示瓦屋面钉封檐板工程量。

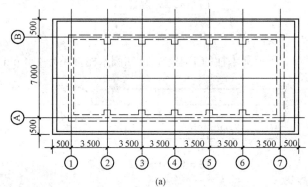

(a)

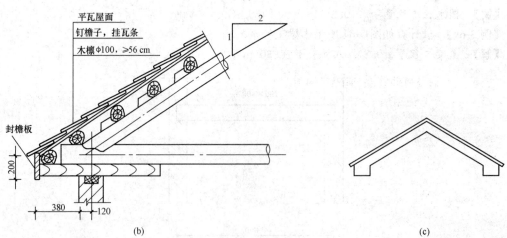

(b)　　　　　　　　　　　　　　　　(c)

图 5-66　圆木简支檩(不刨光)示意

(a)屋顶平面；(b)檐口节点大样；(c)博风板

【解】　封檐板工程量＝[(3.5×6+0.5×2)+(7+0.5×2)×1.118]×2+0.5×4(大刀头)
　　　　　　＝63.9(m)

【例 5-72】 某粮食仓库如图 5-67 所示，计算封檐板、博风板工程量。

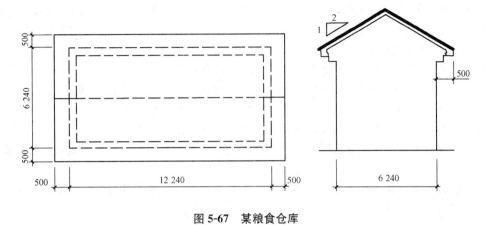

图 5-67　某粮食仓库

【解】 (1)封檐板工程量＝(12.24＋0.50×2)×2＝26.48(m)

(2)博风板工程量＝(6.24＋0.50×2)×1.118×2＋0.5×4＝18.19(m)

第八节　屋面及防水工程

一、主要内容

屋面及防水工程共分 4 部分 21 个清单项目，其中包括瓦、型材及其他屋面，屋面防水及其他，墙面防水、防潮，楼(地)面防水、防潮。

二、工程量计算规则及相关说明

1. 瓦、型材及其他屋面(编码：010901)

瓦、型材及其他屋面工程清单项目包括瓦屋面、型材屋面、阳光板屋面、玻璃钢屋面、膜结构屋面。

(1)工程量计算规则。

1)瓦屋面、型材屋面工程量按设计图示尺寸以斜面积计算，不扣除房上烟囱、风帽底座、风道、小气窗、斜沟等所占面积。小气窗的出檐部分不增加面积。

2)阳光板屋面、玻璃钢屋面工程量按设计图示尺寸以斜面积计算，不扣除屋面面积 $\leqslant 0.3 \ m^2$ 的孔洞所占面积。

3)膜结构屋面工程量按设计图示尺寸以需要覆盖的水平投影面积计算。

(2)工程量计算规则相关说明。

1)瓦屋面若是在木基层上铺瓦，项目特征不必描述粘结层砂浆的配合比，瓦屋面铺防水层，按"13 计算规范"附录 J 表 J.2 中屋面防水及其他相关项目编码列项。

2)型材屋面、阳光板屋面、玻璃钢屋面的柱、梁、屋架，按"13 计算规范"附录 F 金属结构工程、附录 G 木结构工程中相关项目编码列项。

2. 屋面防水及其他(编码：010902)

屋面防水及其他工程清单项目包括屋面卷材防水，屋面涂膜防水，屋面刚性层，屋面排水管，屋面排(透)气管，屋面(廊、阳台)泄(吐)水管，屋面天沟、檐沟，屋面变形缝。

(1)工程量计算规则。

1)屋面卷材防水、屋面涂膜防水工程量按设计图示尺寸以面积计算。

①斜屋顶(不包括平屋顶找坡)按斜面积计算，平屋顶按水平投影面积计算。

②不扣除房上烟囱、风帽底座、风道、屋面小气窗和斜沟所占面积。

③屋面的女儿墙、伸缩缝和天窗等处的弯起部分并入屋面工程量内。

2)屋面刚性层工程量按设计图示尺寸以面积计算，不扣除房上烟囱、风帽底座、风道等所占面积。

3)屋面排水管工程量按设计图示尺寸以长度计算。如设计未标注尺寸，以檐口至设计室外散水上表面垂直距离计算。

4)屋面排(透)气管工程量按设计图示尺寸以长度计算。

5)屋面(廊、阳台)泄(吐)水管工程量按设计图示数量计算。

6)屋面天沟、檐沟工程量按设计图示尺寸以展开面积计算。

7)屋面变形缝工程量按设计图示尺寸以长度计算。

(2)工程量计算规则相关说明。

1)屋面刚性层无钢筋，其钢筋项目特征不必描述。

2)屋面找平层按"13计算规范"附录L楼地面装饰工程平面砂浆找平层项目编码列项。

3)屋面防水搭接及附加层用量不另行计算，在综合单价中考虑。

4)屋面保温找坡层按"13计算规范"附录K保温、隔热、防腐工程保温隔热屋面项目编码列项。

3. 墙面防水、防潮(编码：010903)

墙面防水、防潮工程清单项目包括墙面卷材防水、墙面涂膜防水、墙面砂浆防水(防潮)、墙面变形缝。

(1)工程量计算规则。

1)墙面卷材防水、墙面涂膜防水、墙面砂浆防水(防潮)工程量按设计图示尺寸以面积计算。

2)墙面变形缝工程量按设计图示尺寸以长度计算。

(2)工程量计算规则相关说明。

1)墙面防水搭接及附加层用量不另行计算，在综合单价中考虑。

2)墙面变形缝若做双面，工程量乘系数2。

3)墙面找平层按"13计算规范"附录M墙、柱面装饰与隔断、幕墙工程立面砂浆找平层项目编码列项。

4. 楼(地)面防水、防潮(编码：010904)

楼(地)面防水、防潮工程清单项目包括楼(地)面卷材防水、楼(地)面涂膜防水、楼(地)面砂浆防水(防潮)、楼(地)面变形缝。

(1)工程量计算规则。

1)楼(地)面卷材防水、楼(地)面涂膜防水、楼(地)面砂浆防水(防潮)工程量按设计图示尺寸以面积计算。

①楼(地)面防水：按主墙间净空面积计算，扣除凸出地面的构筑物、设备基础等所占面积，不扣除间壁墙及单个面积≤0.3 m^2 的柱、垛、烟囱和孔洞所占面积。

②楼(地)面防水反边高度≤300 mm时算作地面防水，反边高度＞300 mm按墙面防水计算。

2)楼(地)面变形缝工程量按设计图示以长度计算。

(2)工程量计算规则相关说明。

1)楼(地)面防水找平层按"13计算规范"附录L楼地面装饰工程平面砂浆找平层项目编码列项。

2)楼(地)面防水搭接及附加层用量不另行计算，在综合单价中考虑。

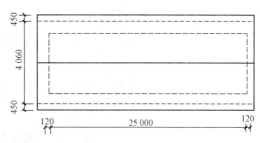

图 5-68　二坡水屋面示意

三、计算实例

【例5-73】　如图5-68所示，求二坡水(坡度1∶2的黏土瓦屋面)屋面的工程量。

【解】　二坡水屋面工程量＝(4.06+0.9)×(25+0.24)×1.118＝139.96(m²)

【例5-74】　某房屋建筑如图5-69所示，屋面板上铺水泥大瓦，计算瓦屋面工程量。

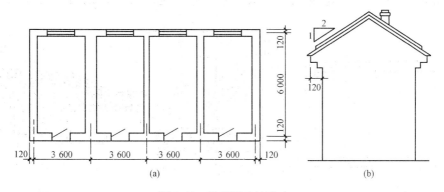

图 5-69　某房屋建筑尺寸

(a)平面图；(b)侧面图

【解】　瓦屋面工程量＝(6.0+0.24+0.12×2)×(3.6×4+0.24)×1.118＝106.06(m²)

【例5-75】　某工程采用如图5-70所示膜结构屋面，试求其工程量。

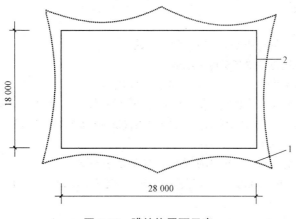

图 5-70　膜结构屋面示意

【解】 膜结构屋面工程量＝18×28＝504(m²)

【例5-76】 试计算如图5-71所示三毡四油卷材防水屋面工程量。

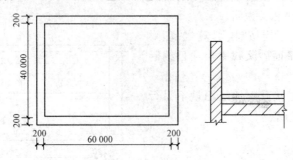

图 5-71 三毡四油卷材防水屋面示意

【解】 卷材防水屋面工程量＝(60＋0.2×2)×(40＋0.2×2)＝2 440.16(m²)

【例5-77】 某二坡水二毡三油卷材屋面如图5-72所示。屋面防水层构造层次为：预制钢筋混凝土空心板、1:2水泥砂浆找平层、冷底子油一道、二毡三油一砂防水层。试计算：

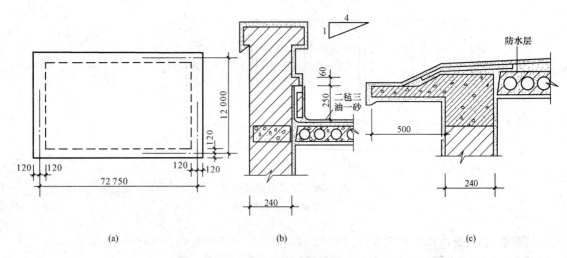

图 5-72 某卷材防水屋面
(a)平面；(b)女儿墙；(c)挑檐

(1)当有女儿墙、屋面坡度为1:4时的工程量。

(2)当有女儿墙、坡度为3‰时的工程量。

(3)当无女儿墙但有挑檐、坡度为3‰时的工程量。

【解】 (1)屋面坡度为1:4时，相应的角度为14°02′，延尺系数C＝1.030 8，则：

屋面工程量＝(72.75－0.24)×(12－0.24)×1.030 8＋0.25×(72.75－0.24)＋(12－0.24)×
2＝878.98＋41.65＝920.63(m²)

(2)有女儿墙，坡度为3‰，因坡度很小，按平屋面计算，则：

屋面工程量＝(72.75－0.24)×(12－0.24)＋(72.75＋12－0.48)×2×0.25＝852.72＋
42.14＝894.86(m²)

或(72.75＋0.24)×(12＋0.24)－(72.75＋12)×2×0.24＋(72.75＋12－0.48)×2×0.25＝
894.85(m²)

166

(3)无女儿墙但有挑檐平屋面(坡度为3‰),按图5-72(a)、(c)及下式计算屋面工程量:

屋面工程量＝外墙外围水平面积＋($L_{外}$＋4×檐宽)×檐宽

代入数据得:

屋面工程量＝(72.75＋0.24)×(12＋0.24)＋[(72.75＋12＋0.48)×2＋4×0.5]×0.5
　　　　　＝979.63(m²)

【例5-78】 计算如图5-72(a)、(c)所示有挑檐平屋面涂刷聚氨酯涂料的工程量。

【解】 由图5-72(a)、(c)的尺寸可得:

涂膜面积＝(72.75＋0.24＋0.5×2)×(12＋0.24＋0.5×2)＝979.63(m²)

【例5-79】 某屋面设计有铸铁管落水口8个,塑料水斗8个,配套的塑料落水管直径为100 mm,每根长度为16 m,计算塑料落水管工程量。

【解】 落水管工程量＝16.00×8＝128(m)

【例5-80】 假设某仓库屋面为铁皮排水天沟(图5-73),长度为12 m,求天沟工程量。

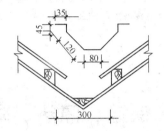

图5-73　铁皮排水天沟

【解】 天沟工程量＝12×(0.035×2＋0.045×2＋0.12×2＋0.08)＝5.76(m²)

【例5-81】 计算如图5-74所示建筑物墙基防潮层工程量及工料用量。防潮层刷冷底子油一遍,石油沥青两遍。

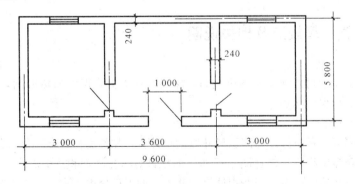

图5-74　某建筑物平面示意

【解】 外墙长＝(9.6＋5.8)×2＝30.8(m)

内墙净长＝(5.8－0.24)×2＝11.12(m)

防潮层面积＝(30.8＋11.12)×0.24＝10.06(m²)

【例5-82】 图5-74所示建筑物地面采用如图5-75所示的防潮做法,试计算地面防潮层工程量。

【解】 地面防潮层工程量＝(9.6－0.24×3)×(5.8－0.24)＝49.37(m²)

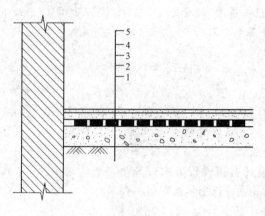

图 5-75　地面防潮层构造层次

1—素土夯实；2—100 厚 C20 混凝土；3—冷底子油一遍，玛琋脂玻璃布一布二油；

4—20 厚 1：3 水泥砂浆找平层；5—10 厚 1：2 水泥砂浆面层

第九节　保温、隔热、防腐工程

一、主要内容

保温、隔热、防腐工程共分 3 部分 16 个清单项目，其中包括保温、隔热，防腐面层，其他防腐。

二、工程量计算规则及相关说明

1. 保温、隔热(编码：011001)

保温、隔热清单项目包括保温隔热屋面，保温隔热天棚，保温隔热墙面，保温柱、梁，保温隔热楼地面，其他保温隔热。

(1)工程量计算规则。

1)保温隔热屋面工程量按设计图示尺寸以面积计算，扣除面积>0.3 m² 的孔洞及占位面积。

2)保温隔热天棚工程量按设计图示尺寸以面积计算，扣除面积>0.3 m² 的上柱、垛、孔洞所占面积，与天棚相连的梁按展开面积计算，并入天棚工程量内。

3)保温隔热墙面工程量按设计图示尺寸以面积计算，扣除门窗洞口以及面积>0.3 m² 的梁、孔洞所占面积，门窗洞口侧壁以及与墙相连的柱，并入保温墙体工程量内。

4)保温柱、梁工程量按设计图示尺寸以面积计算。

①柱按设计图示柱断面保温层中心线展开长度乘保温层高度以面积计算，扣除面积>0.3 m² 的梁所占面积。

②梁按设计图示梁断面保温层中心线展开长度乘保温层长度以面积计算。

5)保温隔热楼地面工程量按设计图示尺寸以面积计算，扣除面积>0.3 m² 的柱、垛、孔洞等所占面积。门洞、空圈、暖气包槽、壁龛的开口部分不增加面积。

6)其他保温隔热工程量按设计图示尺寸以展开面积计算，扣除面积>0.3 m^2 的孔洞及占位面积。

(2)工程量计算规则相关说明。

1)保温隔热装饰面层，按"13计算规范"附录L、M、N、P、Q中相关项目编码列项；仅做找平层按"13计算规范"附录L楼地面装饰工程平面砂浆找平层项目或附录M墙、柱面装饰与隔断、幕墙工程立面砂浆找平层项目编码列项。

2)柱帽保温隔热应并入天棚保温隔热工程量内。

3)池槽保温隔热应按其他保温隔热项目编码列项。

4)保温隔热方式指内保温、外保温、夹心保温。

5)保温柱、梁适用于不与墙、天棚相连的独立柱、梁。

2. 防腐面层(编码：011002)

防腐面层工程清单项目包括防腐混凝土面层，防腐砂浆面层，防腐胶泥面层，玻璃钢防腐面层，聚氯乙烯板面层，块料防腐面层，池、槽块料防腐面层。

(1)工程量计算规则。

1)防腐混凝土面层、防腐砂浆面层、防腐胶泥面层、玻璃钢防腐面层、聚氯乙烯板面层、块料防腐面层工程量按设计图示尺寸以面积计算。

①平面防腐：扣除凸出地面的构筑物、设备基础等以及面积>0.3 m^2 的孔洞、柱、垛等所占面积。门洞、空圈、暖气包槽、壁龛的开口部分不增加面积。

②立面防腐：扣除门窗洞口以及面积>0.3 m^2 的孔洞、梁所占面积，门窗洞口侧壁、垛凸出部分按展开面积并入墙面积内。

2)池、槽块料防腐面层工程量按设计图示尺寸以展开面积计算。

(2)工程量计算规则相关说明。防腐踢脚线，应按"13计算规范"附录L楼地面装饰工程踢脚线项目编码列项。

3. 其他防腐(编码：011003)

其他防腐工程清单项目包括隔离层、砌筑沥青浸渍砖、防腐涂料。

(1)工程量计算规则。

1)隔离层、防腐涂料工程量按设计图示尺寸以面积计算。

①平面防腐：扣除凸出地面的构筑物、设备基础等以及面积>0.3 m^2 的孔洞、柱、垛等所占面积，门洞、空圈、暖气包槽、壁龛的开口部分不增加面积。

②立面防腐：扣除门窗洞口以及面积>0.3 m^2 的孔洞、梁所占面积，门窗洞口侧壁、垛凸出部分按展开面积并入墙面积内。

2)砌筑沥青浸渍砖工程量按设计图示尺寸以体积计算。

(2)工程量计算规则相关说明。浸渍砖砌法指平砌、立砌。

三、计算实例

【例5-83】 保温平屋面尺寸如图5-76所示。做法如下：空心板上1:3水泥砂浆找平20 mm厚，刷冷底子油两遍，沥青隔气层一遍，80 mm厚水泥蛭石块保温层，1:10现浇水泥蛭石找坡，1:3水泥砂浆找平20 mm厚，SBS改性沥青卷材满铺一层，点式支撑预制混凝土板架空隔热层。试计算保温隔热屋面工程量。

【解】 保温隔热屋面工程量=(28-0.24)×(12-0.24)+(10-0.24)×(22-0.24)=538.84(m^2)

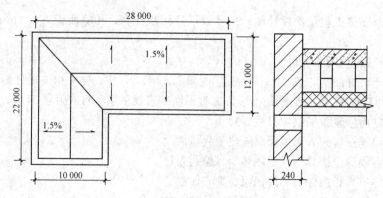

图 5-76　保温平屋面

【例 5-84】　求如图 5-77 所示墙体填充沥青玻璃棉工程量，已知墙高为 4.5 m。

【解】　墙体填充沥青玻璃棉工程量＝(18.74－0.24×2)×4.50＝82.17(m²)

【例 5-85】　图 5-78 所示为某冷库简图，设计采用软木保温层，厚度为 100 mm，顶棚做带木龙骨保温层，试计算该冷库保温隔热层楼地面工程量。

【解】　保温隔热层楼地面工程量＝(7.2－0.24)×(4.8－0.24)＋0.8×0.24＝31.9(m²)

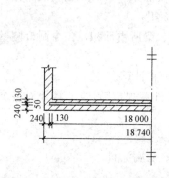

图 5-77　墙体填充沥青玻璃棉示意

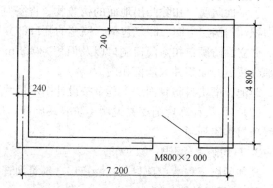

图 5-78　软木保温隔热冷库简图

【例 5-86】　试计算如图 5-79 所示环氧砂浆防腐面层工程量。

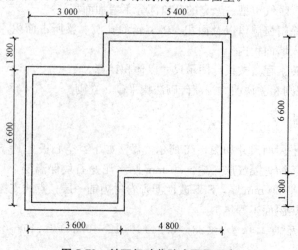

图 5-79　某环氧砂浆防腐面层示意

【解】 环氧砂浆防腐面层工程量＝(3.6＋4.8－0.24)×(6.6＋1.8－0.24)－3.0×1.8－4.8×

1.8＝52.55(m²)

【例5-87】 如图5-80所示，试计算环氧玻璃钢整体面层工程量。

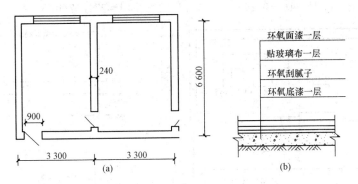

图5-80 某环氧玻璃示意

(a)平面图；(b)局部面层剖面图

【解】 (1)环氧底漆一层工程量＝(3.3－0.24)×(6.6－0.24)×2＝38.92(m²)

(2)环氧刮腻子工程量＝(3.3－0.24)×(6.6－0.24)×2＝38.92(m²)

(3)贴玻璃布一层工程量＝(3.3－0.24)×(6.6－0.24)×2＝38.92(m²)

(4)环氧面漆一层工程量＝(3.3－0.24)×(6.6－0.24)×2＝38.92(m²)

【例5-88】 计算如图5-81所示屋面隔离层工程量。

【解】 屋面隔离层工程量＝(30－0.37×2)×(20－0.37×2)＝563.55(m²)

【例5-89】 池槽表面砌筑沥青浸渍砖如图5-82所示，试求其工程量。

【解】 砌筑沥青浸渍砖工程量＝(3.6－0.065)×(1.6－0.065)＋(3.6＋1.6)×2×2

＝26.23(m²)

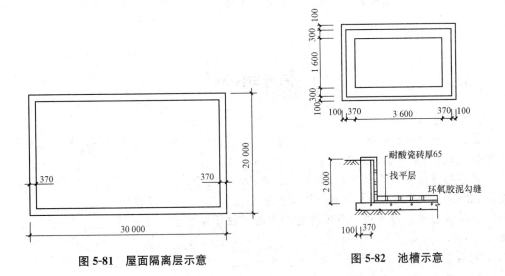

图5-81 屋面隔离层示意   图5-82 池槽示意

【例5-90】 如图5-83所示，以硫黄混凝土及环氧砂浆作为防腐涂料进行面层处理，试计算
防腐涂料工程量。

【解】 防腐涂料工程量＝(17−0.24)×(16−0.24)−(0.8×2.5+1.0×1.0×0.5)+0.24×
$$2.4=262.21(m^2)$$

$$S_{环氧砂浆防腐涂料面层}=(17-0.24)\times(16-0.24)-(0.8\times2.5+1.0\times1.0\times0.5)+0.15\times[(17-$$
$$0.24+16-0.24)\times2+0.12\times2-2.4]=271.07(m^2)$$

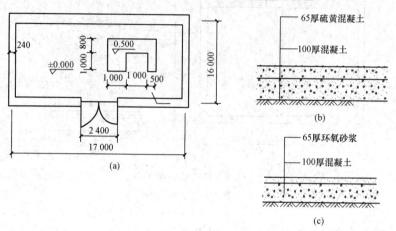

图 5-83 防腐涂料示意

(a)某房间平面图；(b)硫黄混凝土面层示意图；(c)环氧砂浆面层示意图

本章小结

本章主要介绍了房屋建筑工程中土石方工程，地基处理与边坡支护工程，桩基工程，砌筑工程，混凝土及钢筋混凝土工程，金属结构工程，木结构工程，屋面及防水工程，保温、隔热、防腐工程工程量计算规则和相关说明。通过本章的学习，学生应掌握房屋建筑工程工程量清单的编制。

思考与练习

一、填空题

1. 挖土方平均厚度应按＿＿＿＿＿＿至＿＿＿＿＿＿间的平均厚度确定。基础土方开挖深度应按基础垫层底表面标高至交付施工场地标高确定。

2. 建筑物场地厚度≤±300 mm 的挖、填、运、找平，应按＿＿＿＿＿＿项目编码列项。厚度＞±300mm 的竖向布置挖土或山坡切土应按＿＿＿＿＿＿项目编码列项。

3. 深层搅拌桩、粉喷桩、高压喷射注浆桩、柱锤冲扩桩工程量按＿＿＿＿＿＿＿＿＿＿计算。

4. "砖基础"项目适用于各种类型的砖基础：＿＿＿＿＿、＿＿＿＿＿、＿＿＿＿＿等。

5. 钢支撑、钢拉条类型指＿＿＿＿、＿＿＿＿；钢檩条类型指＿＿＿＿、＿＿＿＿；钢漏斗形式指＿＿＿＿；天沟形式指＿＿＿＿或＿＿＿＿。

6. 木屋架工程量以＿＿＿＿计量，按设计图示数量计算；以＿＿＿＿计量，按设计图示的规格尺寸以_____计算。

7. 瓦屋面、型材屋面工程量按设计图示尺寸以_____计算,不扣除房上_____、
_____、_____、_____等所占面积。小气窗的出檐部分不增加面积。

8. 墙面卷材防水、墙面涂膜防水、墙面砂浆防水(防潮)工程量按设计图示尺寸以_____
计算;墙面变形缝工程量按设计图示以_____计算。

9. 保温隔热屋面工程量按设计图示尺寸以_____计算。扣除_____的孔洞及占
位_____。

10. 砌筑沥青浸渍砖工程量按设计图示尺寸以_____计算。

二、简答题

1. 土方工程工程量如何计算?

2. 余方弃置、回填方工程量如何计算?

3. 实心砖墙、多孔砖墙、空心砖墙工程量如何计算?

4. 现浇混凝土基础工程量如何计算?

5. 现浇混凝土柱工程量计算时,柱高如何计算?

6. 什么是后浇带,其工程量如何计算?

7. 什么是屋架?预制混凝土屋架工程量如何计算?

8. 什么是钢网架?钢网架工程量如何计算?

9. 钢屋架、钢托架、钢桁架、钢架桥工程量如何计算?

10. 实腹钢柱、空腹钢柱工程量如何计算?哪些质量不扣除?哪些质量不增加?依附在钢柱
上的牛腿及悬臂梁等如何计算?

11. 屋面防水及其他工程如何计算?

12. 楼(地)面防水、防潮工程工程量如何计算?

第六章　装饰工程工程量计算

学习目标

掌握楼地面装饰工程，墙、柱面装饰与隔断、幕墙工程，天棚工程，门窗工程，油漆、涂料、裱糊工程，其他装饰工程，拆除工程，措施项目工程包括的清单项目、项目编码、工程量计算规则及相关说明。

能力目标

能根据实际工程的施工图纸计算装饰工程的工程量，并具备清单编制能力。

第一节　楼地面装饰工程

一、主要内容

楼地面装饰工程共分 8 部分 43 个清单项目，包括整体面层及找平层、块料面层、橡塑面层、其他材料面层、踢脚线、楼梯面层、台阶装饰、零星装饰项目。

二、工程量计算规则及相关说明

1. 整体面层及找平层(编码：011101)

整体面层是以建筑砂浆为主要材料，用现场浇筑法做成整片直接承受各种荷载、摩擦、冲击的表面层。它包括的清单项目有水泥砂浆楼地面、现浇水磨石楼地面、细石混凝土楼地面、菱苦土楼地面、自流平楼地面、平面砂浆找平层。

(1)工程量计算规则。平面砂浆找平层工程量按设计图示尺寸以面积计算。其余工程工程量均按设计图示尺寸以面积计算，扣除凸出地面构筑物、设备基础、室内管道、地沟等所占面积，不扣除间壁墙及≤0.3 m² 的柱、垛、附墙烟囱及孔洞所占面积。门洞、空圈、暖气包槽、壁龛的开口部分不增加面积。

(2)工程量计算规则相关说明。

1)水泥砂浆面层处理是拉毛还是提浆压光应在面层做法要求中描述。

2)平面砂浆找平层只适用于仅做找平层的平面抹灰。

3)间壁墙指墙厚≤120 mm 的墙。

4)楼地面混凝土垫层另按"13 计算规范"附录 E 表 E.1 垫层项目编码列项，除混凝土外的其他材料垫层按"13 计算规范"附录 D 表 D.4 垫层项目编码列项。

2. **块料面层**(编码：011102)

块料面层是指以陶质材料制品及天然石材等为主要材料，用建筑砂浆或胶粘剂做结合层嵌砌的直接承受各种荷载、摩擦、冲击的表面层。它包括的清单项目有石材楼地面、碎石材楼地面、块料楼地面。

(1)工程量计算规则。块料面层工程量按设计图示尺寸以面积计算。门洞、空圈、暖气包槽、壁龛的开口部分并入相应的工程量内。

(2)工程量计算规则相关说明。

1)在描述碎石材项目的面层材料特征时，可不用描述规格、颜色。

2)石材、块料与粘结材料的结合面刷防渗材料的种类在防护层材料种类中描述。

3. **橡塑面层**(编码：011103)

橡胶板楼地面是指以天然橡胶或以含有适量填料的合成橡胶制成的复合板材。其具有吸声、绝缘、耐磨、防滑和弹性好等优点，多用于有绝缘或清洁、耐磨要求的场所。

塑料板面层应采用塑料板块、卷材并以粘贴、干铺或采用现浇整体式在水泥类基层上铺设而成。板块、卷材可采用聚氯乙烯树脂、聚氯乙烯－聚乙烯共聚地板、聚乙烯树脂、聚丙烯树脂和石棉塑料板等。现浇整体式面层可采用环氧树脂涂布面层、不饱和聚酯涂布面层和聚醋酸乙烯塑料面层等。

橡塑面层包括的清单项目有橡胶板楼地面、橡胶卷材楼地面、塑料板楼地面、塑料卷材楼地面。其工程量按设计图示尺寸以面积计算，门洞、空圈、暖气包槽、壁龛的开口部分并入相应的工程量内。

4. **其他材料面层**(编码：011104)

其他材料面层包括的清单项目有地毯楼地面，竹、木(复合)地板，金属复合地板，防静电活动地板。其工程量按设计图示尺寸以面积计算，门洞、空圈、暖气包槽、壁龛的开口部分并入相应的工程量内。

5. **踢脚线**(编码：011105)

踢脚线是地面与墙面交接处的构造处理，起遮盖墙面与地面之间接缝的作用，并可防止碰撞墙面或擦洗地面时弄脏墙面。踢脚线包括的清单项目有水泥砂浆踢脚线、石材踢脚线、块料踢脚线、塑料板踢脚线、木质踢脚线、金属踢脚线、防静电踢脚线。

(1)工程量计算规则。踢脚线工程量计算规则如下：

1)以"m²"计量，按设计图示长度乘高度以面积计算。

2)以"m"计量，按延长米计算。

(2)工程量计算规则相关说明。石材、块料与粘结材料的结合面刷防渗材料的种类在防护材料种类中描述。

6. **楼梯面层**(编码：011106)

楼梯面层包括的清单项目有石材楼梯面层、块料楼梯面层、拼碎块料面层、水泥砂浆楼梯面层、现浇水磨石楼梯面层、地毯楼梯面层、木板楼梯面层、橡胶板楼梯面层、塑料板楼梯面层。

(1)工程量计算规则。楼梯面层工程量按设计图示尺寸以楼梯(包括踏步、休息平台及

≤500 mm 的楼梯井)水平投影面积计算。楼梯与楼地面相连时，算至梯口梁内侧边沿；无梯口梁者，算至最上一层踏步边沿加 300 mm。

(2)工程量计算规则相关说明。

1)在描述碎石材项目的面层材料特征时，可不用描述规格、颜色。

2)石材、块料与粘结材料的结合面刷防渗材料的种类在防护材料种类中描述。

7. 台阶装饰(编码：011107)

台阶石材饰面的粘贴分水泥砂浆粘贴和胶粘剂粘贴。水泥砂浆粘贴层厚度(20 mm)与楼梯相同，胶粘剂粘贴层胶粘剂(大理石胶 0.357 kg/m²，903 胶 0.381 kg/m²)用量与踢脚线相同。台阶装饰的清单项目包括石材台阶面、块料台阶面、拼碎块料台阶面、水泥砂浆台阶面、现浇水磨石台阶面、剁假石台阶面。

(1)工程量计算规则。台阶装饰工程量按设计图示尺寸以台阶(包括最上层踏步边沿加 300 mm)水平投影面积计算。

(2)工程量计算规则相关说明。

1)在描述碎石材项目的面层材料特征时，可不用描述规格、颜色。

2)石材、块料与粘结材料的结合面刷防渗材料的种类在防护材料种类中描述。

8. 零星装饰项目(编码：011108)

楼地面零星项目是指楼地面中装饰面积小于 0.5 m² 的项目，如楼梯踏步的侧边、台阶的牵边、小便池、蹲台蹲脚、池槽、花池、独立柱的造型柱脚等。

零星装饰项目的清单项目包括石材零星项目、拼碎石材零星项目、块料零星项目、水泥砂浆零星项目。

(1)工程量计算规则。零星装饰项目工程量按设计图示尺寸以面积计算。

(2)工程量计算规则相关说明。

1)楼梯、台阶牵边和侧面镶贴块料面层，不大于 0.5 m² 的少量分散的楼地面镶贴块料面层，应按"13 计算规范"附录 L 表 L.8 执行。

2)石材、块料与粘结材料的结合面刷防渗材料的种类在防护材料种类中描述。

三、计算实例

【例 6-1】 某商店平面如图 6-1 所示。地面做法：C20 细石混凝土找平层 60 mm 厚，1：2.5 白水泥色石子水磨石面层 20 mm 厚，15 mm×2 mm 铜条分隔，距墙柱边 300 mm 内按纵横 1 m 宽分格。计算现浇水磨石楼地面工程量。

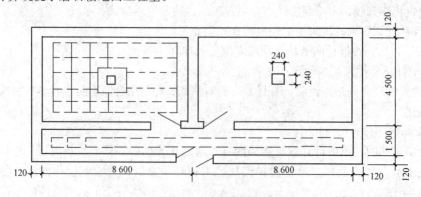

图 6-1 某商店平面

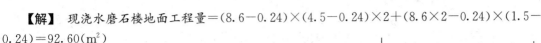

【解】 现浇水磨石楼地面工程量＝(8.6－0.24)×(4.5－0.24)×2＋(8.6×2－0.24)×(1.5－0.24)＝92.60(m²)

注：柱子工程量＝0.24×0.24＝0.057 6(m²)＜0.3 m²，所以不用扣除柱子工程量。

【例6-2】 试计算如图6-2所示住宅内水泥砂浆楼地面的工程量。

【解】 水泥砂浆楼地面工程量＝(5.8－0.24)×(9.6－0.24×3)＝49.37(m²)

【例6-3】 如图6-3所示，设计要求做水泥砂浆找平层和菱苦土整体面层，试计算菱苦土楼地面工程量。

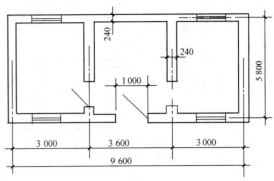

图6-2 水泥砂浆楼地面示意

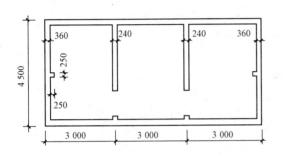

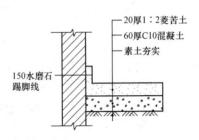

图6-3 菱苦土楼地面示意

【解】 菱苦土楼地面工程量＝4.5×9.0－[(4.5＋9.0)×2－4×0.36]×0.36－(4.5－2×0.36)×2×0.24＝29.48(m²)

【例6-4】 试计算图6-4所示房间地面镶贴大理石面层的工程量。已知暖气包槽尺寸为1 200 mm×120 mm×600 mm，门与墙外边线齐平。

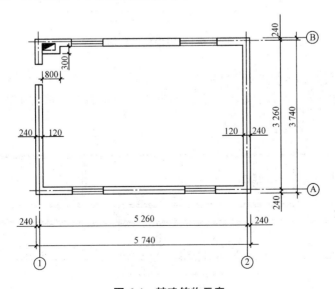

图6-4 某建筑物示意

【解】 大理石楼地面工程量＝[5.74－(0.24＋0.12)×2]×[3.74－(0.24＋0.12)×2]－0.8×
       0.3＋1.2×0.36＝15.35(m²)

【例6-5】 如图6-5所示，求某卫生间地面镶贴马赛克面层工程量。

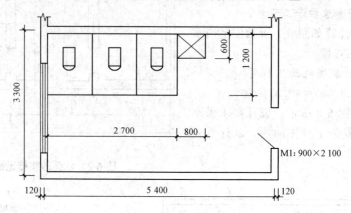

图6-5 卫生间示意

【解】 马赛克面层工程量＝(5.4－0.24)×(3.3－0.24)－2.7×1.2－0.8×0.6＋0.9×0.24
       ＝12.29(m²)

【例6-6】 如图6-6所示，楼地面用橡胶卷材铺贴，试求其工程量。

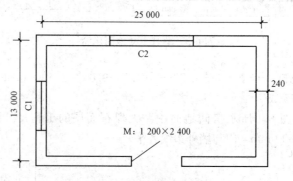

图6-6 橡胶卷材楼地面

【解】 橡胶卷材楼地面工程量＝(13－0.24)×(25－0.24)＋1.2×0.24＝316.23(m²)

【例6-7】 如图6-7所示，求某建筑房间(不包括卫生间)及走廊地面铺贴复合木地板面层的
工程量。

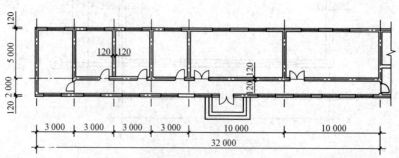

图6-7 某建筑示意

【解】 复合木地板工程量＝(7.0－0.12×2)×(3.0－0.12×2)＋(5.0－0.12×2)×(3.0－
0.12×2)×3＋(5.0－0.12×2)×(10.0－0.12×2)×2＋(2.0－
0.12×2)×(32.0－3.0－0.12×2)＝201.60(m²)

【例 6-8】 某房屋平面图如图 6-8 所示，室内水泥砂浆粘贴 200 mm 高的石材踢脚线，计算其工程量。

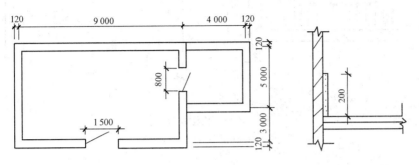

图 6-8 某房屋示意

【解】 石材踢脚线工程量＝(9－0.24＋8－0.24)×2－0.8－1.5＋(4－0.24＋5－0.24)×2－
0.8＋0.12×2＋0.24×2＝47.7(m)

或石材踢脚线工程量＝47.7×0.20＝9.54(m²)

【例 6-9】 计算如图 6-9 所示卧室榉木夹板踢脚线工程量，踢脚线的高度按 150 mm 考虑。

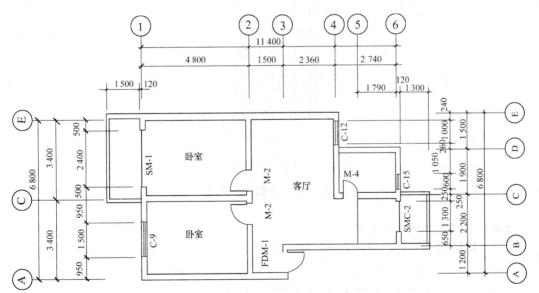

图 6-9 中套居室设计示意

【解】 榉木夹板踢脚线工程量＝(3.4－0.24＋4.8－0.24)×4－2.40－0.6×2＋0.24×2
＝27.76(m)

或榉木夹板踢脚线工程量＝27.76×0.15＝4.16(m²)

【例 6-10】 如图 6-10 所示为某二层建筑楼设计图，设计为木板楼梯面层，求木板楼梯面层工程量(不包括楼梯踢脚线)。

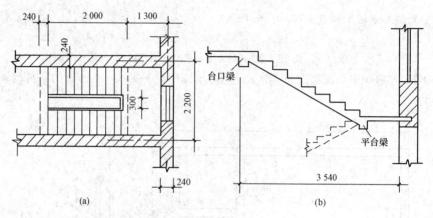

图 6-10　木板楼梯设计图

(a)平面图；(b)剖面图

【解】　木板楼梯面层工程量＝(2.2－0.24)×(0.24＋2.0＋1.3－0.12)＝6.70(m²)

【例 6-11】　某 6 层建筑物，平台梁宽为 250 mm，欲铺贴大理石楼梯面层，试根据图 6-11 所示平面图计算其工程量。

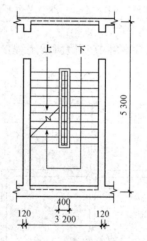

图 6-11　大理石楼梯示意

【解】　大理石楼梯面层工程量＝(3.2－0.24)×(5.3－0.24)×(6－1)＝74.89(m²)

【例 6-12】　求如图 6-12 所示剁假石台阶面工程量。

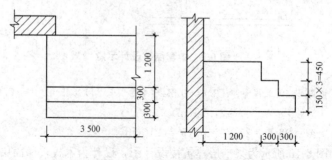

图 6-12　剁假石台阶示意

(a)台阶平面图；(b)台阶剖面图

【解】 剁假石台阶面工程量＝3.5×0.3×3＝3.15(m²)

【例6-13】 如图6-13所示，某厕所内拖把池镶贴面砖(池内外按高500 mm 计)，试计算其工程量。

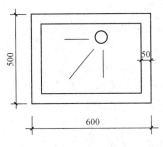

图6-13 拖把池镶贴面砖示意

【解】 面砖工程量＝[(0.5＋0.6)×2×0.5](池外侧壁)＋[(0.6－0.05×2＋0.5－0.05×2)×2×0.5](池内侧壁)＋0.6×0.5(池边及池底)＝2.3(m²)

第二节 墙、柱面装饰与隔断、幕墙工程

一、主要内容

墙、柱面装饰与隔断、幕墙工程共10部分35个清单项目，包括墙面抹灰、柱(梁)面抹灰、零星抹灰、墙面块料面层、柱(梁)面镶贴块料、镶贴零星块料、墙饰面、柱(梁)饰面、幕墙工程、隔断。

二、工程量计算规则及相关说明

1. 墙面抹灰(编号：011201)

墙面抹灰按质量标准分普通抹灰、中级抹灰和高级抹灰三个等级。一般多采用普通抹灰和中级抹灰。抹灰的总厚度通常为：内墙 15～20 mm，外墙 20～25 mm。

抹灰一般由三层组成(图6-14)。墙面抹灰的清单项目包括墙面一般抹灰、墙面装饰抹灰、墙面勾缝、立面砂浆找平层。

(1)工程量计算规则。墙面抹灰工程量按设计图示尺寸以面积计算。扣除墙裙、门窗洞口及单个＞0.3 m²的孔洞面积，不扣除踢脚线、挂镜线和墙与构件交接处的面积。门窗洞口和孔洞的侧壁及顶面不增加面积。附墙柱、梁、垛、烟囱侧壁并入相应的墙面面积内。

1)外墙抹灰面积按外墙垂直投影面积计算。

2)外墙裙抹灰面积按其长度乘以高度计算。

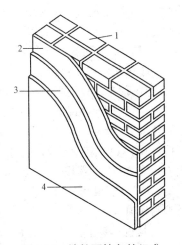

图6-14 墙柱面抹灰的组成

1—墙体；2—底层；3—中层；4—面层

3)内墙抹灰面积按主墙间的净长乘以高度计算。

①无墙裙的，高度按室内楼地面至天棚底面计算。

②有墙裙的，高度按墙裙顶至天棚底面计算。

③有吊顶天棚抹灰的，高度算至天棚底。

4)内墙裙抹灰面按内墙净长乘以高度计算。

(2)工程量计算规则相关说明。

1)立面砂浆找平层项目适用于仅做找平层的立面抹灰。

2)墙面抹石灰砂浆、水泥砂浆、混合砂浆、聚合物水泥砂浆、麻刀石灰浆、石膏灰浆等按墙面一般抹灰列项，水刷石、剁假石、干粘石、假面砖等按"13计算规范"附录M表M.1中墙面装饰抹灰列项。

3)飘窗凸出外墙面增加的抹灰并入外墙工程量内。

4)有吊顶天棚的内墙面抹灰，抹至吊顶以上部分在综合单价中考虑。

2. 柱(梁)面抹灰(编码：011202)

柱按材料一般分为硅柱、砖壁柱和钢筋混凝土柱，按形状又可分为方柱、圆柱、多角形柱等。柱面抹灰根据柱的材料、形状、用途的不同，抹灰方法也有所不同。

一般来说，室内柱一般用石灰砂浆或水泥混合砂浆抹底层、中层，用麻刀石灰或纸筋石灰抹面层；室外常用水泥砂浆抹灰。柱面勾缝的形式有平缝、平凹缝、圆凹缝、凸缝、斜缝等。

柱(梁)面抹灰清单项目包括柱(梁)面一般抹灰、柱(梁)面装饰抹灰、柱(梁)面砂浆找平、柱面勾缝。

(1)工程量计算规则。

1)柱(梁)面一般抹灰、柱(梁)面装饰抹灰、柱(梁)面砂浆找平工程量计算规则如下：

①柱面抹灰。按设计图示柱断面周长乘以高度以面积计算。

②梁面抹灰。按设计图示梁断面周长乘以长度以面积计算。

③柱面勾缝。按设计图示柱断面周长乘以高度以面积计算。

(2)工程量计算规则相关说明。

1)砂浆找平项目适用于仅做找平层的柱(梁)面抹灰。

2)柱(梁)面抹石灰砂浆、水泥砂浆、混合砂浆、聚合物水泥砂浆、麻刀石灰浆、石膏灰浆等按"13计算规范"附录M表M.2中柱(梁)面一般抹灰编码列项；柱(梁)面水刷石、剁假石、干粘石、假面砖等按"13计算规范"附录M表M.2中柱(梁)面装饰抹灰编码列项。

3. 零星抹灰(编号：011203)

零星抹灰清单项目包括零星项目一般抹灰、零星项目装饰抹灰、零星项目砂浆找平。

(1)工程量计算规则。零星抹灰工程量按设计图示尺寸以面积计算。

(2)工程量计算规则相关说明。

1)零星项目抹石灰砂浆、水泥砂浆、混合砂浆、聚合物水泥砂浆、麻刀石灰浆、石膏灰浆等按"13计算规范"附录M表M.3中零星项目一般抹灰编码列项；水刷石、剁假石、干粘石、假面砖等按"13计算规范"附录M表M.3中零星项目装饰抹灰编码列项。

2)墙、柱(梁)面≤0.5 m²的少量分散的抹灰按"13计算规范"附录M表M.3中零星抹灰项目编码列项。

4. 墙面块料面层(编号：011204)

墙面块料面层清单项目包括石材墙面、拼碎石材墙面、块料墙面、干挂石材钢骨架。

石材墙面镶贴块料常用的材料有天然大理石、花岗石、人造石饰面材料等。

拼碎石材墙面是指使用裁切石材剩下的边角余料经过分类加工作为填充材料,以不饱和聚酯树脂(或水泥)为胶粘剂,经搅拌成型、研磨、抛光等工序组合而成的墙面装饰项目。常见拼碎石材墙面一般为拼碎大理石墙面。

块料墙面包括釉面砖墙面、陶瓷马赛克墙面等。

干挂石材是采用金属挂件将石材饰面直接悬挂在主体结构上,形成一种完整的围护结构体系。钢骨架常采用型钢龙骨、轻钢龙骨、铝合金龙骨等材料。常用干挂石材钢骨架的连接方式有两种:一种是角钢在槽钢的外侧,这种连接方式成本较高,占用空间较大,适合室外使用;另一种是角钢在槽钢的内侧,这种连接方式成本较低,占用空间小,适合室内使用。

(1)工程量计算规则。干挂石材钢骨架工程量按设计图示以质量计算,石材墙面、拼碎石材墙面、块料墙面工程量均按镶贴表面积计算。

图 6-15 中柱的镶贴面积为 $S = 2(a_3 + b_3)h$。

(2)工程量计算规则相关说明。

1)在描述碎块项目的面层材料特征时,可不用描述规格、颜色。

2)石材、块料与粘结材料的结合面刷防渗材料的种类在防护层材料种类中描述。

3)安装方式可描述为砂浆或胶粘剂粘贴、挂贴、干挂等,无论哪种安装方式,都要详细描述与组价相关的内容。

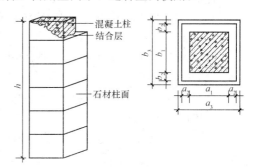

图 6-15 柱面镶贴石材

a_1、b_1—混凝土柱尺寸;a_2、b_2—结合层厚度;
a_3、b_3—挂贴石材外边尺寸,即实贴尺寸

5. **柱(梁)面镶贴块料(编号:011205)**

柱(梁)面镶贴块料清单项目包括石材柱面、块料柱面、拼碎块柱面、石材梁面、块料梁面。

(1)工程量计算规则。柱(梁)面镶贴块料工程量按镶贴表面积计算。

(2)工程量计算规则相关说明。

1)在描述碎块项目的面层材料特征时,可不用描述规格、颜色。

2)石材、块料与粘结材料的结合面刷防渗材料的种类在防护层材料种类中描述。

3)柱(梁)面干挂石材的钢骨架按"13 计算规范"附录 M 表 M.4 相应项目编码列项。

6. **镶贴零星块料(编号:011206)**

镶贴零星块料清单项目包括石材零星项目、块料零星项目、拼碎块零星项目。

石材零星项目是指小面积(0.5 m² 以内)少量分散的石材零星面层项目。

块料零星项目是指小面积(0.5 m² 以内)少量分散的釉面砖面层、陶瓷马赛克面层等项目。

拼碎块零星项目是指小面积(0.5 m² 以内)少量分散拼碎石材面层项目。

(1)工程量计算规则。镶贴零星块料工程量按镶贴表面积计算。

(2)工程量计算规则相关说明。

1)在描述碎块项目的面层材料特征时,可不用描述规格、颜色。

2)石材、块料与粘结材料的结合面刷防渗材料的种类在防护材料种类中描述。

3)零星项目干挂石材的钢骨架按"13 计算规范"附录 M 表 M.4 相应项目编码列项。

4)墙柱面≤0.5 m² 的少量分散的镶贴块料面层按"13 计算规范"附录 M 表 M.6 中零星项目编码列项。

7. **墙饰面(编号:011207)**

墙饰面清单项目包括墙面装饰板、墙面装饰浮雕。

常用的墙面装饰板有金属饰面板、塑料饰面板、镜面玻璃装饰板等。

浮雕是雕塑与绘画结合的产物，用压缩的办法来处理对象，靠透视等因素来表现三维空间，并只供一面或两面观看。目前的室内浮雕、壁画及有关艺术手段的应用效果，从功能方面看可分为大型厅堂、小型厅堂(又分餐厅、会议厅、会客厅)、居家厅室等；从空间造型应用范围看，可分为墙壁、天花板、柱体等。无论功能怎样不同，应用范围怎样有别，都要遵循建筑空间装饰艺术的统一法则。浮雕壁画从材质上划分，主要有铜、不锈钢、石材、木质、砂岩、玻璃钢、水泥等。

工程量计算规则如下：

(1)墙面装饰板工程量按设计图示墙净长乘以净高以面积计算。扣除门窗洞口及单个>0.3 m² 的孔洞所占面积。

(2)墙面装饰浮雕工程量按设计图示尺寸以面积计算。

8. 柱(梁)饰面(编号：011208)

柱(梁)饰面清单项目包括柱(梁)面装饰、成品装饰柱。

工程量计算规则如下：

(1)柱(梁)面装饰工程量按设计图示饰面外围尺寸以面积计算，柱帽、柱墩并入相应柱饰面工程量内。

(2)成品装饰柱工程量计算规则如下：

1)以"根"计量，按设计图示数量计算。

2)以"m"计量，按设计图示尺寸以长度计算。

9. 幕墙工程(编号：011209)

幕墙工程清单项目包括带骨架幕墙、全玻(无框玻璃)幕墙。

(1)工程量计算规则。

1)带骨架幕墙工程量按设计图示框外围尺寸以面积计算，与幕墙同种材质的窗所占面积不扣除。

2)全玻(无框玻璃)幕墙工程量按设计图示尺寸以面积计算，带肋全玻幕墙按展开面积计算。

(2)工程量计算规则相关说明。幕墙钢骨架按"13计算规范"附录M表M.4干挂石材钢骨架编码列项。

10. 隔断(编码：011210)

隔断是指专门作为分隔室内空间的立面，应用更加灵活，主要起遮挡作用，一般不做到板下，有的甚至可以移动。按外部形式和构造方式，可以将隔断划分为花格式、屏风式、移动式、帷幕式和家具式等。其中，花格式隔断有木材、金属、混凝土等制品，其形式多种多样，如图 6-16所示。

隔断清单项目包括木隔断、金属隔断、玻璃隔断、塑料隔断、成品隔断、其他隔断。

工程量计算规则：

1)木隔断、金属隔断工程量均按设计图示框外围尺寸以面积计算，不扣除单个≤0.3 m² 的孔洞所占面积；浴厕门的材质与隔断相同时，门的面积并入隔断面积内。

2)玻璃隔断、塑料隔断工程量均按设计图示框外围尺寸以面积计算，不扣除单个≤0.3 m² 的孔洞所占面积。

3)成品隔断工程量计算规则如下：

①以"m²"计量，按设计图示框外围尺寸以面积计算。

②以"间"计量，按设计间的数量计算。

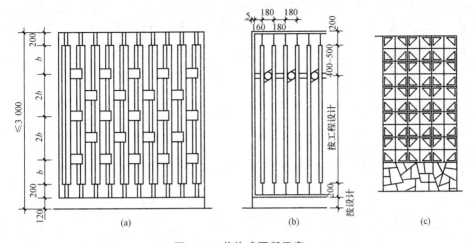

图 6-16 花格式隔断示意

(a)木花格隔断；(b)金属花格隔断；(c)混凝土花格隔断

4)其他隔断工程量按设计图示框外围尺寸以面积计算，不扣除单个≤0.3 m² 的孔洞所占面积。

三、计算实例

【例 6-14】 某工程平面图与剖面图如图 6-17 所示，室内墙面抹 1：2 水泥砂浆打底，1：3
石灰砂浆找平层，麻刀石灰浆面层，共 20 mm 厚。室内墙裙采用 1：3 水泥砂浆打底（19 mm
厚），1：2.5 水泥砂浆面层（6 mm 厚）。计算室内墙面一般抹灰和室内墙裙工程量。

M：1 000 mm×2 700 mm，共 3 个

C：1 500 mm×1 800 mm，共 4 个

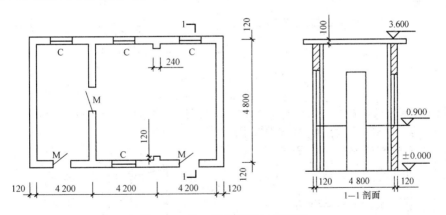

图 6-17 某工程平面图与剖面图

【解】 (1)室内墙面一般抹灰工程量=[(4.20×3−0.24×2+0.12×2)×2+(4.80−0.24)×
4]×(3.60−0.10−0.90)−1.00×(2.70−0.90)×
4−1.50×1.80×4=93.70(m²)

(2)室内墙裙工程量=[(4.20×3−0.24×2+0.12×2)×2+(4.80−0.24)×4−1.00×4]×0.90
=35.06(m²)

【例 6-15】 某工程外墙示意图如图 6-18 所示，外墙面抹水泥砂浆，底层为 1：3 水泥砂浆打

底 14 mm 厚，面层为 1∶2 水泥砂浆抹面 6 mm 厚；外墙裙水刷石，1∶3 水泥砂浆打底 12 mm 厚，刷素水泥浆两遍，1∶2.5 水泥白石子 10 mm 厚（分格），挑檐水刷白石子。计算挑檐装饰抹灰工程量。

　　M：1 000 mm×2 500 mm

　　C：1 200 mm×1 500 mm

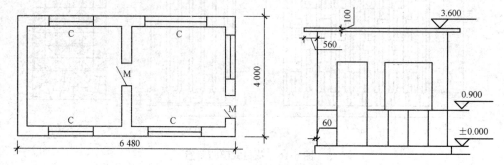

图 6-18　某工程外墙示意

【解】　挑檐装饰抹灰工程量＝[(6.48+4.00)×2−1.00]×0.90＝17.96(m²)

【例 6-16】　如图 6-19 所示，外墙采用水泥砂浆勾缝，层高 3.6 m，墙裙高 1.2 m，求外墙勾缝工程量。

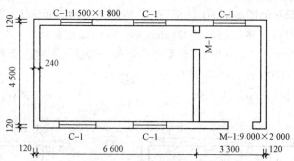

图 6-19　某工程平面示意

【解】　外墙勾缝工程量＝(9.9+0.24+4.5+0.24)×(3.6−1.2)＝35.71(m²)

【例 6-17】　如图 6-20 所示，求柱面抹水泥砂浆工程量。

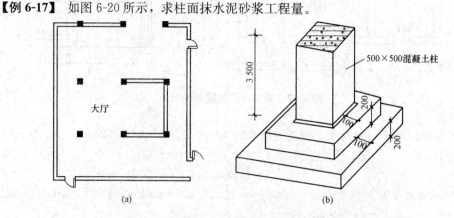

图 6-20　大厅平面示意

(a)大厅示意；(b)混凝土柱示意

【解】 水泥砂浆一般抹灰工程量＝0.5×4×3.5×6＝42(m²)

【例 6-18】 求如图 6-21 所示水泥砂浆抹小便池(长 2 m)工程量。

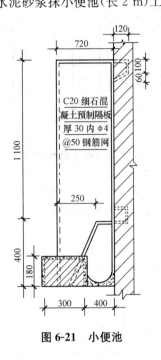

图 6-21　小便池

【解】 小便池抹灰工程量＝2×(0.18＋0.3＋0.4×π÷2)
　　　　　　　　　　　　＝2.22(m²)

【例 6-19】 某卫生间的一侧墙面如图 6-22 所示,墙面贴 2.5 m 高的白色瓷砖,窗侧壁贴瓷砖 100 mm 宽,试计算贴瓷砖的工程量。

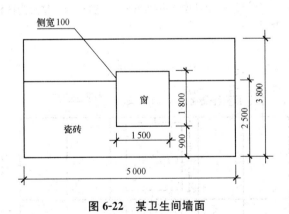

图 6-22　某卫生间墙面

【解】 墙面贴瓷砖的工程量＝5.0×2.5－1.5×1.6＋[(2.5－0.9)×2＋1.5]×0.10
　　　　　　　　　　　　＝10.57(m²)

【例 6-20】 某建筑物钢筋混凝土柱 8 根,其构造如图 6-23 所示,柱面挂贴花岗石面层,求其工程量。

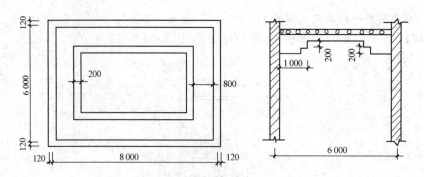

图 6-23　钢筋混凝土柱

【解】　柱面挂贴花岗石工程量 $=0.40\times4\times3.7\times8=47.36(\text{m}^2)$

花岗石柱帽工程量按设计图示尺寸以展开面积计算，本例柱帽为四棱台，即应计算四棱台的斜表面积，其计算公式为

$$\text{四棱台全斜表面积}=\text{斜高}\times(\text{上面的周边长}+\text{下面的周边长})\div2$$

已知斜高为 0.158 m，将图 6-23 所示数据代入，柱帽展开面积为

$$0.158\times(0.5\times4+0.4\times4)\div2\times8=2.28(\text{m}^2)$$

柱面、柱帽工程合并工程量 $=47.36+2.28$

$$=49.64(\text{m}^2)$$

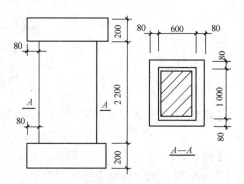

图 6-24　某大门砖柱块料面层设计尺寸

【例 6-21】　某单位大门砖柱为 4 根，砖柱块料面层设计尺寸如图 6-24 所示，面层水泥砂浆贴玻璃马赛克，计算柱面块料项目工程量。

【解】　块料项目工程量 $=[(0.6+0.08\times2)+(1.0+0.08\times2)]\times2\times0.2\times2\times4+[(0.6+0.08)+(1.0+0.08)]\times2\times0.08\times2\times4+(0.6+1.0)\times2\times2.2\times4=36.56(\text{m}^2)$

【例 6-22】　试计算如图 6-25 所示墙面装饰工程量。

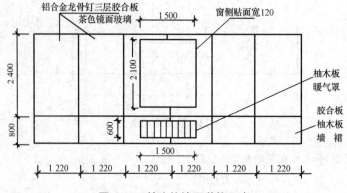

图 6-25　某建筑墙面装饰示意

【解】　墙面装饰工程量 $=2.4\times1.22\times6+1.5\times2.1\times0.12-1.5\times2.1=14.80(\text{m}^2)$

墙裙装饰工程量 $=0.8\times1.22\times6-0.6\times1.5=4.96(\text{m}^2)$

【例 6-23】 木龙骨，五合板基层，不锈钢柱面尺寸如图 6-26 所示，共 4 根，龙骨断面 30 mm×40 mm，间距为 250 mm，计算柱面装饰工程量。

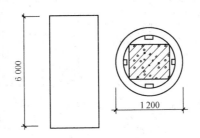

图 6-26　不锈钢柱面尺寸

【解】 柱面装饰工程量＝1.20×3.14×6.00×4＝90.43(m²)

【例 6-24】 如图 6-27 所示，某大厅外立面为铝板幕墙，高 12 m，计算幕墙工程量。

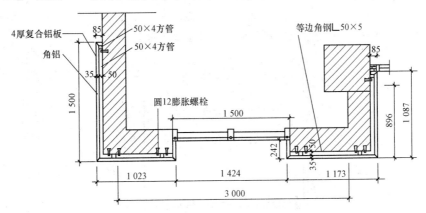

图 6-27　大厅外立面铝板幕墙剖面图

【解】 幕墙工程量＝(1.5＋1.023＋0.242×2＋1.173＋1.087＋0.085×2)×12
　　　　＝65.24(m²)

【例 6-25】 如图 6-28 所示，计算卫生间木隔断工程量。

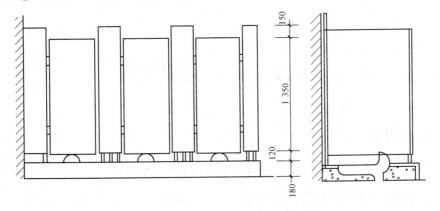

图 6-28　卫生间木隔断示意

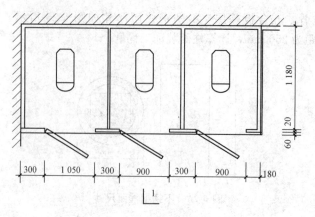

图 6-28　卫生间木隔断示意(续)

【解】　卫生间木隔断工程量＝(1.35＋0.15)×(0.30×3＋0.18＋1.18×3)＋1.35×0.90×2＋
　　　　　　　1.35×1.05＝10.78(m²)

【例 6-26】　求如图 6-29 所示卫生间塑料轻质隔断工程量。

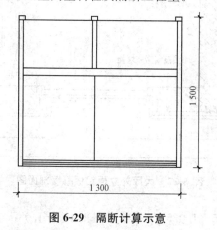

图 6-29　隔断计算示意

【解】　塑料轻质隔断工程量＝1.3×1.5＝1.95(m²)

第三节　天棚工程

一、主要内容

天棚工程共 4 部分 10 个清单项目，包括天棚抹灰、天棚吊顶、采光天棚、天棚其他装饰。

二、工程量计算规则及相关说明

1. 天棚抹灰(编码：011301)

天棚抹灰即天花板抹灰，从抹灰级别上可分普、中、高三个等级；按抹灰材料不同可分为石灰麻刀砂浆、水泥麻刀砂浆和涂刷涂料等；按天棚基层不同可分为混凝土基层抹灰、板条基层抹灰和钢丝网基层抹灰。天棚抹灰工程量按设计图示尺寸以水平投影面积计算，不扣除间壁墙、垛、柱、附墙烟囱、检查口和管道所占的面积，带梁天棚的梁两侧抹灰面积并入天棚面积内，板式楼梯底面抹灰按斜面积计算，锯齿形楼梯底板抹灰按展开面积计算。

2. 天棚吊顶(编码：011302)

吊顶又称顶棚、平顶、天花板，是室内装饰工程的一个重要组成部分。吊顶从形式上分，有直接式和悬吊式两种。目前，悬吊式吊顶的应用最为广泛。悬吊式吊顶的构造主要由基层、悬吊件、龙骨和面层组成，如图6-30所示。

天棚吊顶清单项目包括吊顶天棚、格栅吊顶、吊筒吊顶、藤条造型悬挂吊顶、织物软雕吊顶、装饰网架吊顶。天棚吊顶的工程量计算规则如下：

(1)吊顶天棚的工程量按设计图示尺寸以水平投影面积计算，天棚面中的灯槽及跌级、锯齿形、吊挂式、藻井式天棚面积不展开计

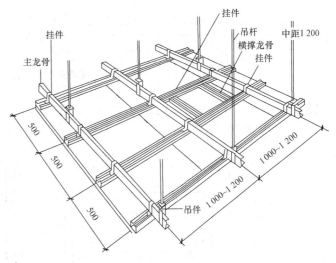

图6-30　吊顶构造

算，不扣除间壁墙、检查口、附墙烟囱、柱垛和管道所占面积，扣除单个面积$>0.3 \text{ m}^2$的孔洞、独立柱及与天棚相连的窗帘盒所占面积。

(2)格栅吊顶、吊筒吊顶、藤条吊顶、织物软雕吊顶、装饰网架吊顶工程量均按设计图示尺寸以水平投影面积计算。

3. 采光天棚(编码：011303)

采光天棚工程量按框外围尺寸以展开面积计算。

采光天棚骨架应按第五章中"金属结构工程"相关项目编码列项。

4. 天棚其他装饰(编码：011304)

天棚其他装饰清单项目包括灯带(槽)、送风口、回风口。

工程量计算规则如下：

(1)灯带(槽)工程量按设计图示尺寸以框外围面积计算。

(2)送风口、回风口工程量按设计图示数量计算。

三、计算实例

【例6-27】 某工程现浇井字梁天棚如图6-31所示，石灰麻刀砂浆面层，计算其工程量。

【解】 天棚抹灰工程量$=(6.80-0.24)\times(4.20-0.24)+(0.40-0.12)\times(6.80-0.24)\times2+$
$(0.25-0.12)\times(4.20-0.24-0.3)\times2\times2-(0.25-0.12)\times0.15\times$
$4=31.48(\text{m}^2)$

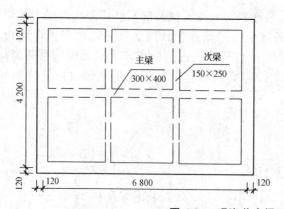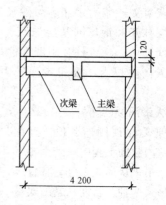

图 6-31　现浇井字梁天棚

【**例 6-28**】　某三级天棚尺寸如图 6-32 所示，钢筋混凝土板下吊双层楞木，面层为塑料板，计算吊顶天棚工程量。

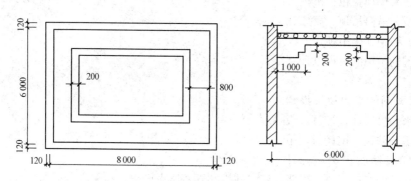

图 6-32　三级天棚尺寸

【**解**】　吊顶天棚工程量 = (8.0−0.24)×(6.0−0.24)

$$= 44.70 (m^2)$$

【**例 6-29**】　某建筑客房顶棚如图 6-33 所示，与顶棚相连的窗帘盒断面如图 6-34 所示，试计算铝合金顶棚工程量。

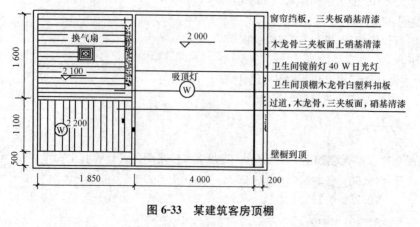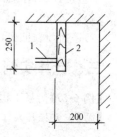

图 6-33　某建筑客房顶棚　　　　**图 6-34　标准客房**
　　　　　　　　　　　　　　　　　　窗帘盒断面

【解】　铝合金顶棚工程量＝$(4-0.2-0.12) \times 3.2 + (1.85-0.24) \times (1.1-0.12) + (1.6-$
$0.24) \times (1.85-0.12) = 15.71(\text{m}^2)$

【例 6-30】　如图 6-35 所示，试计算顶棚吊顶工程量。

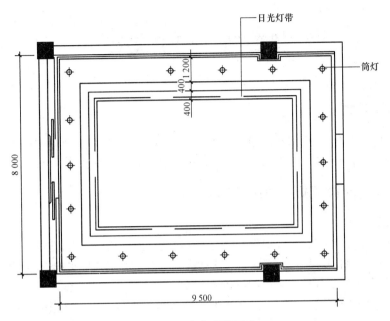

图 6-35　室内顶棚示意

【解】　(1)灯带分项工程工程量：

$L_{\text{中}} = [8.0-2 \times (1.2+0.4+0.2)] \times 2 + [9.5-2 \times (1.2+0.4+0.2)] \times 2 = 20.6(\text{m})$

$S_1 = L_{\text{中}} \times b = 20.6 \times 0.4 = 8.24(\text{m}^2)$

(2)顶棚吊顶分项工程工程量＝$8.0 \times 9.5 - 8.24 = 67.76(\text{m}^2)$

【例 6-31】　如图 6-36 所示某房间天花板布置，计算铝合金送(回)风口的工程量。

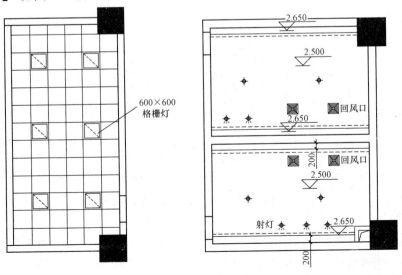

图 6-36　某房间天花板布置图

【解】 送风口、回风口的工程量按设计图示数量计算，依据图 6-36 可知，送(回)风口的工程量为 4 个。

<h1 style="text-align:center">第四节　门窗工程</h1>

一、主要内容

门窗工程共 10 部分 55 个清单项目。其中包括木门，金属门，金属卷帘(闸)门，厂库房大门、特种门，其他门，木窗，金属窗，门窗套，窗台板，窗帘、窗帘盒、轨。

二、工程量计算规则及相关说明

1. 市门(编码：010801)

木质门应区分镶板木门、企口木板门、实木装饰门、胶合板门、夹板装饰门等项目。

镶板木门是指木制门芯板镶进门边和冒头槽内，一般设有三根冒头或 1～2 根冒头，其多用于住宅的分户门和内门，有带亮子和不带亮子之分，如图 6-37 所示。镶板木门的门芯板通常为平缝胶结。为避免板缝开裂，有时采用较小的正块板做门芯板。用于外门的门扇，用料应大于内门。

企口木板门的构造形式同镶板木门，只是企口木板门的门芯板采用企口连接。

实木装饰门是用实木加工制作的装饰门，有全木、半玻、全玻三种款式。从木材加工工艺上看，有指接木与原木两种。指接木是原木经锯切、指接后的木材，性能比原木要稳定，能切实保证门不变形。

胶合板门是指中间为轻型骨架，一般做框的厚为 32～35 mm、宽为 34～60 mm，内为格形肋条，外面镶贴薄板的门，也有胶合板门上做小玻璃窗和百叶窗的，如图 6-38 所示。

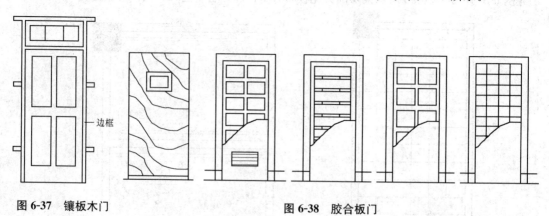

图 6-37　镶板木门　　　　　　　　　图 6-38　胶合板门

夹板装饰门以实木做框，两面用装饰面板粘压在框上，经加工制成。这种门具有质量轻，装饰效果简捷、轻巧的特点，多用于家庭装修。木夹板门的形式如图 6-39 所示。

木门清单项目包括木质门、木质门带套、木质连窗门、木质防火门、木门框、门锁安装。

木质连窗门是指木质的、带有窗的门，如图 6-40 所示。

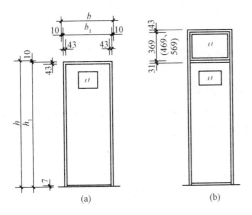

图 6-39　木夹板门的形式

(a)无亮窗；(b)有亮窗

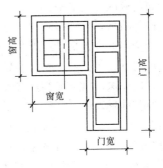

图 6-40　木质连窗门

(1)工程量计算规则。

1)木质门、木质门带套、木质连窗门、木质防火门工程量计算规则。

①以"樘"计量，按设计图示数量计算。

②以"m²"计量，按设计图示洞口尺寸以面积计算。

2)木门框工程量计算规则。

①以"樘"计量，按设计图示数量计算。

②以"m"计量，按设计图示框的中心线以延长米计算。

3)门锁安装工程量按设计图示数量计算。

(2)工程量计算规则相关说明。

1)木质门应区分镶板木门、企口木板门、实木装饰门、胶合板门、夹板装饰门、木纱门、全玻门(带木质扇框)、木质半玻门(带木质扇框)等项目，分别编码列项。

2)木门五金应包括：折页、插销、门碰珠、弓背拉手、搭机、木螺钉、弹簧折页(自动门)、管子拉手(自由门、地弹门)、地弹簧(地弹门)、角铁、门轧头(地弹门、自由门)等。

3)木质门带套计量按洞口尺寸以面积计算，不包括门套的面积，但门套应计算在综合单价中。

4)以"樘"计量，项目特征必须描述洞口尺寸；以"m²"计量，项目特征可不描述洞口尺寸。

5)单独制作安装木门框按木门框项目编码列项。

2. 金属门(编码：010802)

金属门应区分金属平开门、金属推拉门、金属地弹门等项目。

金属平开门是指转动轴位于门侧边，门扇向门框平面外旋转开启的门。常见的金属平开门有平开钢门和平开铝合金门。

金属推拉门是指门扇在平行门框的平面内沿水平方向移动启闭的门。金属推拉门大多采用推拉铝合金门。

金属地弹门是采用地埋式门轴弹簧，门扇可内外自由开启，不触动时门扇处于关闭状态的门。

金属门清单项目包括金属(塑钢)门、彩板门、钢质防火门、防盗门。

(1)工程量计算规则。

1)以"樘"计量，按设计图示数量计算。

2)以"m²"计量，按设计图示洞口尺寸以面积计算。

(2)工程量计算规则相关说明。

1)金属门应区分金属平开门、金属推拉门、金属地弹门、全玻门(带金属扇框)、金属半玻门(带扇框)等项目，分别编码列项。

2)铝合金门五金包括：地弹簧、门锁、拉手、门插、门铰、螺钉等。

3)金属门五金包括：L形执手插锁(双舌)、执手锁(单舌)、门轨头、地锁、防盗门机、门眼(猫眼)、门碰珠、电子锁(磁卡锁)、闭门器、装饰拉手等。

4)以"樘"计量，项目特征必须描述洞口尺寸，没有洞口尺寸必须描述门框或扇外围尺寸；以"m²"计量，项目特征可不描述洞口尺寸及门框、扇的外围尺寸。

5)以"m²"计量，无设计图示洞口尺寸，按门框、扇外围尺寸以面积计算。

3. 金属卷帘(闸)门(编码：010803)

金属卷帘(闸)门由铝合金材料组成，门顶以水平线为轴线进行转动，可以将全部门扇转包到门顶上。卷帘(闸)门由帘板、卷筒体、导轨、电气传动等部分组成。金属卷帘(闸)门清单项目包括金属卷帘(闸)门、防火卷帘(闸)门。

(1)工程量计算规则。

1)以"樘"计量，按设计图示数量计算。

2)以"m²"计量，按设计图示洞口尺寸以面积计算。

(2)工程量计算规则相关说明。以"樘"计量，项目特征必须描述洞口尺寸；以"m²"计量，项目特征可不描述洞口尺寸。

4. 厂库房大门、特种门(编码：010804)

厂库房大门、特种门清单项目包括大板大门、钢木大门、全钢板大门、防护铁丝门、金属格栅门、钢质花饰大门、特种门。

(1)工程量计算规则。

1)大板大门、钢木大门、全钢板大门、金属格栅门、特种门工程量计算规则有以下两点：

①以"樘"计量，按设计图示数量计算。

②以"m²"计量，按设计图示洞口尺寸以面积计算。

2)防护铁丝门、钢质花饰大门工程量计算规则有以下两点：

①以"樘"计量，按设计图示数量计算。

②以"m²"计量，按设计图示门框或扇外围尺寸以面积计算。

(2)工程量计算规则相关说明。

1)特种门应区分冷藏门、冷冻间门、保温门、变电室门、隔声门、防射线门、人防门、金库门等项目，分别编码列项。

2)以"樘"计量，项目特征必须描述洞口尺寸，没有洞口尺寸必须描述门框或扇外围尺寸；以"m²"计量，项目特征可不描述洞口尺寸及框、扇的外围尺寸。

3)以"m²"计量，无设计图示洞口尺寸，按门框、扇外围以面积计算。

5. 其他门(编码：010805)

其他门清单项目包括电子感应门、旋转门、电子对讲门、电动伸缩门、全玻自由门、镜面不锈钢饰面门、复合材料门。

(1)工程量计算规则。

1)以"樘"计量，按设计图示数量计算。

2)以"m²"计量，按设计图示洞口尺寸以面积计算。

(2)工程量计算规则相关说明。

1)以"樘"计量，项目特征必须描述洞口尺寸，没有洞口尺寸必须描述门框或扇外围尺寸；以"m²"计量，项目特征可不描述洞口尺寸及门框、扇的外围尺寸。

2)以"m²"计量，无设计图示洞口尺寸，按门框、扇外围尺寸以面积计算。

6. 市窗（编码：010806）

木窗工程清单项目包括木质窗、木飘(凸)窗、木橱窗、木纱窗。

(1)工程量计算规则。

1)木质窗工程量计算规则有以下两点：

①以"樘"计量，按设计图示数量计算。

②以"m²"计量，按设计图示洞口尺寸以面积计算。

2)木飘(凸)窗、木橱窗工程量计算规则有以下两点：

①以"樘"计量，按设计图示数量计算。

②以"m²"计量，按设计图示尺寸以框外围展开面积计算。

3)木纱窗工程量计算规则有以下两点：

①以"樘"计量，按设计图示数量计算。

②以"m²"计量，按框的外围尺寸以面积计算。

(2)工程量计算规则相关说明。

1)木质窗应区分木百叶窗、木组合窗、木天窗、木固定窗、木装饰空花窗等项目，分别编码列项。

2)以"樘"计量，项目特征必须描述洞口尺寸，没有洞口尺寸必须描述窗框外围尺寸；以"m²"计量，项目特征可不描述洞口尺寸及框的外围尺寸。

3)以"m²"计量，无设计图示洞口尺寸，按窗框外围以面积计算。

4)木橱窗、木飘(凸)窗以"樘"计量，项目特征必须描述框截面及外围展开面积。

5)木窗五金包括：折页、插销、风钩、木螺钉、滑轮滑轨(推拉窗)等。

7. 金属窗（编码：010807）

金属窗就是窗的结构由各类金属组成，或者是以金属作为护栏等。图 6-41 所示为金属固定窗。

金属窗清单项目包括金属(塑钢、断桥)窗、金属防火窗、金属百叶窗、金属纱窗、金属格栅窗、金属(塑钢、断桥)橱窗、金属(塑钢、断桥)飘(凸)窗、彩板窗、复合材料窗。

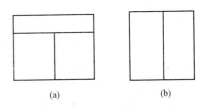

图 6-41　金属固定窗
(a)三孔；(b)双孔

(1)工程量计算规则。

1)金属(塑钢、断桥)窗、金属防火窗、金属百叶窗、金属格栅窗、彩板窗、复合材料窗工程量计算规则。

①以"樘"计量，按设计图示数量计算。

②以"m²"计量，按设计图示洞口尺寸以面积计算。

2)金属纱窗工程量计算规则。

①以"樘"计量，按设计图示数量计算。

②以"m²"计量，按框的外围尺寸以面积计算。

3)金属(塑钢、断桥)橱窗、金属(塑钢、断桥)飘(凸)窗工程量计算规则。

①以"樘"计量，按设计图示数量计算。

②以"m²"计量，按设计图示尺寸以框外围展开面积计算。

（2）工程量计算规则相关说明。

1）金属窗应区分金属组合窗、防盗窗等项目，分别编码列项。

2）以"樘"计量，项目特征必须描述洞口尺寸，没有洞口尺寸必须描述窗框外围尺寸；以"m²"计量，项目特征可不描述洞口尺寸及框的外围尺寸。

3）以"m²"计量，无设计图示洞口尺寸，按窗框外围以面积计算。

4）金属橱窗、金属飘（凸）窗以"樘"计量，项目特征必须描述框外围展开面积。

5）金属窗五金包括：折页、螺钉、执手、卡锁、铰拉、风撑、滑轮、滑轨、拉把、拉手、角码等。

8. 门窗套（编码：010808）

门窗套一般安装在门窗洞口的两个立边垂直面，可凸出外墙形成边框，也可与外墙平齐，既要立边垂直平整又要满足墙面平整要求，故质量要求较高。门窗套可起保护墙体边线的功能，门套还起着固定门扇的作用，而窗套则可在装饰过程中修补窗框密封不实、通风漏气的缺陷。

门窗套清单项目包括木门窗套、木筒子板、饰面夹板筒子板、金属门窗套、石材门窗套、门窗木贴脸、成品木门窗套。

（1）工程量计算规则。

1）木门窗套、木筒子板、饰面夹板筒子板、金属门窗套、石材门窗套、成品木门窗套工程量计算规则。

①以"樘"计量，按设计图示数量计算。

②以"m²"计量，按设计图示尺寸以展开面积计算。

③以"m"计量，按设计图示中心以延长米计算。

2）门窗木贴脸工程量计算规则。

①以"樘"计量，按设计图示数量计算。

②以"m"计量，按设计图示尺寸以延长米计算。

（2）工程量计算规则相关说明。

1）以"樘"计量，项目特征必须描述洞口尺寸、门窗套展开宽度。

2）以"m²"计量，项目特征可不描述洞口尺寸、门窗套展开宽度。

3）以"m"计量，项目特征必须描述门窗套展开宽度、筒子板及贴脸宽度。

4）木门窗套适用于单独门窗套的制作、安装。

9. 窗台板（编码：010809）

窗台板一般设置在窗内侧沿处，用于临时摆设台历、杂志、报纸、钟表等物件，以增加室内装饰效果。窗台板宽度一般为 100～200 mm，厚度为 20～50 mm，窗台板常用木材、水泥、水磨石、大理石、塑钢、铝合金等制作。窗台板清单项目包括木窗台板、铝塑窗台板、金属窗台板、石材窗台板，其工程量按设计图示尺寸以展开面积计算。

10. 窗帘、窗帘盒、轨（编码：010810）

窗帘是指用布、竹、苇、麻、纱、塑料、金属材料等制作的遮蔽或调节室内光照的挂在窗上的帘子。

窗帘盒是用木材或塑料等材料制成的安装于窗子上方，用于遮挡、支撑窗帘杆（轨）、滑轮和拉线等的盒形体。所用材料有木板、金属板、PVC 塑料板等。

窗帘轨的滑轨通常采用铝镁合金辊压制品及轨制型材，或着色镀锌铁板、镀锌钢板及钢带、不锈钢钢板及钢带、聚氯乙烯金属层积板等材料制成,是各类高级建筑和民用住宅的铝合金窗、塑料窗、钢窗、木窗等理想的配套设备。

窗帘、窗帘盒、轨清单项目包括窗帘、木窗帘盒、饰面夹板、塑料窗帘盒、铝合金窗帘盒、窗帘轨。

(1)工程量计算规则。

1)木窗帘盒、饰面夹板、塑料窗帘盒、铝合金窗帘盒、窗帘轨工程量均按设计图示尺寸以长度计算。

2)窗帘工程量计算规则。

①以"m"计量,按设计图示尺寸以成活后长度计算。

②以"m²"计量,按设计图示尺寸以成活后展开面积计算。

(2)工程量计算规则相关说明。

1)窗帘若是双层,项目特征必须描述每层材质。

2)窗帘以"m"计量,项目特征必须描述窗帘高度和宽度。

三、计算实例

【例6-32】 求如图6-42所示镶板门工程量。

【解】 镶板门工程量=0.9×2.1=1.89(m²)

或镶板门工程量=1樘

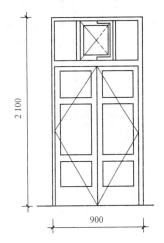

图6-42 双扇无纱带亮镶板门示意

【例6-33】 求如图6-43所示库房金属平开门工程量。

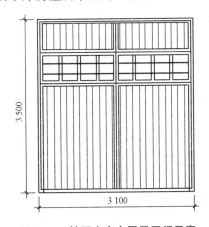

图6-43 某厂库房金属平开门示意

【解】 金属平开门工程量=3.1×3.5=10.85(m²)

或金属平开门工程量=1樘

【例6-34】 某工程防火卷帘门为1樘,其设计尺寸为1 500 mm×1 800 mm,图6-44所示为防火金属格栅门示意图,试计算金属格栅门工程量。

【解】 金属格栅门工程量=1.5×1.8=2.7(m²)

或金属格栅门工程量=1樘

【例6-35】 如图6-45所示,某厂房有平开全钢板大门(带探望孔),共5樘,刷防锈漆。试计算其工程量。

【解】 全钢板大门工程量＝3.30×3.30×5＝54.45(m²)

或全钢板大门工程量＝5 樘

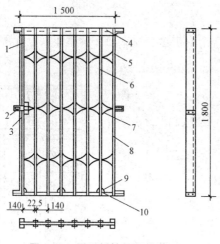

图 6-44　异形材拉闸门构造

1—锁钩槽；2—锁；3—拉手柄；4—C 槽；5—侧槽；

6—短方管；7—S 方管；8—平锥头铆钉；9—滑轮；10—轨道

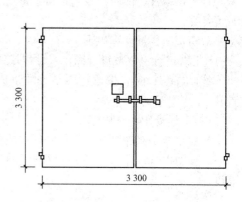

图 6-45　平开全钢板大门

【例 6-36】 求如图 6-46 所示木制推拉窗工程量。

【解】 木制推拉窗工程量＝1.2×(1.3＋0.2)＝1.8(m²)

或木制推拉窗工程量＝1 樘

【例 6-37】 某宾馆有 800 mm×2 400 mm 的门洞 60 樘，内外钉贴细木工板门套、贴脸(不带龙骨)，榉木夹板贴面，尺寸如图 6-47 所示，试计算榉木筒子板工程量。

【解】 榉木筒子板工程量＝(0.80＋2.40×2)×0.085×2×60＝57.12(m²)

或榉木筒子板工程量＝(0.80＋2.40×2)×2×60＝672(m)

或榉木筒子板工程量＝60 樘

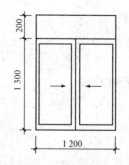

图 6-46　木制推拉窗示意

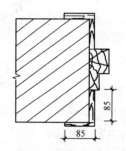

图 6-47　榉木夹板贴面尺寸

【例 6-38】 求如图 6-48 所示某工程木窗台板工程量，窗台板宽为 200 mm。

【解】 窗台板工程量＝1.5×0.2＝0.3(m²)

【例 6-39】 求如图 6-49 所示木窗帘盒的工程量。

【解】 窗帘盒工程量按设计图示尺寸以长度计算，如设计图纸没有注明尺寸时，可按窗洞口尺寸加 300 mm、钢筋窗帘杆尺寸加 600 mm 以延长米计算，则

$$窗帘盒工程量＝1.5＋0.3＝1.8(m)$$

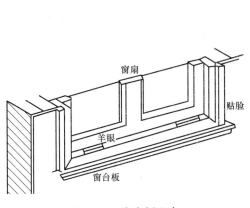

图 6-48　窗台板示意

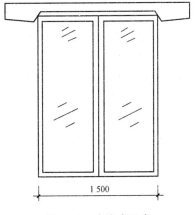

图 6-49　窗帘盒示意

第五节　油漆、涂料、裱糊工程

一、主要内容

油漆、涂料、裱糊工程共 8 部分 36 个清单项目，其中包括门油漆，窗油漆，木扶手及其他板条、线条油漆，木材面油漆，金属面油漆，抹灰面油漆，喷刷涂料，裱糊。

二、工程量计算规则及相关说明

1. 门油漆(编码：011401)

门油漆清单项目包括木门油漆、金属门油漆。

(1)工程量计算规则。门油漆工程量计算规则如下：

1)以"樘"计量，按设计图示数量计算。

2)以"m²"计量，按设计图示洞口尺寸以面积计算。

(2)工程量计算规则相关说明。

1)木门油漆应区分木大门、单层木门、双层(一玻一纱)木门、双层框扇(单裁口)木门、全玻自由门、半玻自由门、装饰门及有框门或无框门等项目，分别编码列项。

2)金属门油漆应区分平开门、推拉门、钢制防火门等项目，分别编码列项。

3)以"m²"计量，项目特征可不必描述洞口尺寸。

2. 窗油漆(编码：011402)

窗油漆清单项目包括木窗油漆、金属窗油漆。

(1)工程量计算规则。窗油漆工程量计算规则如下：

1)以"樘"计量，按设计图示数量计算。

2)以"m²"计量，按设计图示洞口尺寸以面积计算。

(2)工程量计算规则相关说明。

1)木窗油漆应区分单层木窗、双层(一玻一纱)木窗、双层框扇(单裁口)木窗、双层框三层(二玻一纱)木窗、单层组合窗、双层组合窗、木百叶窗、木推拉窗等项目，分别编码列项。

2)金属窗油漆应区分平开窗、推拉窗、固定窗、组合窗、金属格栅窗等项目，分别编码列项。

3)以"m²"计量，项目特征可不必描述洞口尺寸。

3. 木扶手及其他板条、线条油漆(编码：011403)

木扶手及其他板条、线条油漆清单项目包括木扶手油漆，窗帘盒油漆，封檐板、顺水板油漆，挂衣板、黑板框油漆，挂镜线、窗帘棍、单独木线油漆。

(1)工程量计算规则。木扶手及其他板条、线条油漆工程量按设计图示尺寸以长度计算。

(2)工程量计算规则相关说明。木扶手应区分为带托板与不带托板的，并分别编码列项；若是木栏杆带扶手，木扶手不应单独列项，应包含在木栏杆油漆中。

4. 木材面油漆(编码：011404)

木材面油漆清单项目包括木护墙、木墙裙油漆，窗台板、筒子板、盖板、门窗套、踢脚线油漆，清水板条天棚、檐口油漆，木方格吊顶天棚油漆，吸声板墙面、天棚面油漆，暖气罩油漆，其他木材面油漆，木间壁、木隔断油漆，玻璃间壁露明墙筋油漆，木栅栏、木栏杆(带扶手)油漆，衣柜、壁柜油漆，梁柱饰面油漆，零星木装修油漆，木地板油漆，木地板烫硬蜡面。

木材面油漆工程量计算规则如下：

1)木护墙、木墙裙油漆，窗台板、筒子板、盖板、门窗套、踢脚线油漆，清水板条天棚、檐口油漆，木方格吊顶天棚油漆，吸声板墙面、天棚面油漆，暖气罩油漆，其他木材面油漆工程量均按设计图示尺寸以面积计算。

2)木间壁、木隔断油漆，玻璃间壁露明墙筋油漆，木栅栏、木栏杆(带扶手)油漆工程量均按设计图示尺寸以单面外围面积计算。

3)衣柜、壁柜油漆，梁柱饰面油漆，零星木装修油漆工程量均按设计图示尺寸以油漆部分展开面积计算。

4)木地板油漆、木地板烫硬蜡面工程量均按设计图示尺寸以面积计算。空洞、空圈、暖气包槽、壁龛的开口部分并入相应的工程量内。

5. 金属面油漆(编码：011405)

金属面油漆涂饰的目的之一是美观，更重要的是防锈。防锈的最主要工序为除锈和涂刷防锈漆或底漆。对于中间层漆和面漆的选择，也要根据不同基层，尤其是不同使用条件的情况选择适宜的油漆，才能达到防止锈蚀和保持美观的要求。

金属面油漆工程量计算规则如下：

(1)以"t"计量，按设计图示尺寸以质量计算。

(2)以"m²"计量，按设计图示尺寸以展开面积计算。

6. 抹灰面油漆(编码：011406)

抹灰面油漆是指在内外墙及室内顶棚抹灰面层或混凝土表面进行的油漆刷涂工作。抹灰面油漆施工前应清理干净基层并刮腻子。抹灰面油漆一般采用机械喷涂作业。

抹灰面油漆清单项目包括抹灰面油漆、抹灰线条油漆、满刮腻子。其工程量计算规则如下：

(1)抹灰面油漆、满刮腻子工程量按设计图示尺寸以面积计算。

(2)抹灰线条油漆工程量按设计图示尺寸以长度计算。

7. 喷刷涂料(编码：011407)

刷喷涂料是利用压缩空气，将涂料从喷枪中喷出并雾化，在气流的带动下涂到被涂件表面上形成涂膜的一种涂装方法。

喷刷涂料清单项目包括墙面喷刷涂料，天棚喷刷涂料，空花格、栏杆刷涂料，线条刷涂料，金属构件刷防火涂料，木材构件喷刷防火涂料。

(1)工程量计算规则。

1)墙面喷刷涂料、天棚喷刷涂料工程量按设计图示尺寸以面积计算。

2)空花格、栏杆刷涂料工程量按设计图示尺寸以单面外围面积计算。

3)线条刷涂料工程量按设计图示尺寸以长度计算。

4)金属构件刷防火涂料工程量计算规则如下：

①以"t"计量，按设计图示尺寸以质量计算。

②以"m²"计量，按设计图示尺寸以展开面积计算。

5)木材构件喷刷防火涂料工程量以"m²"计量，按设计图示尺寸以面积计算。

(2)工程量计算规则相关说明。喷刷墙面涂料部位要注明内墙或外墙。

8. 裱糊(编码：011408)

裱糊类饰面是指用墙纸墙布、丝绒锦缎、微薄木等材料，通过裱糊的方式覆盖在外表面作为饰面层的墙面。裱糊类装饰一般只用于室内，可以是室内墙面、顶棚或其他构配件表面。

裱糊工程清单项目包括墙纸裱糊、织锦缎裱糊，其工程量按设计图示尺寸以面积计算。

三、计算实例

【例6-40】 求如图6-50所示房屋木门润滑粉、刮腻子、聚氨酯漆三遍的工程量。

【解】 木门油漆工程量=1.5×2.4+0.9×2.1×2=7.38(m²)

【例6-41】 如图6-51所示双层(一玻一纱)木窗，洞口尺寸为1 500 mm×2 100 mm，共11樘，设计为刷润滑粉一遍，刮腻子、刷调和漆一遍，刷磁漆两遍，试计算木窗油漆工程量。

【解】 木窗油漆工程量=1.5×2.1×11=34.65(m²)

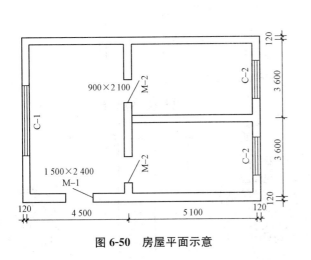

图6-50 房屋平面示意 图6-51 一玻一纱双层木窗

【例6-42】 某工程如图6-52所示，内墙抹灰面满刮腻子两遍，贴对花墙纸；挂镜线刷底油一遍、调和漆两遍；挂镜线以上及顶棚刷仿瓷涂料两遍，计算挂镜线油漆工程量。

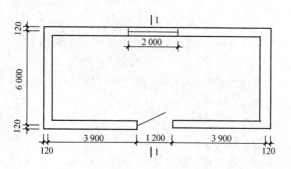
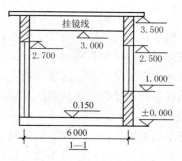

图 6-52　某工程剖面图

【解】　挂镜线油漆工程量＝$(9.00-0.24+6.00-0.24) \times 2$

$$= 29.04(m)$$

【例 6-43】　试计算如图 6-53 所示房间内墙裙油漆的工程量。已知墙裙高 1.5 m，窗台高 1.0 m，窗洞侧油漆宽 100 mm。

【解】　内墙裙油漆工程量＝$[(5.24-0.24 \times 2) \times 2+(3.24-0.24 \times 2) \times 2] \times 1.5-[1.5 \times$

$(1.5-1.0)+0.9 \times 1.5]+(1.5-1.0) \times 0.10 \times 2 = 20.56(m^2)$

【例 6-44】　某钢直梯如图 6-54 所示，φ28 mm 光圆钢筋线密度为 4.834 kg/m，计算钢直梯油漆工程量。

【解】　钢直梯油漆工程量＝$[(1.50+0.12 \times 2+0.45 \times \pi/2) \times 2+(0.50+0.028) \times 5+(0.15-$

$0.014) \times 4] \times 4.834 = 39.04(kg)=0.039(t)$

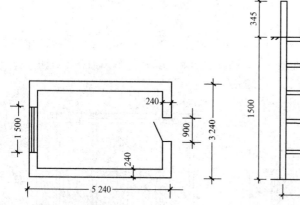
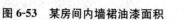

图 6-53　某房间内墙裙油漆面积

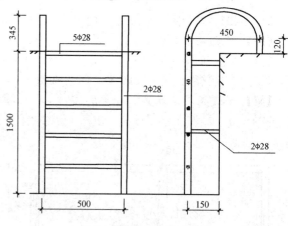

图 6-54　钢直梯

【例 6-45】　某大厅内设有 6 根圆柱，柱高与直径如图 6-55 所示，一塑三油喷射点，试计算圆柱喷塑的工程量。

【解】　圆柱喷塑工程量＝$3.14 \times 0.6 \times 4 \times 6=45.22(m^2)$

【例 6-46】　如图 6-56 所示为墙面贴壁纸示意，墙高 2.9 m，踢脚板高 0.15 m，试计算其工程量。

M1—1.0×2.0 m²；M2—0.9×2.2 m²；C1—1.1×1.5 m²；C2—1.6×1.5 m²；C3—1.8×1.5 m²

【解】　根据计算规则，墙面贴壁纸按设计图示尺寸以面积计算。

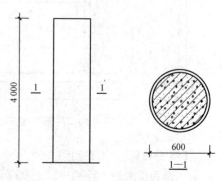

图 6-55　圆柱

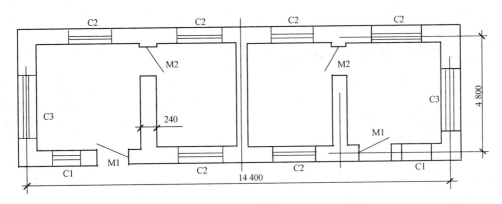

图 6-56 墙面贴壁纸示意

(1)墙净长=$(14.4-0.24\times4)\times2+(4.8-0.24)\times8=63.36$(m)

(2)扣除门窗洞口、踢脚板面积：

踢脚板工程量=$0.15\times63.36=9.5$(m^2)

M1：$1.0\times(2-0.15)\times2=3.7$(m^2)

M2：$0.9\times(2.2-0.15)\times4=7.38$(m^2)

C：$(1.8\times2+1.1\times2+1.6\times6)\times1.5=23.1$(m^2)

合计扣除面积=$9.5+3.7+7.38+23.1=43.68$(m^2)

(3)增加门窗侧壁面积（门窗均居中安装，厚度按90 mm计算）：

M2：$(0.24-0.09)\times(2.2-0.15)\times4+(0.24-0.09)\times0.9=1.365$(m^2)

C：$\dfrac{0.24-0.09}{2}\times[(1.8+1.5)\times2\times2+(1.1+1.5)\times2\times2+(1.6+1.5)\times2\times6]=4.56$(m^2)

合计增加面积=$0.705+1.365+4.56=6.63$(m^2)

(4)贴墙纸工程量=$63.36\times2.9-43.68+6.63=146.7$(m^2)

【例 6-47】 某工程阳台如图 6-57 所示，欲刷防护涂料两遍，试计算其工程量。

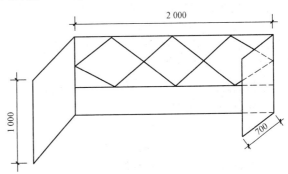

图 6-57 某工程阳台示意

【解】 花饰格刷涂料工程量=$(1\times0.7)\times2+2.0\times1=3.4$(m^2)

第六节 其他装饰工程

一、主要内容

其他装饰工程共 8 部分 62 个清单项目。其中包括柜类、货架，压条、装饰线，扶手、栏杆、栏板装饰，暖气罩，浴厕配件，雨篷、旗杆，招牌、灯箱，美术字。

二、工程量计算规则及相关说明

1. 柜类、货架(编码：011501)

柜类、货架清单项目包括柜台、酒柜、衣柜、存包柜、鞋柜、书柜、厨房壁柜、木壁柜、厨房低柜、厨房吊柜、矮柜、吧台背柜、酒吧吊柜、酒吧台、展台、收银台、试衣间、货架、书架、服务台。柜类、货架工程量计算规则如下：

(1)以"个"计量，按设计图示数量计算。

(2)以"m"计量，按设计图示尺寸以延长米计算。

(3)以"m^3"计量，按设计图示尺寸以体积计算。

2. 压条、装饰线(编码：011502)

压条、装饰线清单项目包括金属装饰线、木质装饰线、石材装饰线、石膏装饰线、镜面玻璃线、铝塑装饰线、塑料装饰线、GRC 装饰线条。其工程量均按设计图示尺寸以长度计算。

3. 扶手、栏杆、栏板装饰(编码：011503)

扶手、栏杆、栏板装饰清单项目包括金属扶手、栏杆、栏板，硬木扶手、栏杆、栏板，塑料扶手、栏杆、栏板，GRC栏杆、扶手，金属靠墙扶手，硬木靠墙扶手，塑料靠墙扶手，玻璃栏板。其工程量均按设计图示尺寸以扶手中心线长度(包括弯头长度)计算。

4. 暖气罩(编码：011504)

暖气罩清单项目包括饰面板暖气罩、塑料板暖气罩、金属暖气罩。其工程量按设计图示尺寸以垂直投影面积(不展开)计算。

5. 浴厕配件(编码：011505)

浴厕配件清单项目包括洗漱台、晒衣架、帘子杆、浴缸拉手、卫生间扶手、毛巾杆(架)、毛巾环、卫生纸盒、肥皂盒、镜面玻璃、镜箱。其工程量计算规则如下：

(1)洗漱台工程量计算规则。

1)按设计图示尺寸以台面外接矩形面积计算，不扣除孔洞、挖弯、削角所占面积，挡板、吊沿板面积并入台面面积内，如图 6-58 所示。

2)按设计图示数量计算。

(2)晒衣架、帘子杆、浴缸拉手、卫生间扶手、毛巾杆(架)、毛巾环、卫生纸盒、肥皂盒、镜箱工程量按设计图示数量计算。

(3)镜面玻璃工程量按设计图示尺寸以边框外围面积计算，如图 6-59 所示。

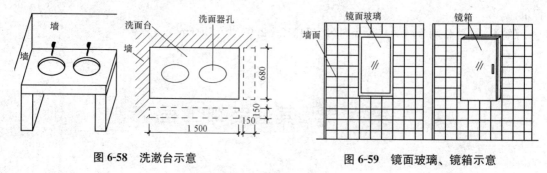

图 6-58　洗漱台示意　　　　　　图 6-59　镜面玻璃、镜箱示意

6. 雨篷、旗杆(编码：011506)

传统的店面雨篷，一般都承担雨篷兼招牌的双重作用。现代店面往往以丰富入口及立面造

型为主要目的，制作凸出和悬挑于入口上部建筑立面的雨篷式构造。

旗杆为金属品、表面有大片玻璃幕墙与质感粗糙的石材形成对比，能获得令人震撼的视觉效果。

雨篷、旗杆清单项目包括雨篷吊挂饰面、金属旗杆、玻璃雨篷。其工程量计算规则如下：

(1)雨篷吊挂饰面工程量按设计图示尺寸以水平投影面积计算。

(2)金属旗杆工程量按设计图示数量计算。

(3)玻璃雨篷工程量按设计图示尺寸以水平投影面积计算。

7. 招牌、灯箱(编码：011507)

平面、箱式招牌是一种广告招牌形式，主要强调平面感，描绘精致，多用于墙面。

竖式标箱是指六面体悬挑在墙体外的一种招牌基层形式。

招牌、灯箱清单项目包括平面、箱式招牌，竖式标箱，灯箱，信报箱。其工程量计算规则如下：

(1)平面、箱式招牌工程量按设计图示尺寸以正立面边框外围面积计算；复杂形的凸凹造型部分不增加面积。

(2)竖式标箱、灯箱、信报箱工程量均按设计图示数量计算。

8. 美术字(编码：011508)

美术字是指制作广告牌时所用的一种装饰字。其根据使用材料的不同，可分为泡沫塑料字、有机玻璃字、木质字和金属字。

美术字清单项目包括泡沫塑料字、有机玻璃字、木质字、金属字、吸塑字。其工程量按设计图示数量计算。

三、计算实例

【例6-48】 某货柜如图6-60所示，试计算其工程量。

【解】 货柜工程量为1个。

【例6-49】 如图6-61所示，某办公楼走廊内安装一块带框镜面玻璃，采用铝合金条槽线形镶饰，长为1 500 mm，宽为1 000 mm，计算装饰线工程量。

【解】 装饰线工程量＝[(1.5－0.02)＋(1.0－0.02)]×2
$$=4.92(m)$$

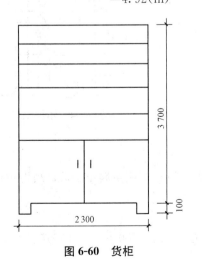

图 6-60　货柜　　　　　　　　　图 6-61　带框镜面玻璃

【例6-50】 平墙式暖气罩如图6-62所示，五合板基层，榉木板面层，机制木花格散热口，共18个，计算其工程量。

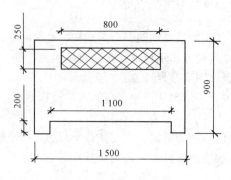

图6-62 平墙式暖气罩

【解】 饰面板暖气罩工程量＝(1.50×0.90－1.10×0.20－0.80×0.25)×18
$$=16.74(m^2)$$

【例6-51】 图6-63所示为某学校图书馆一层平面图，楼梯为不锈钢钢管栏杆，计算其工程量(梯段踏步宽＝300 mm，踏步高＝150 mm)。

【解】 不锈钢栏杆工程量$=(4.2+4.6)\times\dfrac{\sqrt{0.15^2+0.3^2}}{0.3}+0.48+0.24$
$$=10.56(m)$$

【例6-52】 图6-64所示为某浴室镜箱示意图，计算其工程量。

【解】 镜箱工程量＝1个

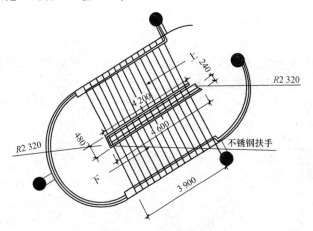

图6-63 楼梯为不锈钢钢管栏杆示意

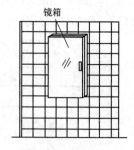

图6-64 镜箱示意

【例6-53】 如图6-65所示，某商店店门前的雨篷吊挂饰面采用金属压型板，高为400 mm，长为3 000 mm，宽为600 mm，计算其工程量。

【解】 雨篷吊挂饰面工程量＝3×0.6＝1.8(m²)

【例6-54】 如图6-66所示，某商店前设一灯箱，长1.5 m，高0.6 m，计算其工程量。

【解】 灯箱工程量＝1个

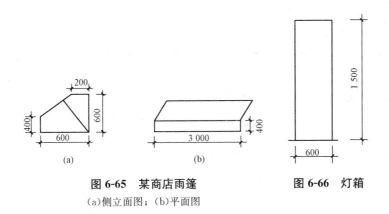

图 6-65　某商店雨篷　　　　　　　图 6-66　灯箱

(a)侧立面图；(b)平面图

【例 6-55】　如图 6-67 所示某商店红色金属招牌，根据其计算规则计算金属字工程量。

鑫鑫商店

图 6-67　某商店招牌

【解】　美术字工程中金属字计算公式为

$$美术字工程量＝设计图示个数$$
$$红色金属招牌字工程量＝4 个$$

第七节　拆除工程

一、主要内容

拆除工程共 15 部分 37 个清单项目，其中包括砖砌体拆除，混凝土及钢筋混凝土构件拆除，木构件拆除，抹灰层拆除，块料面层拆除，龙骨及饰面拆除，屋面拆除，铲除油漆涂料裱糊面，栏杆栏板、轻质隔断隔墙拆除，门窗拆除，金属构件拆除，管道及卫生洁具拆除，灯具、玻璃拆除，其他构件拆除，开孔(打洞)。

二、工程量计算规则及相关说明

1. 砖砌体拆除(编码：011601)

(1)工程量计算规则。砖砌体拆除工程量计算规则如下：

1)以"m³"计量，按拆除的体积计算。

2)以"m"计量，按拆除的延长米计算。

(2)工程量计算规则相关说明。

1)砌体名称指墙、柱、水池等。

2)砌体表面的附着物种类指抹灰层、块料层、龙骨及装饰面层等。

3)以"m"计量，如砖地沟、砖明沟等必须描述拆除部位的截面尺寸；以"m³"计量，则截面尺寸不必描述。

2. 混凝土及钢筋混凝土构件拆除(编码：011602)

混凝土及钢筋混凝土构件拆除清单项目包括混凝土构件拆除、钢筋混凝土构件拆除。

(1)工程量计算规则。混凝土及钢筋混凝土构件拆除工程量计算规则如下：

1)以"m³"计量，按拆除构件的混凝土体积计算。

2)以"m²"计量，按拆除部位的面积计算。

3)以"m"计量，按拆除部位的延长米计算。

(2)工程量计算规则相关说明。

1)以"m³"作为计量单位时，可不描述构件的规格尺寸；以"m²"作为计量单位时，则应描述构件的厚度；以"m"作为计量单位时，则必须描述构件的规格尺寸。

2)构件表面的附着物种类指抹灰层、块料层、龙骨及装饰面层等。

3. 木构件拆除(编码：011603)

(1)工程量计算规则。木构件拆除工程量计算规则如下：

1)以"m³"计量，按拆除构件的混凝土体积计算。

2)以"m²"计量，按拆除面积计算。

3)以"m"计量，按拆除延长米计算。

(2)工程量计算规则相关说明。

1)拆除木构件应按木梁、木柱、木楼梯、木屋架、承重木楼板等分别在构件名称中描述。

2)以"m³"作为计量单位时，可不描述构件的规格尺寸；以"m²"作为计量单位时，则应描述构件的厚度；以"m"作为计量单位时，则必须描述构件的规格尺寸。

3)构件表面的附着物种类指抹灰层、块料层、龙骨及装饰面层等。

4. 抹灰层拆除(编码：011604)

抹灰层拆除清单项目包括平面抹灰层拆除、立面抹灰层拆除、天棚抹灰层拆除。

(1)工程量计算规则。抹灰层拆除工程量按拆除部位的面积计算。

(2)工程量计算规则相关说明。

1)单独拆除抹灰层应按"13计算规范"附录R表R.4中的项目编码列项。

2)抹灰层种类可描述为一般抹灰或装饰抹灰。

5. 块料面层拆除(编码：011605)

块料面层拆除清单项目包括平面块料拆除、立面块料拆除。

(1)工程量计算规则。块料面层拆除工程量按拆除面积计算。

(2)工程量计算规则相关说明。

1)如仅拆除块料层，拆除的基层类型不用描述。

2)拆除的基层类型的描述指砂浆层、防水层、干挂或挂贴所采用的钢骨架层等。

6. 龙骨及饰面拆除(编码：011606)

龙骨及饰面拆除清单项目包括楼地面龙骨及饰面拆除、墙柱面龙骨及饰面拆除、天棚面龙骨及饰面拆除。

(1)工程量计算规则。龙骨及饰面拆除工程量按拆除面积计算。

(2)工程量计算规则相关说明。

1)基层类型的描述指砂浆层、防水层等。

2)如仅拆除龙骨及饰面，拆除的基层类型不用描述。

3)如只拆除饰面，不用描述龙骨材料种类。

7. 屋面拆除(编码：011607)

屋面拆除清单项目包括刚性层拆除、防水层拆除。其工程量按拆除部位的面积计算。

8. 铲除油漆涂料裱糊面(编码：011608)

铲除油漆涂料裱糊面清单项目包括铲除油漆面、铲除涂料面、铲除裱糊面。

(1)工程量计算规则。铲除油漆涂料裱糊面工程量计算规则如下：

1)以"m²"计量，按铲除部位的面积计算。

2)以"m"计量，按铲除部位的延长米计算。

(2)工程量计算规则相关说明。

1)单独铲除油漆涂料裱糊面的工程按"13 计算规范"附录 R 表 R.8 中的项目编码列项。

2)铲除部位名称的描述指墙面、柱面、天棚、门窗等。

3)按"m"计量，必须描述铲除部位的截面尺寸；以"m²"计量时，则铲除部位的截面尺寸不用描述。

9. 栏杆栏板、轻质隔断隔墙拆除(编码：011609)

栏杆栏板、轻质隔断隔墙拆除清单项目包括栏杆栏板拆除、隔断隔墙拆除。

(1)工程量计算规则。

1)栏杆栏板拆除工程量计算规则如下：

①以"m²"计量，按拆除部位的面积计算。

②以"m"计量，按拆除的延长米计算。

2)隔断隔墙拆除工程量按拆除部位的面积计算。

(2)工程量计算规则相关说明。以"m²"计量，栏杆(板)的高度不用描述。

10. 门窗拆除(编码：011610)

门窗拆除清单项目包括木门窗拆除、金属门窗拆除。

(1)工程量计算规则。门窗拆除工程量计算规则如下：

1)以"m²"计量，按拆除面积计算。

2)以"樘"计量，按拆除樘数计算。

(2)工程量计算规则相关说明。门窗拆除以"m²"计量，门窗洞口尺寸不用描述。室内高度指室内楼地面至门窗的上边框。

11. 金属构件拆除(编码：011611)

金属构件拆除清单项目包括钢梁拆除，钢柱拆除，钢网架拆除，钢支撑、钢墙架拆除，其他金属构件拆除。其工程量计算规则如下：

(1)钢梁拆除，钢柱拆除，钢支撑、钢墙架拆除，其他金属构件拆除工程量计算规则。

1)以"t"计量，按拆除构件的质量计算。

2)以"m"计量，按拆除延长米计算。

(2)钢网架拆除工程量按拆除构件的质量计算。

12. 管道及卫生洁具拆除(编码：011612)

管道及卫生洁具拆除清单项目包括管道拆除、卫生洁具拆除。管道拆除工程量按拆除管道的延长米计算，卫生洁具拆除工程量按拆除的数量计算。

13. 灯具、玻璃拆除(编码：011613)

灯具、玻璃拆除清单项目包括灯具拆除、玻璃拆除。

(1)工程量计算规则。

1)灯具拆除工程量按拆除的数量计算。

2)玻璃拆除工程量按拆除的面积计算。

(2)工程量计算规则相关说明。拆除部位的描述指门窗玻璃、隔断玻璃、墙玻璃、家具玻璃等。

14. 其他构件拆除(编码：011614)

其他构件拆除清单项目包括暖气罩拆除、柜体拆除、窗台板拆除、筒子板拆除、窗帘盒拆除、窗帘轨拆除。

(1)工程量计算规则。

1)暖气罩拆除、柜体拆除工程量计算规则如下：

①以"个"为单位计量，按拆除个数计算。

②以"m"为单位计量，按拆除延长米计算。

2)窗台板拆除、筒子板拆除工程量计算规则如下：

①以"块"计量，按拆除数量计算。

②以"m"计量，按拆除延长米计算。

3)窗帘盒拆除、窗帘轨拆除工程量按拆除的延长米计算。

(2)工程量计算规则相关说明。双轨窗帘轨拆除按双轨长度分别计算工程量。

15. 开孔(打洞)(编码：011615)

开孔(打洞)工程量按数量计算。其工程量计算规则相关说明如下：

(1)开孔部位可描述为墙面或楼板。

(2)打洞部位材质可描述为页岩砖或空心砖或钢筋混凝土等。

第八节　措施项目工程

一、主要内容

措施项目工程共 7 部分 52 个清单项目，其中包括脚手架工程，混凝土模板及支架(撑)，垂直运输，超高施工增加，大型机械设备进出场及安拆，施工排水、降水，安全文明施工及其他措施项目。

二、工程量计算规则及相关说明

1. 脚手架工程(编码：011701)

脚手架是指为装修需要所搭设的架子。随着脚手架品种和多功能用途的发展，现已扩展为使用脚手架材料(杆件、配件和构件)所搭设的、用于施工要求的各种临时性构架。脚手架清单项目包括综合脚手、外脚手架、里脚手架、悬空脚手架、悬挑脚手架、满堂脚手架、整体提升架、外装饰吊篮。

(1)工程量计算规则。

1)综合脚手架工程量按建筑面积计算。

2)外脚手架、里脚手架、整体提升架、外装饰吊篮工程量按所服务对象的垂直投影面积计算。

3)悬空脚手架工程量按搭设的水平投影面积计算。

4)悬挑脚手架工程量按搭设长度乘以搭设层数以延长米计算。

5)满堂脚手架工程量按搭设的水平投影面积计算。

(2)工程量计算规则相关说明。

1)使用综合脚手架时,则不再使用外脚手架、里脚手架等单项脚手架。综合脚手架适用于能够按"建筑面积计算规则"计算建筑面积的建筑工程脚手架;不适用于房屋加层、构筑物及附属工程脚手架。

2)同一建筑物有不同檐高时,按建筑物竖向切面分别按不同檐高编列清单项目。

3)整体提升架已包括 2 m 高的防护架体设施。

4)脚手架材质可以不描述,但应注明由投标人根据工程实际情况按照《建筑施工扣件式钢管脚手架安全技术规范》(JGJ 130—2011)、《建筑施工附着升降脚手架管理暂行规定》(建建〔2000〕230 号)等现行标准、规范自行确定。

2. 混凝土模板及支架(撑)(编码:011702)

混凝土模板及支架(撑)工程清单项目包括基础,矩形柱,构造柱,异形柱,基础梁,矩形梁,异形梁,圈梁,过梁,弧形、拱形梁,直形墙,弧形墙,短肢剪力墙,电梯井壁,有梁板,无梁板,平板,拱板,薄壳板,空心板,其他板,栏板,天沟、檐沟,雨篷、悬挑板、阳台板,楼梯,其他现浇构件,电缆沟、地沟,台阶,扶手,散水,后浇带,化粪池,检查井。

(1)工程量计算规则。

1)基础,矩形柱,构造柱,异形柱,基础梁,矩形梁,异形梁,圈梁,过梁,弧形、拱形梁,直形墙,弧形墙,短肢剪力墙,电梯井壁,有梁板,无梁板,平板,拱板,薄壳板,空心板,其他板,栏板工程量按模板与现浇混凝土构件的接触面积计算。

①现浇钢筋混凝土墙、板单孔面积≤0.3 m² 的孔洞不予扣除,洞侧壁模板也不增加;单孔面积>0.3 m² 时应予扣除,洞侧壁模板面积并入墙、板工程量内计算。

②现浇框架分别按梁、板、柱有关规定计算;附墙柱、暗梁、暗柱并入墙内工程量计算。

③柱、梁、墙、板相互连接的重叠部分,均不计算模板面积。

④构造柱按图示外露部分计算模板面积。

2)天沟、檐沟工程量按模板与现浇混凝土构件的接触面积计算。

3)雨篷、悬挑板、阳台板工程量按图示外挑部分尺寸的水平投影面积计算,挑出墙外的悬臂梁及板边不另计算。

4)楼梯工程量按楼梯(包括休息平台、平台梁、斜梁和楼层板的连接梁)的水平投影面积计算,不扣除宽度≤500 mm 的楼梯井所占面积,楼梯踏步、踏步板、平台梁等侧面模板不另计算,伸入墙内部分也不增加。

5)其他现浇构件工程量按模板与现浇混凝土构件的接触面积计算。

6)电缆沟、地沟工程量按模板与电缆沟、地沟的接触面积计算。

7)台阶工程量按图示台阶水平投影面积计算,台阶端头两侧不另计算模板面积。架空式混凝土台阶,按现浇楼梯计算。

8)扶手工程量按模板与扶手的接触面积计算。

9）散水工程量按模板与散水的接触面积计算。

10）后浇带工程量按模板与后浇带的接触面积计算。

11）化粪池、检查井工程量按模板与混凝土的接触面积计算。

（2）工程量计算规则相关说明。

1）原槽浇灌的混凝土基础，不计算模板。

2）混凝土模板及支架（撑）项目，只适用于以"m²"计量，按模板与混凝土构件的接触面积计算；以"m³"计量的模板及支撑（支架），按混凝土及钢筋混凝土实体项目执行，其综合单价中应包含模板及支架（支撑）。

3）采用清水模板时，应在特征中注明。

4）若现浇混凝土梁、板支撑高度超过3.6 m时，项目特征应描述支撑高度。

3. 垂直运输（编码：011703）

（1）工程量计算规则。垂直运输工程量计算规则如下：

1）按建筑面积计算。

2）按施工工期日历天数计算。

（2）工程量计算规则相关说明。

1）建筑物的檐口高度是指设计室外地坪至檐口滴水的高度（平屋顶是指屋面板底高度）。凸出主体建筑物屋顶的电梯机房、楼梯出口间、水箱间、瞭望塔、排烟机房等不计入檐口高度。

2）垂直运输指施工工程在合理工期内所需垂直运输机械。

3）同一建筑物有不同檐高时，按建筑物的不同檐高做纵向分割，分别计算建筑面积，以不同檐高分别编码列项。

4. 超高施工增加（编码：011704）

（1）工程量计算规则。超高施工增加工程量按建筑物超高部分的建筑面积计算。

（2）工程量计算规则相关说明。

1）单层建筑物檐口高度超过20 m，多层建筑物层数超过6层时，可按超高部分的建筑面积计算超高施工增加。计算层数时，地下室不计入层数。

2）同一建筑物有不同檐高时，可按不同高度的建筑面积分别计算建筑面积，以不同檐高分别编码列项。

5. 大型机械设备进出场及安拆（编码：011705）

大型机械设备进出场及安拆工程工程量按使用机械设备的数量计算。

6. 施工排水、降水（编码：011706）

施工排水、降水工程清单项目包括成井，排水、降水。成井工程量按设计图示尺寸以钻孔深度计算；排水、降水工程量按排水、降水日历天数计算。

7. 安全文明施工及其他措施项目（编码：011707）

安全文明施工及其他措施项目清单项目包括安全文明施工，夜间施工，非夜间施工照明，二次搬运，冬雨期施工，地上、地下设施，建筑物的临时保护设施，已完工程及设备保护。安全文明施工及其他措施项目清单项目工作内容及包含范围如下：

（1）安全文明施工。

1）环境保护。现场施工机械设备降低噪声、防扰民措施；水泥和其他易飞扬细颗粒建筑材料密闭存放或采取覆盖措施等；工程防扬尘洒水；土石方、建渣外运车辆防护措施等；现场污染源的控制、生活垃圾清理外运、场地排水排污措施；其他环境保护措施。

2）文明施工。"五牌一图"；现场围挡的墙面美化（包括内外粉刷、刷白、标语等）、压顶装饰；现场厕所便槽刷白、贴面砖，水泥砂浆地面或地砖，建筑物内临时便溺设施；其他施工现场临时设施的装饰装修、美化措施；现场生活卫生设施；符合卫生要求的饮水设备、淋浴、消毒等设施；生活用洁净燃料；防煤气中毒、防蚊虫叮咬等措施；施工现场操作场地的硬化；现场绿化、治安综合治理；现场配备医药保健器材、物品和急救人员培训；现场工人的防暑降温、电风扇、空调等设备及用电；其他文明施工措施。

3）安全施工。安全资料、特殊作业专项方案的编制，安全施工标志的购置及安全宣传；"三宝"（安全帽、安全带、安全网）、"四口"（楼梯口、电梯井口、通道口、预留洞口）、"五临边"（阳台围边、楼板围边、屋面围边、槽坑围边、卸料平台两侧）、水平防护架、垂直防护架、外架封闭等防护；施工安全用电，包括配电箱三级配电、两级保护装置要求、外电防护措施；起重机、塔式起重机等起重设备（含井架、门架）及外用电梯的安全防护措施（含警示标志）及卸料平台的临边防护、层间安全门、防护棚等设施；建筑工地起重机械的检验检测；施工机具防护棚及其围栏的安全保护设施；施工安全防护通道；工人的安全防护用品、用具购置；消防设施与消防器材的配置；电气保护、安全照明设施；其他安全防护措施。

4）临时设施。施工现场采用彩色、定型钢板，砖、混凝土砌块等围挡的安砌、维修、拆除；施工现场临时建筑物、构筑物的搭设、维修、拆除，如临时宿舍、办公室、食堂、厨房、厕所、诊疗所，临时文化福利用房，临时仓库、加工场、搅拌台，临时简易水塔、水池等；施工现场临时设施的搭设、维修、拆除，如临时供水管道、临时供电管线、小型临时设施等；施工现场规定范围内临时简易道路铺设，临时排水沟、排水设施安砌、维修、拆除；其他临时设施搭设、维修、拆除。

（2）夜间施工。

1）夜间固定照明灯具和临时可移动照明灯具的设置、拆除。

2）夜间施工时，施工现场交通标志、安全标牌、警示灯等的设置、移动、拆除。

3）包括夜间照明设备及照明用电、施工人员夜班补助、夜间施工劳动效率降低等。

（3）非夜间施工照明。为了保证工程施工的正常进行，在地下室等特殊施工部位施工时所采用的照明设备的安拆、维护及照明用电等。

（4）二次搬运。由于施工场地条件限制而发生的材料、成品、半成品等一次运输不能到达堆放地点，必须进行的二次或多次搬运。

（5）冬雨（风）期施工。

1）冬雨（风）期施工时增加的临时设施（防寒保温、防雨、防风设施）的搭设、拆除。

2）冬雨（风）期施工时，对砌体、混凝土等采用的特殊加温、保温和养护措施。

3）冬雨（风）期施工时，施工现场的防滑处理、对影响施工的雨雪的清除。

4）包括冬雨（风）期施工时增加的临时设施、施工人员的劳动保护用品、冬雨（风）期施工劳动效率降低等。

（6）地上、地下设施，建筑物的临时保护措施。在工程施工过程中，对已建成的地上、地下设施和建筑物进行的遮盖、封闭、隔离等必要保护措施。

（7）已完工程及设备保护。对已完工程及设备采取的覆盖、包裹、封闭、隔离等必要保护措施。

三、计算实例

【例 6-56】 如图 6-68 所示单层建筑物高度为 4.2 m，试计算其脚手架工程量。

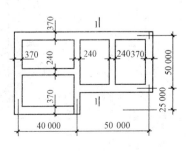

图 6-68 某单层建筑平面示意

【解】　综合脚手架工程量=(40+0.25×2)×(25+50+0.25×2)+50×(50+0.25×2)

$$=5\ 582.75(\text{m}^2)$$

【例 6-57】　如图 6-69 所示，计算木制外脚手架及里脚手架工程量，墙厚为 240 mm。

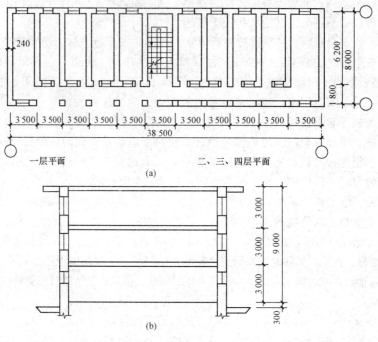

图 6-69　某建筑平面和剖面示意

(a)平面图；(b)剖面图

【解】　(1)外脚手架工程量=[(38.5+0.24)×2+(8+0.24)×2]×(9+0.3)

$$=873.83(\text{m}^2)$$

(2)里脚手架工程量=[(8-1.8-0.24)×10+(3.5-0.24)×8]×(3-0.24)×2

$$=472.95(\text{m}^2)$$

【例 6-58】　某一钢筋混凝土梁如图 6-70 所示，梁的空间尺寸为 7 000 mm×4 000 mm，楼板上表面至上层楼的楼底面之间高度为 4.0 m，求梁的悬空脚手架工程量。

【解】　悬空脚手架工程量=4.0×7.0=28(m²)

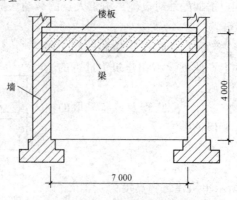

图 6-70　钢筋混凝土梁示意

【例 6-59】 某厂房构造如图 6-71 所示，求其室内采用满堂脚手架的工程量。

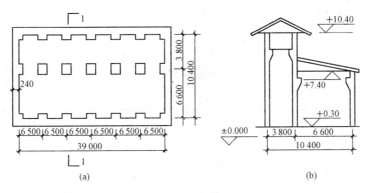

图 6-71 某厂房构造

(a)平面图；(b)1—1 剖面图

【解】 满堂脚手架工程量＝39×(6.6＋3.8)＝405.6(m²)

【例 6-60】 求如图 6-72 所示独立柱基的模板工程量。

【解】 独立柱基模板工程量＝(1.5×4×0.3＋1.0×4×1.2)＝6.6(m²)

【例 6-61】 求如图 6-73 所示现浇钢筋混凝土挑檐沟模板的工程量，其中，挑檐沟模板全长为 50 m。

【解】 挑檐沟模板工程量＝50.0×(0.6＋0.06＋0.4×2＋0.08＋0.16)＝85.00(m²)

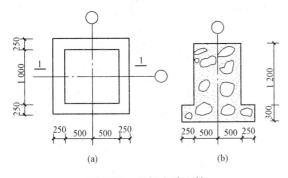

图 6-72 混凝土独立柱

(a)平面图；(b)1—1 剖面图

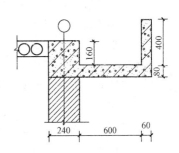

图 6-73 挑檐沟模板示意

【例 6-62】 某五层建筑物底层为框架结构，二层及二层以上为砖混结构，每层建筑面积为 1 200 m²，合理施工工期为 165 d，试计算其垂直运输工程量。

【解】 建筑物垂直运输工程量应按建筑物的建筑面积或施工工期的日历天数计算。

垂直运输工程量＝1 200×5＝6 000(m²)

或垂直运输工程量＝165 天

【例 6-63】 某高层建筑如图 6-74 所示，框剪结构，共 11 层，采用自升式塔式起重机及单笼施工电梯，试计算超高施工增加。

【解】 根据超高施工增加工程量计算规则，超高

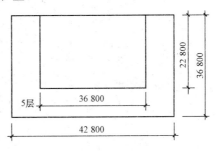

图 6-74 某高层建筑示意

施工增加工程量＝多层建筑物超过6层部分的建筑面积，即

超高施工增加工程量＝36.8×22.8×(11－6)＝4 195.2(m²)

本章小结

本章主要介绍了装饰工程中楼地面装饰工程，墙、柱面装饰与隔断、幕墙工程，天棚工程，门窗工程，油漆、涂料、裱糊工程，其他装饰工程，拆除工程，措施项目工程工程量计算规则和相关说明。通过本章学习，学生应掌握装饰工程工程量清单的编制。

思考与练习

一、填空题

1. 踢脚线工程量以＿＿＿＿＿计量，按设计图示＿＿＿＿＿计算；以＿＿＿＿＿计量，按＿＿＿＿＿计算。

2. 墙面抹灰按质量标准分为＿＿＿＿＿、＿＿＿＿＿和＿＿＿＿＿三个等级；外墙抹灰面积按＿＿＿＿＿计算；外墙裙抹灰面积按＿＿＿＿＿计算；内墙抹灰面积按主墙间的＿＿＿＿＿计算。

3. 常用的墙面装饰板有＿＿＿＿＿、＿＿＿＿＿、＿＿＿＿＿等。

4. 天棚抹灰工程量按＿＿＿＿＿计算，不扣除＿＿＿＿＿、＿＿＿＿＿、＿＿＿＿＿、＿＿＿＿＿和＿＿＿＿＿所占的面积。

5. 吊顶从形式上分，有＿＿＿＿＿和＿＿＿＿＿两种，吊顶天棚的工程量按＿＿＿＿＿计算，天棚面中的灯槽及跌级、锯齿形、吊挂式、藻井式天棚面积不展开计算。

7. 裱糊工程清单项目包括墙纸裱糊、织锦缎裱糊，其工程量按＿＿＿＿＿计算。

8. 暖气罩清单项目包括饰面板暖气罩、塑料板暖气罩、金属暖气罩。其工程量按＿＿＿＿＿面积(不展开)计算。

9. 管道拆除工程量按拆除管道的＿＿＿＿＿计算，卫生洁具拆除工程量按拆除的＿＿＿＿＿计算。

二、简答题

1. 什么是整体面层？其工程量如何计算？

2. 什么是橡塑面层？其清单项目包括哪些内容？工程量如何计算？

3. 柱(梁)面抹灰清单项目包括哪些内容？其工程量如何计算？

4. 零星抹灰工程量如何计算？

5. 什么是隔断？其工程量如何计算？

6. 木质门、木质门带套、木质连窗门、木质防火门工程量如何计算？

7. 木窗工程量如何计算？

8. 砖砌体拆除工程量如何计算？

9. 脚手架工程工程量如何计算？

第七章 建筑工程费用计算

学习目标

掌握综合单价的确定方法，分部分项工程费、措施项目费、其他项目费、规费及税金的计算方法。

能力目标

能计算建筑工程费用，能进行清单计价表格的编制。

第一节 综合单价的确定方法

一、综合单价概述

1. 综合单价的概念

综合单价是指完成工程量清单中一个规定的计量单位项目所需的人工费、材料费、机械费、管理费和利润，并考虑风险，也就是分部分项工程的单价。分部分项工程费由清单分项工程数量乘以综合单价汇总而成，所以，综合单价是计算分部分项工程费的基础。

2. 综合单价的组成

综合单价由下列内容组成：

(1)人工费。人工费是指施工现场工人的工资。

(2)材料费。材料费是指分部分项工程消耗的材料费。

(3)机械费。机械费是指分部分项工程的机械费。

(4)管理费。管理费是指为施工组织管理发生的费用。

(5)利润。利润是指企业应获取的利润。

在综合单价中除上述五种费用外，还应考虑风险因素，如材料涨价等。

二、综合单价的确定

综合单价的确定是一项复杂的工作。需要在熟悉工程的具体情况、当地市场价格、各种技术经济法规等情况下进行。

"13计算规范"与消耗量定额中的工程量计算规则、计量单位、项目内容不尽相同，总结起来，综合单价的组合方法包括以下三种：一是直接套用消耗量定额组价；二是重新计算工程量组价；三是复合组价。

(一)直接套用消耗量定额组价

这种组价方法较简单，在一个单位工程中大多数的分项工程都可利用这种方法组价。

1. 项目特点

(1)内容比较简单。

(2)"13计算规范"与所使用消耗量定额中的工程量计算规则相同。

2. 组价方法

直接使用相应的定额中消耗量组合单价，具体有以下几个步骤：

(1)直接套用消耗量定额的参考价目表。

(2)计算该清单工程量的工料费用，包括人工费、材料费、机械费，即

$$人工费 = \sum(工日数 \times 人工单价)$$

$$材料费 = \sum(材料数量 \times 材料单价)$$

$$机械费 = \sum(台班数量 \times 台班单价)$$

(3)计算管理费及利润，即

$$管理费 = 人工费 \times 管理费费率$$

$$或管理费 = (人工费 + 机械费) \times 管理费费率$$

$$或管理费 = 直接工程费 \times 管理费费率$$

式中，直接工程费＝人工费＋材料费＋机械费。

(4)计算综合单价。

(二)重新计算工程量组价

重新计算工程量组价是指工程量清单给出的分项工程项目的单位，与所用消耗量定额的单位不同或工程量计算规则不同，需要按消耗量定额的计算规则重新计算施工工程量来组合综合单价。

工程量清单根据"13计算规范"计算规则编制，综合性很大，其工程量的计量单位可能与所使用的消耗量定额的计量单位不同，需要重新计算其工程量，如铝合金门，工程量清单的单位是"樘"，而消耗量定额的计量单位是"m²"。

1. 项目特点

(1)内容比较复杂。

(2)"13计算规范"与所使用定额中工程量计算规则不相同。

2. 组价方法

重新计算工程量组价可分为以下几个步骤：

(1)重新计算工程量，即根据所使用定额中的工程量计算规则计算施工工程量。

(2)求工料消耗系数，即用重新计算的工程量除以工程量清单(按"13计算规范"计算)中给定的工程量，得到工料消耗系数，即

$$工料消耗系数 = \frac{定额工程量}{规范工程量}$$

上式中，定额工程量指根据所使用定额中的工程量计算规则计算的工程量。规范工程量指

根据"13 计算规范"计算出来的工程量，即工程量清单中给定的工程量。

(3)用工料消耗系数乘以定额中消耗量，得到组价项目的工料消耗量，即

$$工料消耗量 = 定额消耗量 \times 工料消耗系数$$

接下来的步骤同"直接套用定额组价"的(2)~(4)。

(三)复合组价

根据多项定额组价是指一些复合分项工程项目要根据多个定额项目组合而成，这种组合较为复杂。

1. 项目特点

(1)内容比较复杂。

(2)"13 计算规范"与所使用定额工程量计算规则不完全相同。

2. 组价方法

复合组价分为以下几个步骤：

(1)根据所使用定额中的工程量计算规则重新计算组合综合单价的工程内容的施工工程量。

(2)求工料消耗系数，即用重新计算的工程量除以工程量清单(按"13 计算规范"计算)中给定的工程量，得到工料消耗系数，即

$$工料消耗系数 = \frac{定额工程量}{规范工程量}$$

(3)工料消耗系数乘以定额中消耗量，得到组价项目的工料消耗量，即

$$工料消耗量 = 定额消耗量 \times 工料消耗系数$$

(4)将各项消耗量相加，得到该项目工料消耗总量。

接下来的步骤同"直接套用定额组价"的(2)~(4)。

第二节　分部分项工程费计算

一、分部分项工程费计算公式

分部分项工程费的计算公式为

$$分部分项工程费 = \sum(工程量 \times 综合单价)$$

二、分部分项工程量清单计价方法及解析

分部分项工程量清单计价，是投标人依据招标文件中报价的有关要求、现场的实际情况、拟建工程的具体施工方案，按照"13 计算规范"的规定，结合企业定额或消耗量定额，进行自主报价。如土石方开挖，招标人给定的是实体净量，而实际施工中发生的施工工程数量，需要投标人根据拟定的施工方法(如开挖方式为人工开挖或机械开挖)计算，施工工程量可根据企业定额或参照住房城乡建设主管部门颁布的消耗量定额规定的工程量计算规则进行计算，人工、材料、机械价格可根据市场价格确定。

(一)直接套用定额组价计算解析

【例 7-1】 已知某建筑物外墙为一砖半的混水砖墙(10401003)，用 M2.5 混合砂浆砌筑，层

高为 4.8 m，外墙圈梁断面为 390 mm×300 mm，平面尺寸如图 7-1 所示，外墙门窗洞口面积之和为 11.52 m²，请编制外墙砌筑工程量清单并计价，其中：人工单价假定为 40 元/工日（管理费费率为 7%，利润率为 4.5%）。（表 7-1 摘自《××省建筑工程消耗量定额参考价目表》）

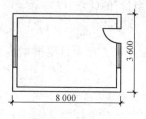

图 7-1　平面尺寸

表 7-1　建筑工程消耗量定额参考价目表

序号	定额编号	项目名称	单位/m³	人工费/元	材料费/元	机械费/元
1	3-11	混水砖墙一砖半	10	468.90	856.68	24.26

【分析】　对于实心砖外墙砌筑，"13 计算规范"与所使用定额中的工程量计算规则相同，所以可直接套用定额组合综合单价。

【解】　（1）编制工程量清单。

1）计算清单工程量：根据"13 计算规范"清单工程量计算规则进行计算。

外墙中心线 $L_x = (8.0 + 3.6) \times 2 - 4 \times 0.39 = 21.64$（m）

外墙砌筑工程量 =（L_x×层高－外墙门窗洞口面积）×外墙厚－嵌入外墙埋件的体积

$$= (21.64 \times 4.8 - 11.52) \times 0.365 - 21.64 \times 0.365 \times 0.3 = 31.34（m^3）$$

2）编制分部分项工程和单价措施项目清单表（表 7-2）。

表 7-2　分部分项工程和单价措施项目清单表

序号	项目编码	项目名称	项目特征描述	计量单位	工程数量	金额/元 综合单价	合价	其中：暂估价
1	010401003001	外墙砌筑	M2.5 混水砖墙一砖半	m³	31.34			

（2）工程量清单综合单价分析。计算分部分项工程量清单综合单价分析表（表 7-3）。

表 7-3　分部分项工程量清单综合单价分析表

工程名称：某办公楼工程　　　　　　　　　　　　　　　　标段：

项目编码	010401003001			项目名称	空心红砖墙			计量单位	m³

清单综合单价组成明细

定额编号	定额名称	定额单位	数量	单价/元				合价/元			
				人工费	材料费	机械费	管理费和利润	人工费	材料费	机械费	管理费和利润
3—11	混水砖墙一半砖	10m³	0.1	468.90	856.68	24.26	155.23	46.89	85.67	2.43	15.52
人工单价		小计						46.89	85.67	2.43	15.52
40 元/工日		未计价材料费									
清单项目综合单价								150.51			

222

其中，由于外墙砌筑施工工程量与清单工程量计算规则相同，但定额单位不同，表格中的数量需折合为0.1，即

$$1 \text{ m}^3 / 10 \text{ m}^3 = 0.1$$

合价：人工费 $= 0.1 \times 468.90 = 46.89$（元）

材料费 $= 0.1 \times 856.68 = 85.67$（元）

机械费 $= 0.1 \times 24.26 = 2.43$（元）

管理费 $=$（人工费 $+$ 材料费 $+$ 机械费）$\times$ 管理费费率 $=$（$468.90 + 856.68 + 24.26$）$\times 7\% = 94.49$（元）

利润 $=$（人工费 $+$ 材料费 $+$ 机械费）$\times$ 利润率 $=$（$468.90 + 856.68 + 24.26$）$\times 4.5\% = 60.74$（元）

（3）填写分部分项工程和单价措施项目清单与计价表（表7-4）。

表7-4 分部分项工程和单价措施项目清单与计价表

序号	项目编码	项目特征描述	计量单位	工程量	综合单价	合价	其中：暂估价
					金额/元		
1	010401003001	M2.5混合砂浆一砖半混水砖墙	m³	31.34	150.51	4 716.9	

（二）重新计算工程量组价解析

【例7-2】 某教学楼塑钢窗（单层）25樘，洞口尺寸宽×高为1 900 mm×2 200 mm，试组合其综合单价，编制分部分项工程量清单并计价。

【分析】 "13计算规范"规定"塑钢窗（单层）"按"樘"计算；而《××省装饰装修工程消耗量定额》按"洞口面积"以"m²"计算。"13计算规范"与《××省装饰装修工程消耗量定额》对该项目工程量计算的规则不同，需要重新计算工程量组合综合单价。

【解】 （1）根据"13计算规范"清单工程量计算规则计算塑钢窗（单层）的工程量为25樘。

（2）根据2004年《××省装饰装修工程消耗量定额》的工程量计算规则计算施工工程量为

$$施工工程量 = 1.90 \times 2.20 \times 25 = 104.5 (\text{m}^2)$$

（3）编制分部分项工程量清单综合单价分析表。根据参考价目表，管理费和利润分别按人工费的28%和18%计取。

表7-5摘自《××省装饰装修工程消耗量定额参考价目表》。

表7-5 ××省装饰装修工程消耗量定额参考价目表

序号	定额编号	项目名称	单位	人工费	材料费	机械费
1	4-309	塑钢窗单层	m²	22.40 元	240.59 元	0.75 元

表7-6为分部分项工程量清单综合单价分析表。

表7-6 分部分项工程量清单综合单价分析表

工程名称：某办公楼工程　　　　　　　　　　　　　　标段：

项目编码	020406007001		项目名称	塑钢墙	计量单位	樘

清单综合单价组成明细										
定额编号	定额名称	定额单位	数量	单价/元				合价/元			

定额编号	定额名称	定额单位	数量	人工费	材料费	机械费	管理费和利润	人工费	材料费	机械费	管理费和利润
4-309	塑钢窗单层	m²	4.18	22.40	240.59	0.75	10.30	93.63	1 005.67	3.135	43.05
人工单价			小计					93.63	1 005.67	3.135	43.05
40元/工日			未计价材料费								
清单项目综合单价								1 145.49			

其中，1 樘=1.90×2.2=4.18 m²，填在"数量"表格内；

管理费＝人工费×28%＝22.4×28%＝6.27(元)

利润＝人工费×18%＝22.4×18%＝4.03(元)

(4)编制分部分项工程和单价措施项目清单与计价表(表7-7)。

表7-7 分部分项工程和单价措施项目清单与计价表

序号	项目编码	项目名称	项目特征描述	计量单位	工程数量	金额/元	
						综合单价	合价
1	010807001001	塑钢窗	塑钢窗(单层)	樘	25	1 145.49	2 867.25

(三)复合组价计算解析

【例7-3】 某办公楼主墙间的净面积为 386 m²，地面做法为 150 mm 厚砾石垫层灌浆，60 mm 厚C10 混凝土垫层，20 mm 厚1：3 水泥砂浆找平，10 mm 厚1：2.5 水泥砂浆抹面压光找平。试组合水泥砂浆整体面层的综合单价，编制工程量清单并计价。

【分析】 "13 计算规范"规定，清单包括的工作内容有：地面做法为 150 mm 厚砾石灌浆，60 mm 厚 C10 混凝土垫层，20 mm 厚1：3 水泥砂浆找平，10 mm 厚1：2.5 水泥砂浆抹面压光找平，要将这些工作内容组合进水泥砂浆整体面层的综合单价内。所以，要用复合组价的方法。

【解】 (1)计算清单工程量。按"13 计算规范"规定的清单工程量计算规则

水泥砂浆地面面积＝主墙间的净面积＝386 m²

(2)清单包括的工作内容有：地面做法为 150 mm 厚砾石垫层灌浆，60 mm 厚 C10 混凝土垫层，20 mm 厚1：3 水泥砂浆找平，10 mm 厚1：2.5 水泥砂浆抹面压光找平，各工作对应的消耗量定额子目为：

150 mm 厚砾石垫层灌浆：1-13

60 mm 厚 C10 混凝土垫层：1-18

20 mm 厚1：3 水泥砂浆找平：1-20

10 mm 厚1：2.5 水泥砂浆抹面压光找平：1-28-1-22×2

(3)计算水泥砂浆地面各项工作内容的施工工程量。

砾石垫灌浆：$V=386×0.15=57.9(m^3)$

C10 混凝土垫层：$V=386×0.06=23.16(m^3)$

1：3水泥砂浆找平层：$S=386 \ m^2$

1：2.5水泥砂浆面层：$S=386 \ m^2$

(4)编制分部分项工程量清单综合单价分析表。根据参考价目表，管理费和利润分别按人工费的28%和18%计取。

表7-8摘自《××省装饰装修工程消耗量定额参考价目表》。

表7-8　××省装饰装修工程消耗量定额参考价目表

序号	定额编号	项目名称	单位	人工费/元	材料费/元	机械费/元
1	1-13	砾石垫层灌浆	m^3	32.60	37.57	3.45
2	1-18	混凝土垫层	m^3	49.00	102.10	18.21
3	1-20	水泥砂浆混凝土±20 mm	m^3	3.12	3.12	0.21
4	1-22	水泥砂浆每增减5 mm	m^2	0.56	0.8	0.05
5	1-28	水泥砂浆20 mm楼地面	m^2	4.11	4.18	0.21

表7-9为分部分项工程量清单综合单价分析表。

表7-9　分部分项工程量清单综合单价分析表

工程名称：某办公楼工程　　　　　　　　　　　　　　　　　标段：

项目编码	020101001001		项目名称		水泥砂浆楼地面		计量单位		m^2
清单综合单价组成明细									
定额编号	定额名称	定额单位	数量	单价/元				合价/元	
				人工费	材料费	机械费	管理费和利润	人工费	材料费	机械费	管理费和利润
1-13	砾石垫层灌浆	m^3	0.15	32.60	37.57	3.45	14.996	4.89	5.64	0.52	2.25
1-18	混凝土垫层	m^3	0.06	49.00	102.10	18.21	22.54	2.94	6.126	1.09	1.35
1-20	1：3水泥砂浆找平层	m^2	1	3.12	3.12	0.21	1.44	3.12	3.12	0.21	1.44
1-28-1-2×2	1：2.5水泥砂浆每增减10 mm	m^2	1	2.99	2.58	0.11	1.38	2.99	2.58	0.11	1.38
人工单价		小计						13.94	17.47	1.93	6.42
40元/工日		未计价材料费									
清单项目综合单价								39.76			

砾石垫层灌浆=57.9/386=0.15(m^3/m^2)

混凝土垫层=23.16/386=0.06(m^3/m^2)

1：3水泥找平层=386/386=1(m^3/m^2)

1：2.5水泥砂浆面层=386/386=(1 m^2/m^2)

其中，以工程内容4"1：2.5水泥砂浆每增减10 mm"说明计算过程(其他项目略)：

1)人工费=4.11−0.56×2=2.99(元)

2)材料费=4.18−0.80×2=2.58(元)

3)机械费=0.21−0.05×2=0.11(元)

4)管理费=人工费×28%=2.99×28%=0.837 2(元)

5)利润=人工费×18%=2.99×18%=0.538 2(元)

（5）编制分部分项工程和单价措施项目清单与计价表（表 7-10）。

表 7-10   分部分项工程和单价措施项目清单与计价表

序号	项目编码	项目名称	项目特征描述	计量单位	工程量	金额/元		
						综合单价	合价	其中：暂估价
1	02010100100	水泥砂浆楼地面	150 mm 厚砾石垫层灌浆 60 mm 厚 C10 混凝土垫层 20 mm 厚 1：3 水泥砂浆找平 10 mm 厚 1：2.5 水泥砂浆找平	m²	386	39.76	15 347.36	

第三节   措施项目费计算

措施项目费的计算方法有按费率系数计算、按综合单价计算和按经验计算三种。

一、按费率系数计算

在定额模式下，几乎所有的措施项目费都采用按费率系数计算的办法，有些地区以费用定额的形式体现，即按一定的基数乘以系数的方法或自定义公式进行计算。这种方法简单、明了，但最大的难点是对公式的科学性、准确性难以把握，尤其是系数的测算是一个长期、规范的问题。系数的高低直接反映投标人的施工水平。这种方法主要适用于施工过程中必须发生，但在投标时很难具体分项预测，又无法单独列出项目内容的措施项目。

按费率计算的措施项目费有：安全文明施工费、夜间施工费、二次搬运费、冬雨期施工费。大型机械设备进出场及安拆费等。

按费率系数计算，是指按费率乘以直接费或人工费计算，其计算公式为

措施项目费＝人工费×费率

或

措施费＝直接工程费×费率

（一）措施项目费的计算基数

措施项目费的计算基数可以是人工费，也可以是直接工程费。

人工费是指分部分项工程费中人工费的总和。直接工程费是指分部分项工程费中人工费、材料费、机械费的总和。措施项目费的计算基数应以当地的具体规定为准。

（二）措施项目费的费率

根据我国目前的实际情况，措施费的费率有按当地行政主管部门规定计算和企业自行确定两种情况。

1. 按当地行政主管部门规定计算

为防止建筑市场的恶性竞争，确保安全生产、文明施工，以及安全文明施工措施的落实到位，切实改善施工从业人员的作业条件和生产环境，防止安全事故发生，有的地方规定安全文明施工费、夜间施工费按当地行政主管部门规定计算。如某地规定建筑工程安全文明施工费的

费率为 6%～12%、夜间施工费的费率为 3%、二次搬运费的费率为 2%，计算基数是人工费。

2. 企业自行确定

企业根据自身情况并结合工程实际自行确定措施项目费的计算费率。其费用包括夜间施工费、二次搬运费。

二、按综合单价计算

按综合单价计算是指按照所使用的当地的消耗量定额与单位估价表，先计算出各种工料消耗，再根据相应的工料单价计算出人工费、材料费、机械费，从而在此基础上计算管理费和利润；或者直接根据当地的单位估价表计算直接费，再按一定的费率计算管理费与利润，即组合措施项目的综合单价。再根据所采用的消耗量定额的工程量计算规则，计算措施项目的工程量，例如：现浇钢筋混凝土构件的模板，计算接触面积；综合脚手架计算建筑面积等。

$$措施项目费 = \sum (措施项目的工程量 \times 措施项目的综合单价)$$

三、按经验计算

措施项目费一般可根据上述两种方法计算，也可根据经验计算，如混凝土及钢筋混凝土模板费、垂直运输费、脚手架费等。

1. 混凝土及钢筋混凝土模板费

混凝土及钢筋混凝土模板费可根据以往经验，按建筑面积分不同的结构类型，并结合市场价格计算。

2. 垂直运输费

垂直运输费可根据工程的工期及垂直运输机械的租金计算。

3. 脚手架费

脚手架费可根据不同的结构类型以及建筑物的高度，按每平方米建筑面积的价值综合计算。在实际工作中应不断积累经验，形成自己的经验数据，以便正确地计算出措施项目费。

第四节　其他项目费计算

其他项目清单应根据拟建工程的具体情况列出，一般包括以下几项：

（1）暂列金额。暂列金额是指招标人用于施工合同签订时尚未确定或者不可预见的所需材料、设备、服务的采购及施工过程可能出现的签证、变更、索赔等需要工程价款而预留的费用。在招标控制价和施工图预算中一般按 10%～15% 计算，结算时按实际发生费用计算。

（2）暂估价。暂估价是指招标人用于支付工程必然会发生但招标时暂不能确定准确价格的材料单价或专业工程造价，按预计发生数额估算。

（3）计日工。计日工是指在施工过程中，发包人要求承包人完成施工图纸以外的零星项目或工作所消耗的人工、材料、机械费用。数量和单价按招标文件和合同的约定计算。

（4）总承包服务费。总承包服务费是指总承包单位配合发包人对其分包的工程及自行采购的设备、材料等进行管理协调与配合、施工现场管理、竣工资料汇总等服务所需要的费用。

仅要求对招标人发包的专业工程进行总承包管理和协调时，按专业工程造价的 1.5% 计算；

要求对招标人发包的专业工程进行总承包管理和协调，并同时提供配合和服务，按专业工程造价的 3%～5% 计算，具体应根据配合和服务的内容及提出的要求确定；配合招标人自行供应材料的，按招标人供应材料价值的 1% 计算(不含建设单位供应材料的保管费)；承包人保管发包人供应的材料所需或发生的费用，按照材料、工程设备价格的 1.5% 计算材料保管费。

(5)材料试验检验费。材料试验检验费是指按有关法律、法规和建设强制性标准，对进入施工现场的材料、设备、构配件的见证取样检测费和工料费用，按照分部分项工程费的 0.3% 计算(单独承包土石方工程的除外)。

(6)工程优质费。工程优质费是指按发包人要求，超过国家规定质量标准创建优质工程，加大质量投入和管理发生的费用。以分部分项工程费为计算基础，市级质量奖一般按 1.5%，省级质量奖一般按 2.5%，国家级质量奖一般按 4%，具体按合同约定。

(7)材料保管费。材料保管费是指承包人保管甲供材料所需或发生的费用。按材料或设备价格的 1.5% 计算，单价 5 万元以上的保管费在合同中约定。

(8)预算包干费。预算包干费一般包括施工雨(污)水的排除、因地形影响造成场内料具二次运输、20 m 高以下的工程用水加压措施、施工材料堆放场地的整理、水电安装后的补洞工料费，工程成品保护费，施工中的临时停水停电、基础埋深 2 m 以内挖土方的塌方、日间照明施工增加费(不包括地下室和特殊工程)，完工清场后的垃圾外运费等，按分部分项工程费的 0%～2% 计算。

(9)其他费用。工程发生时，按工程要求及施工现场实际情况，按实际发生或经批准的施工方案计算。

第五节　规费及税金计算

一、规费的计算

规费是政府部门规定收取和履行社会义务的费用。其是工程造价的组成部分。

下文列出的规费名称、费用标准、计算内容、方法和说明，各市另有规定者，从其规定。规费是强制性费用，在工程计价时，必须按工程所在地的规定列出规费名称和标准。

规费的计算，除另有规定外，按分部分项工程费、措施项目费、其他项目费三项之和为基数。

在工程计价中，规费列在税金之前。工程结算时，规费根据当地政府部门规定计算。各类费用按如下规定收取。

(1)工程排污费：按工程所在地规定的标准计算。没有规定的按分部分项工程费、措施费、其他项目费之和的 0.33% 计算。

(2)施工噪声排污费：按工程所在地规定的标准计算。

(3)防洪工程维护费：按工程所在地规定的标准计算。

(4)危险作业意外伤害保险费：按工程所在地规定的标准计算。

二、税金的计算

税金是指国家税法规定的应计入建筑安装工程造价内的增值税销项税额，按税前工程造价

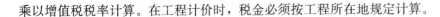

乘以增值税税率计算。在工程计价时，税金必须按工程所在地规定计算。

三、工程总费用的计算

1. 单位工程费

单位工程费按下式计算：

单位工程费＝分部分项工程费＋措施费＋其他项目费＋规费＋税金

2. 单项工程费

单项工程费将"建筑工程""装饰工程""安装工程"等各个单位工程费汇总即可。

第六节　清单计价实例

以编制投标报价为例，清单计价实例见表 7-11～表 7-27。

表 7-11　投标总价封面

××大学学生住宅工程

投 标 总 价

投 标 人：＿＿＿＿＿＿＿＿

（单位盖章）

××××年×月×日

表 7-12 投标总价扉页

投 标 总 价

招　标　人：　××大学

工 程 名 称：　××大学学生住宅工程

投标总价(小写)：　**9 226 974.5**

　　　　(大写)：　**玖佰贰拾贰万陆仟玖佰柒拾肆元伍角**

投　标　人：＿＿＿＿＿＿＿＿＿×××＿＿＿＿＿＿＿＿＿
　　　　　　　　　　　　(单位盖章)

法 定 代 表 人
或 其 授 权 人：＿＿＿＿＿＿＿×××＿＿＿＿＿＿＿
　　　　　　　　　　　　(签字或盖章)

编　制　人：＿＿＿＿＿＿＿×××＿＿＿＿＿＿＿
　　　　　　　　　　(造价人员签字盖专用章)

时　　间：××××年×月×日

表 7-13　总　说　明

工程名称：××大学学生住宅工程

第　页　共　页

1. 工程概况：本工程为砖混结构，混凝土灌注桩基，建筑层数为六层，建筑面积为 11 860 m²，招标计划工期为 300 日历天，投标工期为 265 日历天。

2. 投标报价范围：本次招标的住宅工程施工图范围内的建筑工程和安装工程。

3. 投标报价编制依据：

(1)招标文件及其所提供的工程量清单和有关报价的要求，招标文件的补充通知和答疑纪要。

(2)住宅楼施工图及投标施工组织设计。

(3)有关的技术标准、规范和安全管理规定等。

(4)省建设主管部门颁发的计价定额和计价管理办法及相关计价文件。

(5)材料价格根据本公司掌握的价格情况并参照工程所在地工程造价管理机构××××年×月工程造价信息发布的价格

表-01

表 7-14　工程项目投标报价汇总表

工程名称：××大学学生住宅工程　　　　　　　　　　　　　　　　　　　第　页　共　页

序号	单项工程名称	金额/元	其中		
			暂估价/元	安全文明施工费/元	规费/元
1	学生住宅楼工程	9 226 974.5	1 500 000	234 330	234 197
	合　　计	9 226 974.5	1 500 000	234 330	234 197

注：本表适用于工程项目招标控制价或投标报价的汇总。

说明：本工程仅为一栋住宅楼，故单项工程即为工程项目。

表 7-15　单项工程投标报价汇总表

工程名称：××大学学生住宅工程　　　　　　　　　　　　　　　　　　　第　页　共　页

序号	单位工程名称	金额/元	其中		
			暂估价/元	安全文明施工费/元	规费/元
1	学生住宅楼工程	9 226 974.5	1 500 000	234 330	234 197
合计	9 226 974.5	1 500 000	234 330	234 197

注：本表适用于单位工程招标控制价或投标报价的汇总。暂估价包括分部分项工程中的暂估价和专业工程暂估价。

表 7-16 单位工程投标报价汇总表

工程名称：××大学学生住宅工程　　　　　　　　标段：　　　　　　　　　　第 页 共 页

序号	汇 总 内 容	金额/元	其中：暂估价/元
1	分部分项工程	6 993 783	1 500 000
2	措施项目	460 824.5	—
2.1	其中：安全文明施工费	234 330	—
3	其他项目	623 785	—
3.1	其中：暂列金额	450 000	—
3.2	其中：暂估价	120 000	—
3.3	其中：计日工	39 785	—
3.4	其中：总承包服务费	14 000	—
4	规费	234 197	—
5	税金	914 385	—
	招标控制价合计＝1＋2＋3＋4＋5	9 226 974.5	1 500 000

注：本表适用于单位工程招标控制价或投标报价的汇总，如无单位工程划分，单项工程也使用本表汇总。

表 7-17 分部分项工程和单价措施项目清单与计价表

工程名称：××大学学生住宅工程　　　　　　　　标段：　　　　　　　　　　第 页 共 页

序号	项目编码	项目名称	项目特征描述	计量单位	工程量	综合单价	合价	其中 暂估价
			A.1　土方工程					
1	010101001001	平整场地	Ⅱ、Ⅲ类土综合，土方就地挖填找平	m²	1 898	1.670	3 169.66	
2	010101003001	挖基础土方	Ⅲ类土，条形基础，垫层底宽 2 m，挖土深度 4 m 以内，弃土运距为 7 km	m³	1 579	34.612	54 652.35	
			（其他略）					
			分部小计				109 757	
			……					
			D.1　砖砌体					
7	010 401 001 001	砖基础	M10 水泥砂浆砌条形基础，深度为 2.8～4 m，MU15 页岩砖 240 mm×115 mm×53 mm	m³	248	290.46	72 034	

序号	项目编码	项目名称	项目特征描述	计量单位	工程量	金额/元		
						综合单价	合价	其中
								暂估价
8	010401003001	实心砖墙	M7.5 混合砂浆砌实心墙，MU15 页岩砖 240 mm×115 mm×53 mm，墙体厚度 240 mm	m³	2 153	304.43	655 438	
			（其他略）					
			分部小计				498 656	
	……							
			E.15 钢筋工程					
21	010515001001	现浇构件钢筋	螺纹钢筋 Q235，φ14	t	68	11 714.32	796 573	490 000
			（其他略）					
			分部小计				2 934 126	1 500 000
			K.1 保温、隔热					
35	011001001001	保温隔热屋面	沥青珍珠岩块 500 mm×500 mm×150 mm，1：3 水泥砂浆护面，厚 25 mm	m²	1 695	20.46	34 679.70	
			（其他略）					
			分部小计				113 459	
			L.1　整体面层及找平层					
43	011101001001	水泥砂浆楼地面	1：3 水泥砂浆找平层，厚 20 mm，1：2 水泥砂浆面层，厚 25 mm	m²	6 500	33.77	219 505	
			（其他略）					
			分部小计				291 030	
	……							

233

序号	项目编码	项目名称	项目特征描述	计量单位	工程量	金额/元		
						综合单价	合价	其中暂估价
			P.6 抹灰面油漆					
56	011406001001	外墙乳胶漆	基层抹灰面满刮成品耐水腻子三遍抹平，乳胶漆一底二面	m²	4 250	89.40	379 950	
			（其他略）					
			分部小计				284 505	
			S.2 混凝土模板及支架(撑)					
62	011702014001	现浇钢筋混凝土有梁板及支架	矩形梁，断面 200 mm×400 mm，梁底支模高度 2.6 m，板底支模高度 3 m	m²	1 600	23.97	38 352	
63	011702016001	现浇钢筋混凝土平板模板及支架	矩形板，支模高度 3 m	m²	1 400	18.37	25 718	
			（其他略）					
			分部小计				195 998	
			合　计				7 189 781	1 500 000
注：为计取规费等的使用，可在表中增设"其中：定额人工费"。								

表7-18 综合单价分析表

工程名称：××大学学生住宅工程　　　　　　　　标段：　　　　　　　　　　第 页共 页

| 项目编码 | 010515001001 | 项目名称 | 现浇构件钢筋 | 计量单位 | t | 工程量 | 68 |

清单综合单价组成明细

定额编号	定额项目名称	定额单位	数量	单价				合价			
				人工费	材料费	机械费	管理费和利润	人工费	材料费	机械费	管理费和利润
AD0899	现浇螺纹钢筋制安	t	2	294.75	5 397.70	62.42	102.29	589.5	10 795.4	124.84	204.58
人工单价		小　计						589.5	10 795.4	124.84	204.58
110元/工日		未计价材料费									
清单项目综合单价								11 714.32			

	主要材料名称、规格、型号	单位	数量	单价/元	合价/元	暂估单价/元	暂估合价/元
材料费明细	螺纹钢筋 Q235，φ14	t	2.14			5 000.00	10 700.00
	焊条	kg	17.28	4.00	69.12		
	其他材料费		—		26.28	—	
	材料费小计		—		95.4	—	10 700.00

注：1. 如不使用省级或行业建设主管部门发布的计价依据，可不填定额编号、名称等。

　　2. 招标文件提供了暂估单价的材料，按暂估的单价填入表内"暂估单价"栏及"暂估合价"栏。

235

表 7-19 综合单价分析表

工程名称：××大学学生住宅工程　　　　　　　　标段：　　　　　　　　　　第　页共　页

| 项目编码 | 011406001001 | 项目名称 | 外墙乳胶漆 | 计量单位 | m² | 工程量 | 4 250 |

清单综合单价组成明细

定额编号	定额项目名称	定额单位	数量	单价				合价			
				人工费	材料费	机械费	管理费和利润	人工费	材料费	机械费	管理费和利润
BE0267	抹灰面满刮耐水腻子	100 m²	0.020	338.52	2 625		127.76	6.78	52.50		2.56
BE0276	外墙乳胶漆底漆一遍面漆二遍	100 m²	0.020	317.97	940.37		120.01	6.36	18.80		2.40
人工单价			小　计					13.14	71.30		4.96
110 元/工日			未计价材料费								
清单项目综合单价								89.40			

材料费明细	主要材料名称、规格、型号	单位	数量	单价/元	合价/元	暂估单价/元	暂估合价/元
	耐水成品腻子	kg	5.00	10.50	52.5		
	×××牌乳胶漆面漆	kg	0.706	20.00	14.12		
	×××牌乳胶漆底漆	kg	0.272	17.00	4.62		
	其他材料费		—		0.06	—	
	材料费小计		—		71.30	—	

注：1. 如不使用省级或行业建设主管部门发布的计价依据，可不填定额编号、名称等。
　　2. 招标文件提供了暂估单价的材料，按暂估的单价填入表内"暂估单价"栏及"暂估合价"栏。

表 7-20　总价措施项目清单与计价表

工程名称：　　　　　　　　　　　　　　标段：　　　　　　　　　　　　　　

序号	项目编码	项目名称	计算基础	费率/%	金额/元	调整费率/%	调整后金额/元	备注
	011707001001	安全文明施工费	人工费	30	234 330			
	011707002001	夜间施工增加费	人工费	1.5	11 716.5			
	011707004001	二次搬运费	人工费	1	7 811			
	011707005001	冬雨期施工增加费	人工费	0.6	4 369			
	011707007001	已完工程及设备保护费			6 600			
合　计					264 826.5			

编制人（造价人员）：　　　　　　　　　　　　复核人（造价工程师）：

表 7-21　其他项目清单与计价汇总表

工程名称：××大学学生住宅工程　　　　　　标段：　　　　　　　　　　　　

序号	项目名称	计量单位	金额/元	备　注
1	暂列金额	项	450 000	明细详见表 7-22
2	暂估价		120 000	
2.1	材料（工程设备）暂估价		—	明细详见 7-23
2.2	专业工程暂估价	项	120 000	明细详见 7-24
3	计日工		39 785	明细详见 7-25
4	总承包服务费		14 000	明细详见 7-26
合　计			623 785	—

注：材料暂估单价进入清单项目综合单价，此处不汇总。

表 7-22　暂列金额明细表

工程名称：××大学学生住宅工程　　　　　　　标段：　　　　　　　　第　页 共　页

序号	项目名称	计量单位	暂定金额/元	备　注
1	工程量清单中工程量偏差和设计变更	项	150 000	
2	政策性调整和材料价格风险	项	150 000	
3	其他	项	150 000	
4				
5				
6				
7				
	合　计		450 000	—

注：此表由招标人填写，如不能详列，也可只列暂定金额总额，投标人应将上述暂列金额计入投标总价中。

表 7-23　材料暂估单价表

工程名称：××大学学生住宅工程：　　　　　　标段　　　　　　　　第　页 共　页

序号	材料名称、规格、型号	计量单位	暂估单价/元	备　注
1	钢筋（规格、型号综合）	t	5 500	用于所有现浇混凝土钢筋清单项目

注：此表由招标人填写"暂估单价"，并在备注栏说明暂估单价的材料拟用在哪些清单项目上，投标人应将上述材料暂估单价计入工程量清单综合单价报价中。

表7-24 专业工程暂估价表

工程名称：××大学学生住宅工程   标段：   第　页 共　页

序号	工程名称	工程内容	金额/元	备　注
1	入户防盗门	安装	120 000	
	合　　计		120 000	—
注：此表由招标人填写，投标人应将上述专业工程暂估价计入投标总价中。				

表7-25 计日工表

工程名称：××大学学生住宅工程   标段：   第　页 共　页

编号	项目名称	单位	暂定数量	综合单价/元	合价/元
一	人工				
1	普工	工日	200	110	22 000
2	技工(综合)	工日	50	130	6 500
3					
4					
5					
6					
	人工小计				28 500
二	材料				
1	钢筋(规格、型号综合)	t	1	5 500	5 500
2	水泥42.5	t	2	700	1 400
3	中砂	m³	10	85	850
4	砾石(5～40 mm)	m³	5	45	225
5	页岩砖(240 mm×115 mm×53 mm)	千匹	1	350	350
6					
7					
8					
	材料小计				8 325
三	施工机械				
1	自升式塔式起重机(起重力矩1 250 kN·m)	台班	5	580	2 900
2	灰浆搅拌机(400 L)	台班	2	30	60
3					
4					
5					
6					
	施工机械小计				2 960
	总计				39 785
注：此表项目名称、暂定数量由招标人填写，编制招标控制价时，单价由招标人按有关计价规定确定；投标时，单价由投标人自主报价，按暂定数量计算合价计入投标总价中。结算时，按发承包双方确认的实际数量计算合价。					

表 7-26 总承包服务费计价表

工程名称：××大学学生住宅工程　　　　　　　标段：　　　　　　　　　　　第　页共　页

序号	项目名称	项目价值/元	服务内容	费率/%	金额/元
1	发包人发包专业工程	100 000	1. 按专业工程承包人的要求提供施工工作面并对施工现场进行统一管理，对竣工资料进行统一整理汇总。 2. 为专业工程承包人提供垂直运输机械和焊接电源接入点，并承担垂直运输费和电费。 3. 为防盗门安装后进行补缝和找平并承担相应费用	7	8 000
2	发包人提供材料	1 000 000	对发包人供应的材料进行验收及保管和使用发放	0.5	6 000
	合　计				14 000

表 7-27 规费、税金项目清单与计价表

工程名称：××大学学生住宅工程　　　　　　　标段：　　　　　　　　　　　第　页共　页

序号	项目名称	计算基础	计算费率/%	金额/元
1	规费			234 197
1.1	工程排污费	按工程所在地环保部门规定按实计算		
1.2	社会保障费	(1)+(2)+(3)		171 853
(1)	养老保险费	人工费	14	109 361
(2)	失业保险费	人工费	2	15 623
(3)	医疗保险费	人工费	6	46 869
1.3	住房公积金	人工费	6	46 869
1.4	危险作业意外伤害保险	人工费	0.5	3 906
1.5	工程定额测定费	税前工程造价	0.14	11 638
2	税金	分部分项工程费＋措施项目费＋其他项目费＋规费	11	914 385
	合　计			1 148 582

本章小结

工程清单计价模式下的建筑工程费用由分部分项工程费、措施项目费、其他项目费、规费和税金构成。正确计算这五部分内容是正确计算工程造价的关键。而计算这五部分内容的核心是综合单价的确定，综合单价的确定包括以下几种方法：当"13 计算规范"与消耗定额的工程量计算规则相同时，可采用直接套用消耗定额法；当"13 计算规范"与消耗量定额的计量单位或计算规则不同时，要重新计算其工程量，可采用工程量组价和复合组价两种方法。

思考与练习

一、填空题

1. 综合单价由_____、_____、_____、_____和_____组成。

2. 措施费的计算方法有_____、_____和_____三种。

3. 措施费的计算基数可以是_____，也可以是_____。

4. _____是指按发包人要求，超过国家规定质量标准创建优质工程，加大质量投入和管理发生的费用。

二、简答题

1. 简述直接套用消耗量定额组价的方法。

2. 简述按经验计算措施项目费的方法。

3. 简述规费的计算方法。

第八章 工程结算

第一节 工程结算概述

一、工程结算的概念

工程结算是指建设项目、单项工程、单位工程或专业工程施工已完工、结束、中止，经发包人或有关机构验收合格且点交后，按照施工发承包合同的约定，由承包人在原合同价格基础上编制调整价格并提交发包人审核确认后的工程价格。它是表达该工程最终工程造价和结算工程价款依据的经济文件。工程结算包括竣工结算、分阶段结算、专业分包结算和合同中止结算。

1. 竣工结算

建设项目完工并经验收合格后，对所完成的建设项目进行的全面的工程结算。

2. 分阶段结算

在签订的施工承发包合同中，按工程特征划分为不同的阶段实施和结算。分阶段结算是指该阶段合同工作内容已完成，经发包人或有关机构中间验收合格后，由承包人在原合同分阶段价格的基础上编制调整价格并提交发包人审核签认的工程价格，它是表达该工程不同阶段造价和工程价款结算依据的工程中间结算文件。

3. 专业分包结算

在签订的施工承发包合同或由发包人直接签订的分包工程合同中，按工程专业特征分类实施分包和结算。专业分包结算是指分包合同工作内容已完成，经总包人、发包人或有关机构对专业内容验收合格后，按合同的约定，由分包人在原合同价格基础上编制调整价格并提交总包人、发包人审核签认的工程价格，它是表达该专业分包工程造价和工程价款结算依据的工程分包结算文件。

4. 合同中止结算

合同中止结算是指工程实施过程中合同中止，对施工承发包合同中已完成且经验收合格的工程内容，经发包人、总包人或有关机构点交后，由承包人按原合同价格或合同约定的定价条款，参照有关计价规定编制合同中止价格，提交发包人或总包人审核签认的工程价格。它是表达该工程合同中止后已完成工程内容的造价和工程价款结算依据的工程经济文件。

二、工程结算的重要意义

工程结算是工程项目承包中一项十分重要的工作，因此，具有如下重要的意义。

(1)工程结算是反映工程进度的主要指标。在施工过程中，工程价款结算的依据之一就是按照已完成的工程量进行结算，也就是说，承包商完成的工程量越多，所应结算的工程价款就应越多，所以，根据累计结算的工程价款占合同总价款的比例，能够近似地反映出工程的进度情况，有利于准确掌握工程进度。

(2)工程结算是加速资金周转的重要环节。通过工程结算，承包商能够尽快、尽早地结算工程价款，不仅有利于偿还债务，也有利于资金回笼，降低内部运营成本，加速资金周转，提高资金使用的有效性。

(3)工程结算是考核经济效益的重要指标。对于承包商来说，只有工程价款如数地结算，才意味着完成了"惊险一跳"，从而避免经营风险，承包商也才能够获得相应的利润，进而获得良好的经济效益。

第二节　工程结算的编制

一、工程结算的编制依据

工程结算的编制依据有：

(1)建设期内影响合同的法律、法规和规范性文件。

(2)国务院建设行政主管部门以及各省、自治区、直辖市和有关部门发布的工程造价计价标准、计价办法、有关规定及相关解释。

(3)施工发承包合同、专业分包合同及补充合同，有关材料、设备采购合同。

(4)招标投标文件，包括招标答疑文件、投标承诺、中标报价书及其组成内容。

(5)工程竣工图或施工图、施工图会审记录，经批准的施工组织设计，以及设计变更、工程洽商和相关会议纪要。

(6)经批准的开、竣工报告或停、复工报告。

(7)工程材料及设备中标价、认价单。

(8)双方确认追加(减)的工程价款。

(9)影响工程造价的相关资料。

(10)结算编制委托合同。

二、工程结算的编制内容

1. 工程结算采用工程量清单计价的内容

工程结算采用工程量清单计价应包括以下内容：

(1)工程项目的所有分部分项工程量，以及实施工程项目采用的措施项目工程量；为完成所有工程量并按规定计算的人工费、材料费和设备费、机械费、间接费、利润和税金。

(2)分部分项和措施项目以外的其他项目所需计算的各项费用。

2. 工程结算采用定额计价的内容

工程结算采用定额计价时应包括以下内容：

(1)套用定额的分部分项工程量、措施项目工程量和其他项目。

(2)为完成所有工程量和其他项目并按规定计算的人工费、材料费和设备费、机械费、间接费、利润和税金。

3. 采用工程量清单或定额计价的工程结算所需的其他内容

采用工程量清单或定额计价的工程结算还应包括：

(1)设计变更和工程变更费用。

(2)索赔费用。

(3)合同约定的其他费用。

三、工程结算的编制程序和方法

(一)工程结算的编制程序

工程结算应按准备、编制和定稿三个工作阶段进行，并实行编制人、校对人和审核人分别署名盖章确认的编审签署制度。

1. 结算编制准备阶段

(1)收集与工程结算编制相关的原始资料。

(2)熟悉工程结算资料内容，并进行分类、归纳、整理。

(3)召集相关单位或部门的有关人员参加工程结算预备会议，对结算内容和结算资料进行核对与充实完善。

(4)收集建设期内影响合同价格的法律和政策性文件。

(5)掌握工程项目发承包方式、现场施工条件、应采用的工程计价标准、定额、费用标准、材料价格变化等情况。

2. 结算编制阶段

(1)根据竣工图、施工图对施工组织设计进行现场踏勘，对需要调整的工程项目进行观察、对照、必要的现场实测和计算，做好书面或影像记录。

(2)按既定的工程量计算规则计算需调整的分部分项工程量、施工措施或其他项目工程量。

(3)按招标投标文件、施工发承包合同规定的计价原则和计价办法对分部分项、施工措施或其他项目进行计价。

(4)对于工程量清单或定额缺项以及采用新材料、新设备、新工艺的项目，应根据施工过程中的合理消耗和市场价格，编制综合单价或单位估价分析表。

(5)工程索赔应按合同约定的索赔处理原则、程序和计算方法，提出索赔费用，经发包人确认后作为结算依据。

(6)汇总计算工程费用，包括编制分部分项工程费、施工措施项目费、其他项目费、零星工作项目费或直接费、间接费、利润和税金等表格，初步确定工程结算价格。

(7)编写编制说明。

(8)计算主要技术经济指标。

(9)提交结算编制的初步成果文件待校对、审核。

3. 结算文件定稿阶段

(1)由结算编制受托人单位的部门负责人对初步成果文件进行检查、校对。

(2)工程结算审定人对审核后的初步成果文件进行审定

(3)工程结算编制人、审核人、审定人分别在工程结算成果文件上署名，并应签署造价工程师或造价员职业或从业印章。

(4)工程结算文件经编制、审核、审定后，工程造价咨询企业的法定代表人或其授权人在成果文件上签字或盖章。

(5)工程造价咨询企业在正式的工程上签署工程造价咨询企业职业印章。

工程结算编制人、审核人、审定人应各尽其职，其责任和任务如下：

(1)工程结算编制人员按其专业分别承担其工程范围内的工程结算相关编制依据收集、整理工作，编制相应的初步成果文件，并对其编制的初步成果文件质量负责。

(2)工程审核人员应由专业负责人和技术负责人承担，对其专业范围内的内容进行审核，并对其审核专业的工程结算成果文件的质量负责。

(3)工程审定人员应由专业负责人和技术负责人承担，对工程结算的全部内容进行审定，并对工程结算成果文件的质量负责。

(二)工程结算的编制方法

(1)采用工程量清单方式计价的工程，一般采用单价的，应按工程量清单单价法编制工程依据结算。

(2)分部分项工程费应依据施工合同相应约定以及实际完成的工程量、招标时的综合单价等进行计算。

(3)工程结算中涉及工程单价调整时，应当遵循以下原则：

1)合同中已有适用于变更工程、新增工程单价的，按已有的单价结算。

2)合同中有类似变更工程、新增工程单价的，可以参照类似单价作为结算依据。

3)合同中没有适用或类似变更工程、新增工程单价的，结算编制受委托人可商洽承包人或发包人提出适当的价格，经对方确认后作为结算依据。

(4)工程结算编制时措施项目费应依据合同约定的项目和金额计算，发生变更、新增的措施项目，以发承包双方合同约定的计价方式计算，其中措施项目清单中的安全文明费用应按照国家或省级、行业建设主管部门的规定计算。施工合同中未约定措施项目费结算方法时，措施项目费可按以下方法结算。

1)与分部分项实体相关的措施项目，应随该分部分项工程的实体工程量的变化，依据双方确定的工程量、合同约定的综合单价进行结算。

2)独立性的措施项目，应充分体现其竞争性，一般是固定不变的，按合同价中相应的措施项目费用进行结算。

3)与整个建设项目相关的综合的措施项目费用，可按照投标时的取费基数、费率基数及费率进行结算。

(5)其他项目费应按以下方法进行结算：

1)计日工按发包人实际身份证的数量和确定的事项进行结算。

2)暂估价中的材料单价按发承包双方最终确认价在分部分项工程费中对相应综合单价进行调整，计入相应的分部分项工程。

3)专业工程结算价应按中标价或发包人、承包人与分包人最终确认的分包工程价进行结算。

4)总承包服务费因依据合同约定的结算方式进行结算。

5)暂列金额应按合同约定计算实际发生的费用，并分别列入相应的分部分项工程费、措施项目费中。

(6)招标工程量清单漏项、设计变更、工程洽商等费用依据施工图，以及发承包双方签证资料确认的数量和合同约定的计价方式进行结算，其费用列入相应的分部分项工程费或措施项目费中。

(7)工程索赔费用应依据发承包双方确认的索赔事项和合同约定的计价方式进行结算，其费用列入相应的分部分项工程费或措施项目费中。

(8)规费和税金应按国家、省级或行业建设部门的规费规定计算。

四、工程结算编制的成果文件形式

(一)主要内容

(1)工程结算封面，包括工程名称、编制单位和印章、日期等。

(2)签署页，包括工程名称、编制人、审核人、审定人姓名和执业(从业)印章、单位负责人印章(或签字)等。

《建设项目工程
结算编审规程》

(3)目录。

(4)工程结算编制说明。

(5)工程结算相关表式：

1)工程结算汇总表。

2)单项工程结算汇总表。

3)单位工程结算汇总表。

4)分部分项清单计价表。

5)措施项目清单与计价表。

6)其他项目清单与计价汇总表。

7)规费、税金项目清单与计价表。

8)必要的相关表格。

(6)必要的附件。

(二)工程结算编制参考格式

(1)工程结算封面格式见表 8-1。

表 8-1 工程结算封面

（工程名称）

工 程 结 算

档 案 号：

（编制单位名称）
（工程造价咨询单位执业章）
年　　月　　日

(2)工程结算签署页格式见表 8-2。

表 8-2　工程结算签署页

(工程名称)

工　程　结　算

档　案　号：

编　制　人：＿＿＿＿＿＿＿＿＿＿＿＿　[执业(从业)印章]＿＿＿＿＿＿＿＿＿＿＿

审　核　人：＿＿＿＿＿＿＿＿＿＿＿＿　[执业(从业)印章]＿＿＿＿＿＿＿＿＿＿＿

审　定　人：＿＿＿＿＿＿＿＿＿＿＿＿　[执业(从业)印章]＿＿＿＿＿＿＿＿＿＿＿

单位负责人：＿＿＿＿＿＿＿＿＿＿＿＿　[执业(从业)印章]＿＿＿＿＿＿＿＿＿＿＿

(3)工程结算汇总表格式见表8-3。

表 8-3　工程结算汇总表

工程名称：　　　　　　　　　　　　　　　　　　　　　第　页共　页

序号	单项工程名称	金额/元	其中	
			安全文明施工费/元	规费
	合　计			

编制人：　　　　　　　　　　　　审核人：　　　　　　　　　　　　审定人：

(4)单项工程结算汇总表格式见表8-4。

表 8-4　单项工程结算汇总表

单项工程名称：　　　　　　　　　　　　　　　　　　第　页共　页

序号	单项工程名称	金额/元	其中	
			安全文明施工费/元	规费

编制人：　　　　　　　　　　　　审核人：　　　　　　　　　　　　审定人：

（5）单位工程结算汇总表格式见表8-5。

表8-5　单位工程结算汇总表

工程名称：　　　　　　　　　　　　标段：　　　　　　　　　　　　第　页共　页

序号	汇总内容	金额/元	备注
1	分部分项		
1.1			
1.2			
1.3			
1.4			
1.5			
	……		
2	措施项目		
2.1	安全文明施工费		
3	其他项目		
3.1	专业工程结算价		
3.2	计日工		
3.3	总承包服务费		
4	规费		
5	税金		
结算总价合并=1+2+3+4+5			

编制人：　　　　　　　　　　审核人：　　　　　　　　　　审定人：

（6）分部分项工程量清单与计价表格式见表8-6。

表8-6　分部分项工程量清单与计价表

工程名称：　　　　　　　　　　　　　　　　　　　　　　　　　　第　页共　页

序号	项目编码	项目名称	项目特征描述	计量单位	金额/元		
					综合单价	合价	其中：暂估价
		本页小计					
		合　计					

编制人：　　　　　　　　　　审核人：　　　　　　　　　　审定人：

(7)措施项目清单与计价表格式见表8-7、表8-8。

表8-7 措施项目清单与计价表(一)

工程名称： 标段： 第 页 共 页

序号	项目名称	计算基础	费率/%	金额/元
1	安全文明施工费			
2	夜间施工费			
3	二次搬运费			
4	冬雨期施工费			
5	大型机械设备进出场及安装			
6	施工排水			
7	施工降水			
8	地上地下设施、建筑物的临时保护设施			
9	已完工程及设备保护			
10	各项工程的措施项目			
11				
12				
合 计				

编制人(造价人员)： 复核人(造价工程师)：

表8-8 措施项目清单与计价表(二)

工程名称： 标段： 第 页 共 页

序号	项目编码	项目名称	项目特征描述	计量单位	金额/元	
					综合单价	合价
本页小计						
合 计						

编制人： 审核人： 审定人：

(8)其他项目清单与计价汇总表格式见表 8-9。

表 8-9　其他项目清单与计价汇总表

序号	项目名称	计量单位	金额/元	备注
1	专业工程结算价			
2	计日工			
3	总承包服务费			
	……			
合　计				

编制人：　　　　　　　　　审核人：　　　　　　　　　审定人：

(9)规费、税金项目清单与计价表格式见表 8-10。

表 8-10　规费、税金项目清单与计价表

序号	项目名称	计量基础	费率/%	金额/元
1	规费			
1.1	工程排污费			
1.2	社会保障费			
(1)	养老保险费			
(2)	失业保险费			
(3)	医疗保险费			
1.3	住房公积金			
1.4	危险作业意外伤害保险			
1.5	工程定额测定费			
2	税金	分部分项工程费＋措施项目费 ＋其他项目费＋规费		

编制人：　　　　　　　　　审核人：　　　　　　　　　审定人：

第三节　工程结算的审查

一、工程结算的审查依据

工程结算的审查依据有：

(1)建设期内影响合同价格的法律、法规和规范性文件。

(2)工程结算审查委托合同。

(3)完整、有效的工程结算书。

(4)施工发承包合同，专业分包合同及补充合同，有关材料、设备采购合同。

(5)与工程结算编制相关的国务院建设行政主管部门以及各省、自治区、直辖市和有关部门发布的建设工程造价计价标准、计价方法、计价定额、价格信息、相关规定等计价依据。

(6)招标文件、投标文件。

(7)工程竣工图或施工图、经批准的施工组织设计、设计变更、工程洽商、索赔与现场签证，以及相关的会议纪要。

(8)工程材料及设备中标价、认价单。

(9)双方确认追加(减)的工程价款。

(10)经批准的开工、竣工报告或停工、复工报告。

(11)工程结算审查的其他专项规定。

(12)影响工程造价的其他相关资料。

二、工程结算的审查内容

1. 审查结算的递交程序和资料的完备性

(1)审查结算资料递交手续、程序的合法性，以及结算资料具有的法律效力。

(2)审查结算资料的完整性、真实性和相符性。

2. 审查与结算有关的各项内容

(1)建设工程发承包合同及其补充合同的合法性和有效性。

(2)施工发承包合同范围以外调整的工程价款。

(3)分部分项、措施项目、其他项目工程量及单价。

(4)发包人单独分包工程项目的界面划分和总包人的配合费用。

(5)工程变更、索赔、奖励及违约费用。

(6)取费、税金、政策性调整以及材料价差计算。

(7)实际施工工期与合同工期发生差异的原因和责任，以及对工程造价的影响程度。

(8)其他涉及工程造价的内容。

三、工程结算的审查程序和审查方法

(一)工程结算的审查程序

工程结算审查应按准备、审查和审定三个工作阶段进行，并实行编制人、校对人和审核人分别署名盖章确认的内部审核制度。

1. 结算审查准备阶段

(1)审查工程结算手续的完备性、资料内容的完整性，对不符合要求的应退回限时补正。

(2)审查计价依据及资料与工程结算的相关性、有效性。

(3)熟悉招标投标文件、工程发承包合同、主要材料设备采购合同及相关文件。

(4)熟悉竣工图纸或施工图纸、施工组织设计、工程概况，以及设计变更、工程洽商和工程索赔情况等。

(5)掌握工程量清单计价规范、工程预算定额等与工程相关的国家和当地的建设行政主管部门发布的工程计价依据及相关规定。

2. 结算审查阶段

(1)审查结算项目的范围、内容与合同约定的项目范围和内容的一致性。

(2)审查工程量计算的准确性、工程量计算规则与计价规范或定额保持一致性。

(3)审查结算单价时应严格执行合同约定或现行的计价原则、方法。对于清单或定额缺项以及采用新材料、新工艺的，应根据施工过程中的合理消耗和市场价格审核结算单价。

(4)审查变更签证凭据的真实性、合法性、有效性，核准变更工程费用。

(5)审查索赔是否依据合同约定的索赔处理原则、程序和计算方法以及索赔费用的真实性、合法性、准确性。

(6)审查取费标准时，应严格执行合同约定的费用定额标准及有关规定，并审查取费依据的时效性、相符性。

(7)编制与结算相对应的结算审查对比表。

(8)提交工程估算审查初步成果文件，包括编制与工程结算相对应的工程结算审查对比表，待校对、复核。

3. 结算审定阶段

(1)工程结算审查初稿编制完成后，应召开由结算编制人、结算审查委托人及结算审查受托人共同参加的会议，听取意见，并进行合理的调整。

(2)由结算审查受托人单位的部门负责人对结算审查的初步成果文件进行检查、校对。

(3)由结算审查受托人单位的主管负责人审核批准。

(4)发承包双方代表人和审查人应分别在"结算审定签署表"上签认并加盖公章。

(5)对结算审查结论有分歧的，应在出具结算审查报告前，至少组织两次协调会；凡不能共同签认的，审查受托人可适时结束审查工作，并作出必要说明。

(6)在合同约定的期限内，向委托人提交经结算审查编制人、校对人、审核人和受托人单位盖章确认的正式的结算审查报告。

工程结算审查编制人、审核人、审定人的各自职责和任务分别为：

(1)工程结算审查编制人员按其专业分别负责其工作范围内的工程结算审查相关编制依据收集、整理工程编制相应的初步成果文件，并对其编制的成果文件质量负责。

(2)工程结算审查审核人员应由专业负责人或技术负责人担任，对其专业范围内的内容进行校对、复核，并对其审核专业内的工程结算审查成果文件的质量负责。

(3)工程结算审查审定人员应由专业负责人或技术负责人担任，对工程结算审查的全部内容进行审定，并对工程结算审查成果文件的质量负责。

(二)工程结算的审查方法

(1)工程结算的审查应依据施工发承包合同约定的结算方法进行，根据施工发承包合同类型，采用不同的审查方法。本节审查方法主要适用于采用单价合同的工程量清单单价法编制竣工结算的审查。

（2）审查工程结算，除合同约定的方法外，对分部分项工程费用的审查应依据施工合同相应约定，以及实际完成的工程量、招标时的综合单价进行计算。

（3）工程结算审查时，对原招标工程量清单描述不清或项目特征发生变化，以及变更工程、新增工程中的综合单价应按下列方法确定：

1）合同中已有使用的综合单价，应按已有的综合单价确定。

2）合同中有类似的综合单价，可参照类似的综合单价确定。

3）合同中没有适用或类似的综合单价，由承包人提出综合单价，经发包人确认后执行。

（4）工程结算审查中设计措施项目费用的调整时，措施项目费应依据合同约定的项目和金额计算，发生变更、新增的措施项目，以发承包双方合同约定的计价方式计算，其中措施项目清单中的安全文明措施费用应审查是否按国家或省级、行业建设主管部门的规定计算。施工合同中未约定措施项目费结算方法时，措施项目费可按以下方法审查：

1）审查与分部分项实体消耗的措施项目，应随该分部分项工程的实体工程量的变化是否依据双方确定的工程量、合同约定的综合单价进行结算。

2）审查独立性的措施项目是否按合同价中相应的措施项目费用进行结算。

3）审查与整个建设项目相关的综合取定的措施项目费用是否参照投标报价的取费基数及费率进行结算。

（5）工程结算审查中涉及其他项目费用的调整时，按下列方法确定：

1）审查计日工是否按发包人实际身份证的数量、投标时的计日工单价，以及确认的事项进行结算。

2）审查暂估价中的材料单价是否按发承包双方最终确认价在分部分项工程费中对相应综合单价进行调整，计入相应分部分项工程费用。

3）对专业工程结算价的审查应按中标价或发包人、承包人与分包人最终确定的分包工程价进行结算。

4）审查总承包服务费是否依据合同约定的结算方式进行估算，以总价形式确定地总承包服务费不予调整，以费率形式确定的总承包服务费，应按专业分包工程中标价或发包人、承包人与分包人最终确定的分包工程价为基数和总承包单位的投标费率计算总承包服务费。

5）审查计算金额是否按合同约定计算实际发生的费用，并分别列入相应的分部分项工程费、措施项目费中。

（6）投标工程量清单的漏项、设计变更、工程洽商等费用应依据施工图以及发承包双方签证资料确认的数量和合同约定的计价方式进行结算，其费用列入相应的分部分项工程费或措施项目费中。

（7）工程结算审查中设计索赔费用的计算时，应依据发承包双方确认的索赔事项和合同约定的计价方式结算，其费用列入相应的分部分项工程费或措施项目费中。

（8）工程结算审查中设计规费和税金的计算时，应按国家、省级或行业建设主管部门的规定计算并调整。

四、工程结算审查的成果文件

（一）主要内容

（1）工程结算审查成果包括以下内容：

1)工程结算书封面。

2)签署页。

3)目录。

4)结算审查报告书。

5)结算审查相关表式。

6)有关的附件。

(2)采用工程量清单计价的工程结算审查相关表示包括以下内容。

1)工程结算审定表。

2)工程结算审查汇总对比表。

3)单项工程结算审查汇总对比表。

4)单位工程结算审查汇总对比表。

5)分部分项工程清单与计价结算审查对比表。

6)措施项目清单与计价审查对比表。

7)其他项目清单与计价审查汇总对比表。

8)规费税金项目清单与计价审查对比表。

(二)工程结算审查书参考格式

(1)工程结算审查书封面格式见表8-11。

表 8-11　工程结算审查书封面

（工程名称）

工 程 结 算 审 查 书

档 案 号：

（编制单位名称）

（工程造价咨询单位执业章）

年　　月　　日

(2)工程结算审查书签署页格式见表 8-12。

表 8-12 工程结算审查书签署页

(工程名称)

工 程 结 算 审 查 书

档 案 号：

编 制 人： _____ ［执业(从业)印章］_____

审 核 人： _____ ［执业(从业)印章］_____

审 定 人： _____ ［执业(从业)印章］_____

法定代表人或授权人： _____

(3)工程结算审定签署表格式见表 8-13。

表 8-13　工程结算审定签署表

金额单位：元

工程名称		工程地址	
发包人单位		承包人单位	
委托合同书编号		审定日期	
报审结算造价		调整金额（＋、－）	
审定结算造价	大写		小写
委托单位 （签章） 法定代表人或其受授人 （签字并盖章）	建设单位 （签章） 法定代表人或其受授人 （签字并盖章）	承包单位 （签章） 法定代表人或其受授人 （签字并盖章）	审查单位 （签章） 法定代表人或其受授人 （签字并盖章） 技术负责人(执业章)

(4)工程结算审查汇总对比表格式见表 8-14。

表 8-14　工程结算审查汇总对比表

项目名称：　　　　　　　　　　　　　　　　　　　　　　　　金额单位：元

序号	单项工程名称	报审结算金额	审定结算金额	调整金额	备注
	合计				

编制人：　　　　　　　　　　　　审核人：　　　　　　　　　　　　审定人：

(5)单项工程结算审查汇总对比表格式见表 8-15。

表 8-15　单项工程结算审查汇总对比表

单项工程名称：　　　　　　　　　　　　　　　　　　　　　　　　　　　　金额单位：元

序号	单项工程名称	报审结算金额	审定后结算金额	调整金额	备注
	合计				

编制人：　　　　　　　　　　　　审核人：　　　　　　　　　　　　审定人：

(6)单位工程结算审查汇总对比表格式见表 8-16。

表 8-16　单位工程结算审查汇总对比表

单项工程名称：　　　　　　　　　　　　　　　　　　　　　　　　　　　　金额单位：元

序号	汇总内容	报审结算金额	审定后结算金额	调整金额	备注
1	分部分项工程				
1.1					
1.2					
1.3					
2	措施项目费				
2.1	安全文明施工费				
3	其他项目				
3.1	专业工程结算价				
3.2	计日工				
3.3	总承包服务费				
4	规费				
5	税金				
	合计				

编制人：　　　　　　　　　　　　审核人：　　　　　　　　　　　　审定人：

（7）分部分项工程结算审查对比表格式见表8-17。

表8-17　分部分项工程结算审查对比表

序号	项目编码	项目名称	项目特征描述	计量单位	原报审			审查后			调整金额/元	备注
					工程量	综合单价/元	合价/元	工程量	综合单价/元	合价/元		
		本页小计										
		合计										

编制人：　　　　　　　　　　审核人：　　　　　　　　　　审定人：

（8）措施项目清单与计价审查对比表格式见表8-18、表8-19。

表8-18　措施项目清单与计价审查对比表（一）

序号	项目名称	计算基础	原报审		审查后		调整金额/元	备注
			费率%	金额/元	费率%	金额/元		
1	分部分项工程							
2	夜间施工费							
3	二次搬运费							
4	冬雨期施工费							
5	大型机械设备建筑物的临时保护设备							
6	施工排水							
7	施工降水							
8	地上地下设备及保护							
9	已完工程及设备保护							
10	各专业工程的措施项目							
11								
12								
	合计							

编制人：　　　　　　　　　　审核人：　　　　　　　　　　审定人：

表 8-19　措施项目清单与计价审查对比表(二)

序号	项目编码	项目名称	项目特征描述	计量单位	原报审			审查后			调整金额/元	备注
					工程量	综合单价/元	合价/元	工程量	综合单价/元	合价/元		

编制人：　　　　　　　　　　　　审核人：　　　　　　　　　　　　审定人：

本章小结

工程结算是工程项目承包中一项十分重要的工作,不仅是反映工程进度的主要依据,而且是考核经济效益的重要指标和加速资金周转的重要环节。因此,工程结算与施工图预算在工程造价中起到了同样重要的作用。应重点掌握工程清单的编制程序和编制方法及工程结算的审查程序、内容和方法,以便使施工企业能够准确掌握工程进度,获得良好的经济效益。

思考与练习

一、填空题

1. 工程结算包括_____、_____、_____和_____。

2. 工程结算应按_____、_____和_____三个工作阶段进行,并实行编制人、校对人和审核人分别署名盖章确认的内部审核制度。

3. _____即把分部分项工程单价综合成全费用单价,其内容包括直接费(直接工程费和措施费)、间接费、利润和税金,经综合计算后生成。

4. 工程结算封面包括_____、_____和_____、_____等。

5. 工程结算审查应按_____、_____和_____三个工作阶段进行,并实行编制人、校对人和审核人分别署名盖章确认的内部审核制度。

二、简答题

1. 工程结算的意义有哪些?

2. 工程结算的编制依据有哪些?

3. 工程结算的编制内容有哪些?

4. 工程结算的审查依据有哪些?

5. 工程结算的审查内容有哪些?

参考文献 References

[1] 中华人民共和国建设部，中华人民共和国质量监督检验检疫总局．GB/T 50353—2013 建筑工程建筑面积计算规范[S]．北京：中国计划出版社，2014．

[2] 中华人民共和国住房和城乡建设部，中华人民共和国质量监督检验检疫总局．GB 50500—2013 建设工程工程量清单计价规范[S]．北京：中国计划出版社，2013．

[3] 中华人民共和国住房和城乡建设部，中华人民共和国质量监督检验检疫总局．GB 50854—2013 房屋建筑与装饰工程工程量计算规范[S]．北京：中国计划出版社，2013．

[4] 规范编制组．2013建设工程计价计量规范辅导[M]．2版．北京：中国计划出版社，2013．

[5] 中华人民共和国住房和城乡建设部．TY01—31—2015 房屋建筑与装饰工程消耗量定额[S]．北京：中国计划出版社，2015．

[6] 马楠，张丽华．建筑工程预算与报价[M]．4版．北京：科学出版社，2010．

[7] 柯洪．工程造价计价与控制[M]．北京：中国计划出版社，2009．

[8] 严玲，尹贻林．工程计价实务[M]．北京：科学出版社，2010．

[9] 中国建设工程造价管理协会标准．CECA/GC3—2010 建设项目工程结算编审规程[S]．北京：中国计划出版社，2010．

[10] 欧阳洋，伍娇娇，姜安民．定额编制原理与实务[M]．武汉：武汉大学出版社，2018．

[11] 侯献语，尹晶．工程计量与计价[M]．北京：北京邮电大学出版社，2014．

[12] 黄昌见．建筑工程计量与计价[M]．天津：天津大学出版社，2012．